Walter R. Fuchs

Leben unter fernen Sonnen?

Wissenschaft und Spekulation

Mit 95 Abbildungen,
davon 30 Zeichnungen von Klaus Bürgle

Droemer Knaur

1. bis 20. Tausend

Umschlaggestaltung Atelier Blaumeiser
Druck Süddeutsche Verlagsanstalt und Druckerei GmbH, Ludwigsburg
Aufbindung Großbuchbinderei Sigloch, Stuttgart/Künzelsau
Printed in Germany
ISBN 3-426-04559-1

Inhaltsverzeichnis

Einleitende Betrachtungen

»Kosmische Märchenstunde«?

Wir leben in einer Zeit, die man gerne als *»Zeitalter der Wissenschaft«* tituliert: Dabei hat man vor allem die sogenannte »exakte« Wissenschaft im Auge, die durch und durch *mathematisiert* ist, die moderne Naturforschung und Technologie also, aber auch die Wirtschaftswissenschaften, die Linguistik, die kybernetische Pädagogik usw. usf. Diese mathematisierte, »exakte« Wissenschaft, die im Englischen *»science«* heißt, soll also unserer Epoche das eigentliche Gepräge geben?

Leider ist das eine maßlose Übertreibung, um nicht zu sagen, eine glatte Lüge: »Science« spielt eine recht bescheidene Rolle im öffentlichen Leben aller Industrienationen. Naturforschung und Technologie profitieren bestenfalls von den gigantischen Anstrengungen und dem rasanten Aufschwung der *militärischen Forschung*: Soldaten, *nicht* Wissenschaftler diktieren heute den Fortschritt unserer Zivilisation. Wer das nicht glaubt, der sollte sich lediglich einmal fragen, von welch »edlen« Motiven das amerikanische »Apollo-Programm« der bemannten Weltraumfahrt vorangetrieben wurde. Ohne das atemberaubende Wettrüsten der Supermächte hätte gewiß noch kein Astronaut – natürlich mit hohem militärischem Dienstgrad – seine Fußstapfen in den staubigen Mondboden gesetzt: ein Triumph des menschlichen *Verstandes*, ein Versagen der *Vernunft*, wie der Physiker Max Born lapidar zu kommentieren wußte ...

Vor dem »Apollo-Programm« gab es das »Manhattan-Projekt« zur Nutzung der atomaren Kernenergie: General Leslie Goves kommandierte ein Heer von Wissenschaftlern und Ingenieuren, den »größten Haufen von Spinnern« (englisch: »crackpots«), den er zusammenbrachte. Ergebnis: Atombombe. »Ist es nicht wunderbar, daß die Deutschen keine Atombombe haben«, soll ein amerikanischer Physiker nach dem Einmarsch der Alliierten in Straßburg 1944 gesagt haben: »Jetzt brauchen wir sie nicht mehr.« Ein Offizier antwortete ihm: »Wenn wir so eine Waffe erst einmal haben, werden wir sie auch einsetzen. Ich hoffe, du kapierst das!« Der Vertreter der exakten Wissenschaft »kapierte«: Am 6. August 1945 um 8.15 Uhr morgens fällt ein Wunderwerk exakter Wissenschaft und moderner Technologie auf die japanische Stadt Hiroshima ...

Seit diesem Tag trägt die Physik, die exakteste der exakten Wissenschaften, das Kainsmal. Unsere schnellebige Zeit hat es allmählich verblassen lassen. Aber eine der schönsten menschlichen Aktivitäten, die *wissenschaftliche Tätigkeit,* ist seither bei vielen jungen Menschen in Mißkredit geraten: Schließlich fliegen Piloten der US-Air-Force nicht nur zum Mond, sondern auch nach Vietnam.

Die begreifliche Flucht aus der Wissenschaft *(science)* führt viele zur »Wissenschaftsdichtung«, zur *Science-Fiction*, die inzwischen alle wichtigen Medien erobert hat: Neben die klassische *Roman*form (H.G. Wells »Zeitmaschine« und Fred Hoyles »Schwarze Wolke«) ist in die Welt des Buchs das *Sachbuch* getreten, Dänikens »Erinnerungen an die Zukunft« etwa. Zu *Comic Strip* (»Superman« und »Barbarella«) und *Film* (»2001 – Odyssee im Weltraum«) kam die *Fernsehserie* (»Time Tunnel« und »Raumschiff Enterprise«).

Selbst die *Popmusik* tönt mit zahlreichen Science-Fiction-Titeln, vom niedlichen »Barker of the UFO« der braven Bee-Gees zum psychedelischen »Set the Control for the Heart of the Sun« der Pink Floyd über die aggressiven Rolling Stones (»2000 Light Years from Home«) zum ekstatischen Jimi Hendrix (»3rd Stone from the Sun«). Dieser »dritte Stein von der Sonne« ist unser Planet Erde, und Jimi Hendrix hatte ihn mit seiner zum »Raumschiff« umfunktionierten Gitarre oftmals verlassen, zuletzt auf tödliches Nimmerwiedersehn: »Wenn ich spiele, Mann«, sagte er, »dann steige ich hinauf in einem Weltraumschiff. Ich weiß nicht, wohin ich gehe, aber ihr könnt alle mitkommen.« Ein solcher »trip« braucht natürlich keine Saturn-V-Rakete, sondern eine kräftige Dosis Rauschgift ...

Ist Science-Fiction die Lektüre der »Ausgeflippten«? Sind Dänikens Spekulationen ein neues Opium fürs Volk? War »Superstar« Jesus Christus ein Astronaut, der als Botschafter einer fernen, friedfertigen Rasse aus der Galaxis zu uns gekommen ist? Oder hat Science-Fiction doch auch eine »reale« Basis in der »Science« von heute?

Diesen Fragen soll in den folgenden Spekulationen so »kühl« und »vernünftig« wie irgend möglich nachgegangen werden. Fundament soll die *Wissenschaft* bleiben, nicht die überreizte Phantasie: Wo Erich von Däniken seine Märchen vom galaktischen Krieg (»Aussaat und Kosmos«) erzählt, nach dem sich Jehova und Kukumatz, Bep-Kororoti und Pourangahua als Besiegte in irdische Heimaterde per »Hitzebohrer« eingebuddelt haben, da wollen wir ganz sachlich nach der Möglichkeit einer *Existenz von Außerirdischen* (»Extraterrestriern«) fragen und nach den Wegen, mit ihnen *Kontakt aufzunehmen.*

Science-Fiction, so meinte einmal Gotthard Günther, sei das »amerikanische Märchen«, und Erich von Däniken hat gezeigt, daß man es auch auf Schweizerdeutsch erzählen kann: Aber damit ist der Literaturbereich, der »Science-Fiction« heißt, keineswegs erschöpft. Science-Fiction kann mehr sein als bloße »kosmische Märchenstunde«. In unseren Spekulationen soll diese Landschaft von ihrer Basis, der *Wissenschaft* her entdeckt werden, von der »Science« also. Irdische und kosmische Kriegsspiele sollen dabei aus dem Gedankenspiel bleiben: Der Krieg ist *nicht* der »Vater aller Dinge«, schon gar nicht der »Vater der Wissenschaft«.

Vielleicht kann auf diese Weise zudem ein wenig das Vorurteil zerstört werden, daß Wissenschaft eine höchst phantasielose Angelegenheit sei: Johannes Kepler, der berühmte Astronom, hat gesagt, daß Mangel an Phantasie den Tod der Wissenschaft bedeute. Gerade heute wird uns wieder bewußt, wie richtig diese Bemerkung war: Zwar mußte der geniale Galileo Galilei einst feststellen, manches in den Keplerschen Arbeiten sei »so dunkel«, »daß der Autor offensichtlich selbst nicht wußte, worüber er redete«. Aber auch in unserer Zeit ist wahrlich nicht alles »sonnenklar« in der exakten Wissenschaft: Noch immer wartet man z. B. auf eine neue Theorie der Elementarteilchen, der »Grundbausteine der Materie«, und niemand weiß, wie »verrückt« sie ausfallen wird.

Auch Einsteins Relativitätstheorie, mit der wir im Rahmen unserer Betrachtung Bekanntschaft schließen werden, wurde einst als reine Spinnerei abgestempelt: Heute gehört sie zum »klassischen« Gedankengut der modernen Physik. Wohl zu Recht vermutet der amerikanische Physiker Freedom Doyson, daß die gesuchte Theorie der Elementarteilchen zunächst »unvollständig und verwirrend« sein wird: »Der Entdecker selbst wird sie nur halb verstanden haben, und für jeden anderen wird sie ein Mysterium sein.« Doysons Schluß, für einen »nüchternen« Physiker höchst verwunderlich, lautet deshalb: »Es besteht keine Hoffnung mehr für Spekulationen, die nicht auf den ersten Blick verrückt erscheinen.«

Manches, was in den folgenden Spekulationen an Gedankengängen skizziert wird, besitzt vermutlich dieses Odium der »Verrücktheit«: Hoffentlich ist es verrückt genug ...

Gar nicht mehr verrückt ist es heute beispielsweise, anzunehmen, daß es in unserer Galaxis, der »Milchstraße«, Milliarden von Planeten gibt, wovon wiederum Millionen intelligentes Leben tragen wie unsere Erde. Leider sind diese »*extraterrestrischen Intelligenzen*«, falls es sie wirklich gibt, so »irrsinnig weit« von uns entfernt, daß man bestenfalls mit ihnen in Funkkontakt treten kann. Alles andere ist bloße Spekulation, reine Science-Fiction, meist sogar schlechte Science-Fiction. Wie aber könnte eine solche »Funkverbindung« mit fernen Planeten aussehen?

Gewiß nicht so, wie es in folgender »aufregender« Geschichte geschildert wird, die in einer deutschen Zeitung abgedruckt war:

»Seit Juni 1965 hat ein Mann in Bad Krozingen Kontakt mit ›außerirdischen Existenzen‹. Stimmen aus der Geisterwelt – wie er es nennt – haben sich dem Dr. Konstantin Raudive offenbart. Um allem Zweifel zu begegnen, hat er diese Stimmen auf Tonband festgehalten.

Wenn Dr. Raudive die Geister ruft, spricht er in ein Mikrofon. Dann schaltet er, damit die Angerufenen antworten können, auf sein Rundfunkgerät um. Nicht auf einen Sender. Er stellt die Rundfunkgerätskala so sein, daß das sogenannte weiße Rauschen zwischen den Sendern hörbar ist. Dieses Rauschen nimmt er auf Tonband auf. Erst wenn er es abspielt, wird das zuvor Unhörbare hörbar: sonderbare leise Stimmen, die aus dem Rauschen auftauchen und kaum verständliche Sprachfetzen nahezu ohne Stimmodulation von sich geben. Diese Stimmen sprechen Deutsch, Lettisch, Russisch, manchmal einige Brokken Englisch und Französisch. Und fast immer vermengen sie alle diese Sprachen in einem einzigen knappen Satz. Etwa so: ›Raudive vi ser, Stalins te.‹ Das bedeutet in gemischter schwedischer und lettischer Sprache: ›Wir sehen Raudive, Stalin ist hier.‹

Es ist faszinierend und ein wenig erschreckend, den fanatisch an seine Aufgabe glaubenden Dr. Raudive beim Experiment zu beobach-

ten. Seine Augen werden starr, seine Stimme beschwörend. Er ist unduldsam gegen jeden, der beim Vorspielen des Tonbands nicht das hört, was *er* hört. Und manchmal hört er bereits aus einem Räuspern, das in das Mikrofon gedrungen ist, irgendein fremdsprachiges Wort, irgendeine Äußerung außerirdischer Intelligenzen.
Auf Befragen konnte Dr. Raudive nicht sagen, auf welchen Frequenzen er die Stimmen empfängt. Und schwer ist es auch, den Sinn des Mitgeteilten zu erraten. Solche Sätze sagen (fast immer im Fremdsprachenkauderwelsch) die Außerirdischen: ›Hier sind lauter Lumpen. – Hier ist das Paketamt. – Gotthard Glockermen, eins, zwei, null, halb drei, hundert Seiten, halb null, knall. – Es gibt Streichhölzer. Lümmel, warum? Bitte die Mütze.‹
Aber mögen die Stimmen auch scheinbar Unsinniges reden, mag die Herkunft zweifelhaft und die Aufnahmetechnik des Dr. Raudive dubios sein – man hört auf dem Tonband Stimmen, die bei der mitgehörten Rundfunkaufnahme im weißen Rauschen nicht zu hören waren . . .«
Mit solchem Unsinn werden wir uns in den folgenden Betrachtungen gewiß nicht auseinandersetzen, wohl aber mit ganz konkreten Unternehmen wie dem »Projekt OZMA«, wo man das Firmament nach künstlichen *Radiosignalen außerirdischer Intelligenzen* »abhorcht«, oder mit fundierten Vorschlägen, mit welchen »Nachrichten« man denn mit diesen fremden Wesen sinnvoll in Kontakt treten könnte. Wie würden unsere Wissenschaftler reagieren, wenn sie auf außerirdische Nachrichtenprogramme stoßen würden? Vermutlich doch nicht so, wie es der Physiker Chen-Ning Yang vorgeschlagen hat: »Gebt keine Antwort!«
Ganz gewiß wird man antworten: Aber wie kann das aussehen? Sollte man »einfach« *Fernsehbilder* schicken? In welcher *Sprache* kann man sich verständigen? Gibt es überhaupt eine Sprache, die von einer fremden Zivilisation verstanden wird? Wir wollen versuchen, diese Fragen ausführlich zu diskutieren.
Dabei wird uns auch die »vernünftige« Science-Fiction weiterhelfen, wie sie z. B. vom englischen Astronomen und Mathematiker Fred Hoyle verfaßt wurde. Der Science-Fiction-Autor Hoyle (»A wie Andromeda«, »Die schwarze Wolke«) ist Mathematikprofessor an der Universität Cambridge und ständiger Mitarbeiter an den berühmten Observatorien von Mount Wilson und Mount Palomar. Ein anderer

Verfasser von »guten« Science-Fiction-Geschichten, Isaac Asimov, der uns immer wieder begegnen wird, ist Professor für Biochemie an der Universität Boston.
Wie bereits gesagt: Science-Fiction kann mehr sein als bloße »kosmische Märchenstunde«. Sie kann der Science, der exakten Wissenschaft selbst, sogar bisweilen recht brauchbare Anregungen geben. Science-Fiction besitzt, wie Isaac Asimov sagt, »einen Sinn und einen aufklärerischen Wert, den keine andere Literatur gegenwärtig für sich reklamieren kann«. Versuchen wir, in den folgenden »Spekulationen« ein bißchen von diesem »Sinn und Wert« einzufangen ...

Erste Spekulation:

Milchstraße – Tummelplatz des Lebens?

1.1 Sonnen mit Planeten als »Dutzendware« ...

Im Jahre 1947 setzte eine Serie von Zeitungsmeldungen und Sensationsberichten ein, die immer wieder von eigenartigen Erscheinungen am Firmament erzählten: Von »fliegenden Untertassen« (englisch »flying saucers«) war die Rede, von »*UFO*s«, d. h. von *u*nbekannten *F*lug*o*bjekten (englisch »*u*nidentified *f*lying *o*bjects«). Über allen Erdteilen unseres Planeten Erde wurden diese merkwürdigen Erscheinungen gesichtet. Beunruhigt stellten sich viele die Frage: Sind das vielleicht »fremde Flugkörper«, künstliche Gebilde außerirdischer Bauart? Die meisten Phänomene, die mit solchen *UFO*s in Verbindung gebracht wurden, fanden dann zwar eine plausible Erklärung aufgrund unseres naturwissenschaftlich-technischen Wissens (neuartige Flugzeugtypen, Wetterballons, ungewöhnliche Wolkenbildungen, optische Täuschungen, Trickaufnahmen usw.). Doch nicht jede Beobachtung, bisweilen von anerkannt »vernünftigen« Menschen gemacht, konnte bis heute befriedigend geklärt werden. Auch mit Massenhysterie ließ sich vieles, aber doch nicht wiederum alles entlarven, was die sogenannten *UFO*s betraf: Es blieb immerhin ein ungeklärter Rest von seltsamen Beobachtungen, an dem sich Phantasie und Vermutung entzünden konnten.

Die kühnste Spekulation in Sachen *UFO*s ist zweifellos ihre Interpretation als *bemannte Raumschiffe einer außerirdischen »Rasse« von Lebewesen.* Auch als ferngesteuerte »Aufklärer« von fremden Planeten wurden sie gedeutet, als *unbemannte Raumsonden nichtirdischen Ursprungs* also, ähnlich denen, die von Amerikanern und Russen zu Mars und Venus geschickt werden.

Sollte jedoch auch nur ein Fünkchen von möglichem Zutreffen hinter

solchen verwegenen Spekulationen stecken, so erheben sich natürlich einige Fragen: Besteht, aufgrund unserer naturwissenschaftlichen Erkenntnisse, überhaupt ein Anhaltspunkt, daß sich außerhalb unseres Planeten Erde Leben entwickeln konnte? Und wie können wir Menschen mit eventuell existierenden »Extraterrestriern« (Außerirdischen) in irgendeine Verbindung treten?
Es gehört eigentlich zu den alten Wunschträumen der Menschen, mit dem »Mann vom anderen Stern« – falls es ihn wirklich geben sollte – in irgendeiner Weise Kontakt aufzunehmen. In der Tat ist der Gedanke ja faszinierend: Irgendwo »weit draußen« im weiten Universum sitzen vielleicht intelligente Lebewesen, die eine außerirdische Zivilisation entwickelt haben. Warum sollten wir da nicht versuchen, irgendwie mit diesen Wesen in Nachrichtenverkehr zu treten?
So abwegig ist diese Spekulation nun auch wiederum nicht – wenn es solche außerirdischen Lebewesen wirklich gibt. Eines Tages wären dann womöglich sogar gegenseitige »persönliche« Besuche von Planet zu Planet denkbar!
Alles absurde Phantasterei? Keineswegs: Die *Frage*, ob wir denn allein im Weltall seien, ist ja schon sehr früh von den vernunftbegabten Lebewesen auf diesem Planeten gestellt worden. Und je weiter unsere Erde dem scheinbaren Mittelpunkt des Universums entrückt wird, um so plausibler klingt diese Frage nach außerirdischen Geschöpfen.
Leider sind die *Antworten* bis herauf in die sechziger Jahre des 20. Jahrhunderts allesamt recht vage und unbefriedigend gewesen. Auch die kräftigsten Spekulationen über die *UFO*s konnten daran nicht viel ändern. Der Grund ist einfach: Unser naturwissenschaftlich-technisch geprägtes Wissen hält sich doch stark an »hartes« *Tatsachen*material, das durch Beobachtungen und Experimente gewonnen wird. *Vermutungen,* und seien sie noch so einleuchtend, zählen nicht viel.
Allerdings kann sich das schlagartig ändern, falls gewisse Tatsachen entdeckt werden, die solche Vermutungen bestätigen könnten. Und da ist im Lauf der letzten Jahre nun in der Tat einiges geschehen, was bemerkenswert scheint.
Daher läßt sich heute folgendes sagen: Außerirdische Lebewesen mit Intelligenz anzunehmen, die irgendwo außerhalb des Planeten Erde existieren, Lebewesen, mit denen wir eines Tages vielleicht in Kontakt treten können, das ist beileibe keine abwegige Spekulation mehr.

Ein solches »Hirngespinst« widerspricht heute keineswegs unseren naturwissenschaftlichen Erkenntnissen. Im Gegenteil: Eine solche Spekulation ist inzwischen geradezu einleuchtend geworden! Es wäre nämlich fast eine Art Anflug von Größenwahn, wollten wir Erdbewohner behaupten, wir und nur wir allein seien die einzig denkbaren »Intelligenzler« im weiten Weltall. Nein: Vermutlich wimmelt es geradezu von intelligenten Lebewesen im Universum!

Eine solche Ansicht kann man heute bereits mit gutem Gewissen äußern, ohne prompt zum verschrobenen Spinner oder gefährlichen Ketzer abgestempelt zu werden. Warum aber ist es denn heutzutage durchaus sinnvoll geworden, die Frage nach intelligenten Außerirdischen zu stellen und ernsthaft zu diskutieren?

Gewiß nicht, weil der sowjetische Philosophie-Dozent Sajzew den Gottessohn Jesus Christus zum Kosmonauten umfunktioniert hat. Wie kommt Sajzew überhaupt auf eine solche Idee? Nun, Christus soll ja gesagt haben: »Mein Reich ist nicht von dieser Welt.« Also kam er von einer anderen Welt, von einem fremden Planeten vielleicht?

Mit derart dürftigen Argumenten sollte man Christus eigentlich nicht zum außerirdischen Besucher machen und obendrein den Stern von Bethlehem als seinen Raumkreuzer interpretieren! Ähnlich schwach und fragwürdig sind übrigens auch die Argumente des Schweizer Hoteliers von Däniken, der z.B. die von Moses und seinen Mannen gezimmerte Bundeslade zur interstellaren Gegensprechanlage mit einem »Astronauten-Gott« gemacht hat: Man lese doch die angeblich so präzise Konstruktionsbeschreibung dieser Sende- und Empfangsanlage im zweiten Buch Mose, 25. Kapitel, Vers 10 f.! Wer nur ein bißchen technischen Sachverstand besitzt, der wird den Unsinn eines solchen Unterfangens leicht durchschauen.

Doch was soll's: Es ist ja schließlich gar nicht erforderlich, daß man bei der Frage nach außerirdischen Intelligenzen zu solch haarsträubenden Argumentationen greift. Unsere naturwissenschaftlichen Erkenntnisse von heute lassen nämlich schon recht vernünftige Spekulationen zu, die genauso »aufregend« sind wie die neuen Ammenmärchen der Herren Sajzew, von Däniken, Charroux usw.

Im folgenden wollen wir daher ganz nüchtern und sachlich für folgende Thesen plädieren:

Es gibt höchstwahrscheinlich außerirdische Intelligenzen, mit denen wir Menschen eines Tages auch in Nachrichtenverkehr treten können.

Anders gesagt: Wir sind beileibe nicht die einzigen intelligenten Lebewesen im Weltall.
Andererseits ist es wiederum hochgradig unwahrscheinlich, daß im Laufe unserer kurzen Menschheitsgeschichte bereits außerirdische Besuchergruppen den Planeten Erde betreten oder auch nur umflogen haben.
Kurz gesagt: *Für* die Existenz außerirdischer Intelligenzen, jedoch *gegen* deren Besuch auf unserem Planeten spricht eine ganze Reihe schwerwiegender Fakten unserer naturwissenschaftlichen Erkenntnis.
Warum etwa wäre es ausgesprochen vermessen, wenn wir annehmen würden, der Mensch sei der einzige »Intelligenzler« im Universum?
Ganz einfach: Weder unser »blauer Planet«, die Erde, noch die uns zugehörige Sonne bilden auch nur im entferntesten den Mittelpunkt des Universums. Die Erde ist einfach ein *Planet* dieser Sonne und umläuft sie im Laufe eines Jahres in einer fast kreisrunden Ellipse. Und »die Sonne, für uns das alles überstrahlende Objekt am Himmel, das Kopernikus für den Mittelpunkt des Universums hielt, ist auch nur ein Stern unter Sternen – und dazu nicht einmal ein besonderer«, schreibt zu Recht Isaac Asimov.
Selbst die »Kopernikanische Wende« ist also mittlerweile ein »alter Hut« geworden: Dieser »ganz normale« *Stern* Sonne ist nämlich nichts weiter als einer von den *hundert Milliarden Sternen* eines Sternensystems, das wir »Milchstraße« nennen. Die Milchstraße ist ein *Spiralnebel.* Und solche Spiralnebel gibt es wiederum *milliardenfach* im Weltall . . .
Doch flüchten wir uns noch nicht in die unfaßbare Ferne dieser fremden Spiralnebel: Unsere Sonne, so könnte man argumentieren, besitzt ja immerhin acht oder neun stattliche Planeten, von denen zumindest einer, unsere Erde, intelligentes Leben hervorgebracht hat. Vielleicht gibt es gar nicht so viele »Sonnen« oder Sterne innerhalb der Milchstraße, die von *Planeten* umkreist werden?
Es gibt sie doch – und vermutlich sogar in für uns unvorstellbarer Anzahl: Schon die uns Erdenbewohnern übernächste Sonne, der sogenannte *»Barnards-Stern«*, besitzt zumindest einen Planeten. Er muß ungefähr eineinhalbmal so »massig« sein wie Jupiter, der stattlichste Planet unseres eigenen Sonnensystems. Das heißt aber: Der unserem System nächste Planet liegt – astronomisch besehen – geradezu »vor unserer Haustür« . . .

»Start eines Raumschiffes außerirdischer Intelligenzen vor rund zwei Jahrtausenden, beobachtet von drei orientalischen Herrschern«: So ließe sich diese Darstellung des »Sterns von Bethlehem« aufgrund gewisser Phantastereien »interpretieren«. Nach diesem Ereignis, so steht es im zweiten Kapitel des Matthäus-Evangelium, »erschien der Engel des Herrn dem Joseph im Traum«: Nahm der Raumschiff-Kommandant aus einem fernen Sonnensystem telepathischen Kontakt mit der Heiligen Familie auf, um Jesus, seinen »Verwandten«, zu schützen?

Diese verblüffende Entdeckung wurde übrigens erst im Jahre 1963 (!) gemacht. Warum so spät? Planeten sind *nichtleuchtende* Himmelskörper, die wir ab einer gewissen Entfernung von der Erde aus nicht mehr direkt »sehen« können, selbst mit den schärfsten Fernrohren nicht. Der holländisch-amerikanische Astronom Peter van de Kamp konnte die Existenz dieses Planeten am Barnards-Stern erst aufgrund langjähriger Beobachtungen »erschließen«: Dieser Planet verriet seine Existenz nur durch ein systematisches »Wackeln« seiner Sonne, eben des Barnards-Sterns. Beide Himmelskörper, Sonne und Planet, drehen sich nämlich um einen gemeinsamen Schwerpunkt, wobei die von unserer Erde aus sichtbare – weil *selbstleuchtende* – Sonne gleichsam »eiert« ...
Die Beobachtung der exzentrischen Rotation dieses Barnards-Sterns war übrigens ein besonderer Glücksfall: Zum einen ist diese Sonne nicht allzu weit von unserem Sonnensystem entfernt, »nur« etwas mehr als 50 Billionen Kilometer oder knapp sechs »Lichtjahre«. (Von solch »astronomischen« Entfernungen wird noch ausführlich die Rede sein.) Zum anderen ist die Sonne Barnards-Stern verhältnismäßig klein, genauer gesagt: Sie besitzt nur rund 15 Prozent der Masse unserer eigenen Sonne. Wird diese Sonne dann noch, wie sich herausgestellt hat, von einem so stattlichen Planeten umkreist, dann muß sie einfach so deutlich »eiern«, daß man es von unserer Erde aus aufgrund langwieriger Beobachtungen gut feststellen kann.
Wenn nun jedoch bereits ein Stern »in nächster Nachbarschaft« zu uns einen Planeten besitzt, warum sollte es dann bei anderen Sternen nicht auch der Fall sein? Oder ist unser Planetensystem eine einmalige Sache? Sollten wir wirklich in einer ganz besonderen Ecke des Universums zu Hause sein? Nichts, aber auch gar nichts spricht dafür! Folgender Schluß liegt daher viel näher: Es gibt vermutlich *einige Millionen Planeten* in unserer Milchstraße, die ähnlich »wohnlich« gestaltet sind wie unser Planet Erde ...

1.2 Kosmische »Lebensphilosophie«

Um die scheinbar einmalige »Lebensfreundlichkeit« unserer Erde ein bißchen deutlicher zu illustrieren, seien ein paar entscheidende Fakten moderner Forschung skizziert. Selbst die sonst so nüchternen Naturwissenschaftler erfaßt ja oft ein lähmendes Staunen, wenn sie über das

War die »Bundeslade« der Juden der erste »Volksempfänger« für außerirdische Nachrichtenprogramme oder die erste »Gegensprechanlage«, die nach der Bastelanleitung einer fremden Zivilisation gebaut wurde?

Phänomen *»Leben«* nachdenken: Daß es ein »unvorstellbares Wunder« sei, sich in seiner »Ganzheit« der Analyse entziehe, durch »Zufall« oder »Notwendigkeit« entstanden sei usw. usf., – so lauten meist die »Argumente«.
Dabei gibt es zwischen den Begriffen ›lebendig‹ und ›nicht lebendig‹ überhaupt keine scharfe Trennungslinie: Natürlich ist es *zweckmäßig*, eine Katze als »lebendigen Organismus« im Gegensatz zu einem »nicht lebendigen« Stein zu bezeichnen. Aber ist z. B. ein relativ komplexes Molekül wie ein Virus nun »lebendig« oder nicht? Hier beginnt zumeist ein Streit um Definitionen, der völlig nutzlos ist, weil man die Grenze ›lebendig‹ – ›nicht lebendig‹ eben so oder so ziehen kann.

Versuchen wir also nicht, eine präzise Definition von dem zurechtzubasteln, was »Leben« denn nun sein soll: *Ein lebendiger Organismus* sei zunächst einfach ein räumlich und zeitlich fixierbares »Ding«, das mit seiner Umwelt regelmäßig Materie austauscht. Dieser Sachverhalt wird *»Stoffwechsel«* genannt.

Ein solches »Ding« soll sich zudem irgendwie *»vermehren«* können, durch Absonderung, Teilung, Reproduktion usw. Bei diesem Prozeß kann es am Nachwuchs zu mehr oder weniger geringfügigen »Kopierfehlern« gegenüber dem Original kommen: Dann verändert sich das »Jung-Ding«, es »mutiert«.

Diese *zufällige Mutation* ist der eigentliche »Evolutionsmotor« für die biologische Stammesgeschichte. Die ebenso wichtige *Auswahl* (»Selektion«) der geeignetsten »Mutanten« geschieht dann durch die zweckmäßigsten Reaktionsweisen der »Jung-Dinge« auf die Umwelt, in der sie »leben«. Damit diese Umwelt-Anpassung funktioniert, muß der lebendige Organismus in einer Weise auf seine Umgebung einwirken können, daß diese Umgebung ihm fortlaufend Materialien liefert, die zu seiner Existenz erforderlich sind: Dieser Sachverhalt wird *»Heterokatalyse«* genannt.

Solche gewiß nicht gerade einfachen Mechanismen haben auf dem Planeten Erde im Laufe von rund zwei bis drei Milliarden Jahren etwas in Gang gesetzt, was wir »Leben« nennen. Relativ stabile physikalische Bedingungen über Milliarden von Jahren hinweg haben auf der Erde diese »Lebendigkeit« ermöglicht. Astronomisch besehen könnte man sagen: Es war auf unserem Planeten »kühl« genug, um gewisse chemische Prozesse in Gang zu setzen und aufrechtzuerhalten. Die Temperaturen waren nicht »zu heiß« und nicht »zu kalt«. Eine grobe Skizze dieser »Lebensentfaltung« auf unserem Planeten hat der Astronom Fred Hoyle einmal so gezeichnet:

»Unter dem Einfluß des ultravioletten Sonnenlichts entstehen in einer Mischung aus simplen Substanzen wie Wasser, Methan, Ammoniak usw. Moleküle relativ einfacher Struktur, die etwa 20 bis 30 Atome enthalten, z. B. die *Aminosäuren.* Diese Moleküle enthalten beträchtliche Vorräte an gespeicherter Energie, die durch das ultraviolette Licht geliefert wurden. Nun ist es allgemein so, daß Moleküle mit inneren Energievorräten solche chemischen Prozesse eingehen, bei denen sie diese Energie loswerden. Normalerweise sollte man erwarten, daß sie in die Ausgangsstoffe zerfallen. Dabei würde die Energie wieder

frei. Doch infolge einer chemischen ›Laune‹ geschieht das hier nicht, vorausgesetzt, die Moleküle werden auf einer so niedrigen Temperatur gehalten wie auf der Erde. Auf diese ›Laune‹ baut sich das Leben auf: Mangels eines direkten Abbauprozesses sind die Moleküle gezwungen, ihre Energie in kleinen Dosen abzugeben, indem sie sich mehr und mehr zu komplexen Molekülen aufbauen. Es sei noch darauf hingewiesen, daß ultraviolettes Licht für diesen Aufbauprozeß nicht erforderlich ist. Es beliefert lediglich die Energievorräte der Moleküle.«
Das, was Hoyle eine »chemische Laune« nennt, sind einfach gewisse physikalische Bedingungen, die – kosmisch besehen – natürlich sehr eingeschränkt sind. Schließlich gibt es im Weltall »Temperaturschwankungen« zwischen minus 220 Grad und plus 20 Millionen Grad: Da zählt der Bereich, in dem wir Menschen elend frieren bis grausam schwitzen, doch zu den »besonderen Bedingungen«.
Aber einmalig im Universum sind sie wiederum auch nicht: Je heißer nämlich ein Stern bzw. eine Sonne ist, um so breiter ist sein Gürtel von gemäßigten Temperaturen, in dem zumindest ein Planet seine Bahn ziehen kann. Diesen »lebensfreundlichen« Gürtel um einen Stern nennt man übrigens *»Ökosphäre«*. (Der Ausdruck »Lebensraum« ist wirklich zu verfänglich, als daß man ihn an dieser Stelle benützen könnte.) Auf diese Zone möglicher Lebensentfaltung um beliebige Sonnen, die Ökosphäre, werden wir noch mehrfach zu sprechen kommen.
Vorerst seien aber noch ein paar Worte zu den von Hoyle zitierten *Aminosäuren* gesagt, die heute oft als »Bausteine des Lebens« angesprochen werden: Aus genau zwanzig verschiedenen Typen solcher Säuren bauen sich die *Proteine* (Eiweiß-Stoffe) auf, die wir auf der Erde kennen. Die zwanzig bis dreißig Atome, die wiederum diese Moleküle der Aminosäuren aufbauen, sind solche des Kohlenstoffs (chemisches Zeichen C), Sauerstoffs (O), Wasserstoffs (H), Stickstoffs (N) und Schwefels (S).
Halten wir daher fest: Eiweiß-Stoffe oder Proteine, aus denen sich die Zellen von Pflanzen, Bakterien und Tieren aufbauen, lassen sich aus zwanzig verschiedenen »Fertigbauteilen« zurechtzimmern, die Aminosäuren heißen. Zur Herstellung dieser »Fertigbauteile« benötigt man lediglich die chemischen Elemente Kohlenstoff, Sauerstoff, Wasserstoff, Stickstoff und Schwefel.
Lassen sich nun alle möglichen Baupläne aufzeichnen, wie man Pro-

teine aus Aminosäuren aufbauen kann? Sind diese »Baupläne des Lebens« für uns Menschen ähnlich überschaubar wie ein Katalog von Fertighäusern? Nein: Selbst für den größten und schnellsten Computer wäre das eine unlösbare Aufgabe. Die Anzahl der möglichen Kombinationen übersteigt nämlich bei weitem die Anzahl *aller im Weltall vorhandenen Atome!* Es ist für uns Erdbewohner, die wir »nur« Millionen verschiedener Eiweißstoffe kennen, eine wahrhaft unbegreifliche Vielfalt, was alles »Leben« bedeuten könnte – und das, obwohl wir hier lediglich Leben auf der Basis von Aminosäuren-Bausteinen in Betracht gezogen haben ...

Aber ist das nicht vielleicht wieder eine der üblichen »Milchmädchenrechnungen«? Es wäre doch immerhin denkbar, daß *Aminosäuren nur auf der Erde* gebildet worden sind! Dann wäre diese ganze kosmische »Lebensphilosophie« doch wertlos! Gibt es denn irgendwelche Anzeichen, daß diese »Bausteine des Lebens« auch auf anderen Planeten fabriziert werden können?

Das ist in der Tat der Fall: In zwei Meteoriten, außerirdischen Materiebrocken also, die im Abstand von 19 Jahren in den Vereinigten Staaten (1950) und in Australien (1969) eingeschlagen sind, hat man eindeutig Aminosäuren nachweisen können. Erstaunlicherweise waren es sogar jeweils gleichartige Gruppen von je 18 Aminosäuren. Was bedeutet diese interessante Entdeckung eines amerikanischen Forscherteams?

Doch wohl, daß die Bausteine für »erdähnliches« Leben, für Organismen, wie sie sich auf unserem Planeten entfalten konnten, auch in anderen Ökosphären »machbar« sind (vgl. Seite 21): Leben auf Aminosäure-Basis ist kein Privileg des Planeten Erde mehr! Solches Leben kann sich auch in anderen Zonen des Weltalls entwickeln ...

Wir sagten es bereits: Unsere Erde ist ein ziemlich normaler Planet eines überaus normalen Sterns. Innerhalb der Milchstraße ist ein Stern wie unsere Sonne gleichsam der »Normalfall«. Etwas böse, aber treffend gesagt: Sie ist ein »ganz ordinäres Sternchen«. Wollten wir sie als »Dutzendware« bezeichnen, so wäre das bereits maßlos untertrieben. Und schon der nächste Planet außerhalb unseres Systems kreist praktisch »vor der Haustür«, um den Barnards-Stern nämlich. Diese Entdeckung erinnert fast an den Witz vom Betrunkenen, der seinen Hausschlüssel irgendwo in einer Gegend verloren hat, in der es nahezu stockfinster ist. Nur eine einzige Straßenlaterne steht weit und breit: Und eben da sucht und findet der Trunkenbold seinen Schlüssel – »weil« es dort so hell ist ...

Wie sieht aber nun die Rechnung aus, die uns einen ungefähren Anhaltspunkt geben könnte, *wie viele* Planeten es innerhalb unserer Milchstraße gibt, auf denen sich Leben entwickeln könnte? Im Jahre 1959 hat der Astrophysiker Su-Shu Huang wie folgt gerechnet: Doppelsterne, das heißt »Zwillingssonnen«, die um einen gemeinsamen Schwerpunkt rotieren, kann man in diesem Fall von der Liste streichen. Bei ihnen sind stabile Planetenbahnen erst weit außerhalb des »lebensfreundlichen« Gürtels, der Ökosphäre, möglich. Schlicht gesagt: Es wäre für lebendige Organismen zu kalt auf diesen Planeten – falls es dort überhaupt welche gibt. Es verbleiben also die Einzelsterne, zu denen auch unsere Sonne gehört: Hier fallen für eine stabile Ökosphäre wieder die veränderlichen und die »jungen« Sterne aus. Warum? Man solle ungefähr eine Zeitspanne von rund fünf Milliarden Jahren für relativ stabile Temperaturzustände in der Ökosphäre annehmen, damit »höheres« und somit »intelligentes« Leben wie das unsrige entstehen kann. (Vielleicht erinnern Sie sich: Seit rund zwei bis drei Milliarden Jahren gibt es nun schon Leben auf unserem Planeten.) Schließlich müssen wir dann auch noch die Sterne streichen, die wesentlich schwächer strahlen als unsere Sonne: Sie besitzen keine Ökosphäre, die über Jahrmilliarden stabil bleibt.

Widmen wir uns also der wichtigsten Gruppe von Sternen, denjenigen, die unserer eigenen Sonne ähnlich sind. Hier vermutet Su-Shu Huang, daß nur etwa die Hälfte aller sonnenähnlichen Sterne überhaupt keine Planeten in der Ökosphäre besitzen. Die Planeten bewegen sich dort außerhalb der lebensfreundlichen, nicht zu warmen und nicht zu kalten Zone um den Stern. Aufgrund dieser Rechnung, die natürlich nur eine grobe, aber auch sehr vorsichtige Schätzung ist, verbleiben etwa sechs Prozent aller Milchstraßen-Sterne mit relativ stabilen Ökosphären für Leben auf Aminosäure-Basis. Innerhalb der Milchstraße sind das aber immerhin rund zehn Milliarden (!) »lebensfreundliche« Planeten ...

Das klingt für viele Ohren auf Anhieb ungeheuerlich oder doch allzu optimistisch: Milliarden von Planeten, auf denen sich Leben entwikkeln könnte, und das allein innerhalb unseres eigenen Spiralnebels! Die Milchstraße: ein Tummelplatz des Lebens! Und in den Milliarden von anderen Spiralnebeln soll es vielleicht gar ähnlich aussehen?

Warum eigentlich nicht? Der Astronom Fred Hoyle kommt aufgrund einer ganz anderen Überlegung nämlich zu einem recht ähnlichen Ergebnis. Er geht von seiner Theorie der Entstehung unseres Sonnensystems aus, wonach ein Magnetfeld die Rotation der Sonne verlangsamt und eine Scheibe gasförmiger Materie von ihr abgetrieben hat, aus der sich schließlich die Planeten gebildet haben. Hoyle erläutert:
»Die Mehrzahl aller Sterne rotiert tatsächlich wie die Sonne sehr langsam. Offenbar haben diese Sterne einen ähnlichen Abbremsungsprozeß wie die Sonne durchgemacht. Wir müssen daraus schließen, daß daher auch diese Sterne wie die Sonne Planetensysteme entwikkelt haben. Daraus würde folgen, daß die Zahl der Planetensysteme in unserer Milchstraße rund 100 Milliarden beträgt, da die Anzahl der normal rotierenden Sterne von der gleichen Größenordnung ist.«
Das heißt also: *Normalerweise* entwickelt ein Stern bei seiner Entstehung ein Planetensystem. Himmelskörper wie Erde und Jupiter, wie Mars und Uranus sind *keine Ausnahme*, sondern eher die »Regel«. Was folgt aus dieser Überlegung Hoyles zudem für die *Bewohnbarkeit* von Planeten, für die Existenz außerirdischer Intelligenzen? Die Antwort ist recht einleuchtend:
»Es ist von mancher Seite behauptet worden, die Entwicklung des Lebens auf der Erde sei nur durch eine lange Kette von wunderbaren Zufällen zustande gekommen. Unsere Theorie steht hierzu in krassem Gegensatz: Es war kein Zufall, daß sich die kleinsten Planeten in größter Nähe der Sonne bildeten. Auch die Zusammensetzung der Planeten scheint letztlich nicht auf Zufall zu beruhen. Vielmehr halte ich es für sehr unwahrscheinlich, daß in irgendeinem anderen Planetensystem etwas ganz anderes passiert wäre.«
Für Hoyle folgt aus dieser Überlegung: *»Es scheint so, als ob lebende Geschöpfe keine Seltenheit im Universum wären.«*
Soweit die verblüffend positive Bilanz zur Frage, ob es außerirdische Lebewesen mit Intelligenz gebe, mit denen wir eines Tages auf irgendeine Weise vielleicht doch in Kontakt kommen könnten. Aber die Rechnung ist noch nicht zu Ende: Keineswegs gerechtfertigt ist nämlich der allzu große Optimismus, den vor allem eine Reihe von populärwissenschaftlichen Autoren und »Amateurforschern« geschürt hat hinsichtlich unserer möglichen oder gar schon Wirklichkeit gewordenen Beziehungen zu irgendwelchen »Extraterrestriern«. Warum es

doch wiederum nicht ganz so einfach ist, Kontakte »von Stern zu Stern« zu knüpfen, dafür gibt es eine Reihe gewichtiger Gründe. Es empfiehlt sich daher eine möglichst nüchterne Bestandsaufnahme. Aufregend genug ist sie trotzdem ...

1.3 Außerirdische »Radioprogramme«?

Mit unseren ersten Überlegungen zu den *Milliarden* von »Sonnen« in der Milchstraße, die Planeten besitzen, auf denen sich lebende Wesen tummeln könnten, sind wir bereits in einen »Raum« vorgestoßen, der sich unserer Anschauung völlig entzieht. Mit Überlegungen, die über unser gewöhnliches Alltagsdenken hinausgehen, muß man sich jedoch im Zeitalter der modernen Naturforschung und Technik vertraut machen: »Alles in allem handelt es sich darum, vom Denkmöglichen Gebrauch zu machen«, hat es ein französischer Dichter einmal treffend ausgedrückt ...

Zum »Denkmöglichen«, aber doch immer noch weitgehend Unanschaulichen gehören die »astronomischen Zahlen«. Meistens hat der Normalbürger von solchen Zahlen einfach die Vorstellung, daß sie »unheimlich groß« seien. Das genügt natürlich nicht, wenn man ein wenig mit den Verhältnissen außerhalb unseres Planeten Bescheid wissen will.

Seit amerikanische Astronauten den Mond betreten haben, wissen wir, daß dieser Erdtrabant nicht »unheimlich weit« entfernt ist: Mit einem Raumschiff ist er in zwei bis drei Tagen erreichbar geworden. Seine Entfernung, runde 380 000 Kilometer, wird damit allmählich vorstellbar. Ansonsten ist die Vorstellung von diesem Ereignis Mondlandung allerdings noch recht blaß – eher komisch als erhaben eigentlich: Da hüpfen Astronauten auf dem staubigen Mondboden herum, sammeln Steinchen, hissen Fähnchen, lesen in der Raumkapsel mit vertauschten Rollen aus der Bibel vor usw. usf. All das ist vorerst eher »Flohtanz« im erdnahen Weltraum als ernsthafte Weltraumfahrt ...

Sprechen wir also von den »astronomischen«, den »unheimlich großen« Zahlen: Die erste Zahl, die wir dazu kennengelernt haben, war die Entfernung des Barnards-Sterns, mehr als 50 Billionen Kilometer oder sechs Lichtjahre«. Was ist ein »*Lichtjahr*«?

Vermutlich wissen Sie bereits, daß sich das Licht, von welcher »Lichtquelle« auch immer es ausgestrahlt wird, mit einer zwar sehr hohen, aber doch noch »endlichen« Geschwindigkeit ausbreitet: Ein beliebiger Lichtimpuls, ob er nun von einem Autoscheinwerfer kommt oder von einem Stern, durchjagt pro milliardstel Sekunde (»Nano-Sekunde«) eine Strecke von rund 30 Zentimeter. Ein bißchen ironisch nennt man daher die »Lichtnanosekunde« auch »Lichtfuß«. Nun haben die meisten Leute zwar eine recht gute Vorstellung von »30 Zentimeter«, keineswegs jedoch von einer »Nanosekunde«, gleich einer »Milliardstelsekunde«. Normalerweise gibt man daher die *Lichtgeschwindigkeit* mit 300 000 Kilometer pro Sekunde an. Warum wählt man gerade die Licht*geschwindigkeit* als Maß für kosmische *Entfernungen*? Dafür gibt es zumindest zwei gute Gründe: Zum einen sind die zahlreichen Sterne, aus denen sich die Spiralnebel – und damit unsere Milchstraße – aufbauen, allesamt selbstleuchtende Objekte, die Licht ausstrahlen. Zum anderen kann Licht nicht von Licht »überholt« werden. Die Lichtgeschwindigkeit ist eine Grenzgeschwindigkeit. Infolgedessen kann man *Entfernungen* recht praktisch durch die *Zeit* messen ...
Unser Mond ist damit also »eine gute *Lichtsekunde*« entfernt, rund 380 000 Kilometer, wie wir bereits erfahren haben. Gut ein Zehntel Lichtsekunde beträgt der Erdumfang am Äquator, etwa 40 000 Kilometer nämlich. Bis uns das Sonnenlicht auf der Erde erreicht, verstreichen bereits rund acht Minuten: Die Entfernung Sonne–Erde ist also ungefähr acht *Lichtminuten*. Bis zur Grenze unseres Planetensystems, wo die Bahnen von Neptun und Pluto verlaufen, ist es immerhin schon etwa sechs *Lichtstunden* weit. Danach kommt eine gähnende Leere in der Milchstraße, zumindest was die »größeren Materieansammlungen« anlangt.
Doch »gähnende Leere« ist wiederum eine recht relative Kennzeichnung: Selbst unser Planetensystem kann mit Fug und Recht als »gähnend leer« bezeichnet werden. Vergessen Sie einmal die beliebten Vergleiche, bei denen die Erde zur Erbse und die Sonne zur Orange wird! Ein kleiner Fingerhut voll Wasser im Münchner Olympiastadion unterm imposanten Zeltdach verspritzt: Das ist vergleichsweise die gesamte Materie, die sich in unserem Planetensystem befindet. Und doch hat sie ausgereicht, die Vielfalt des Lebens auf »Terra« hervorzubringen ...
Fragen wir daher ganz sachlich: Wann kommt denn der nächste Stern,

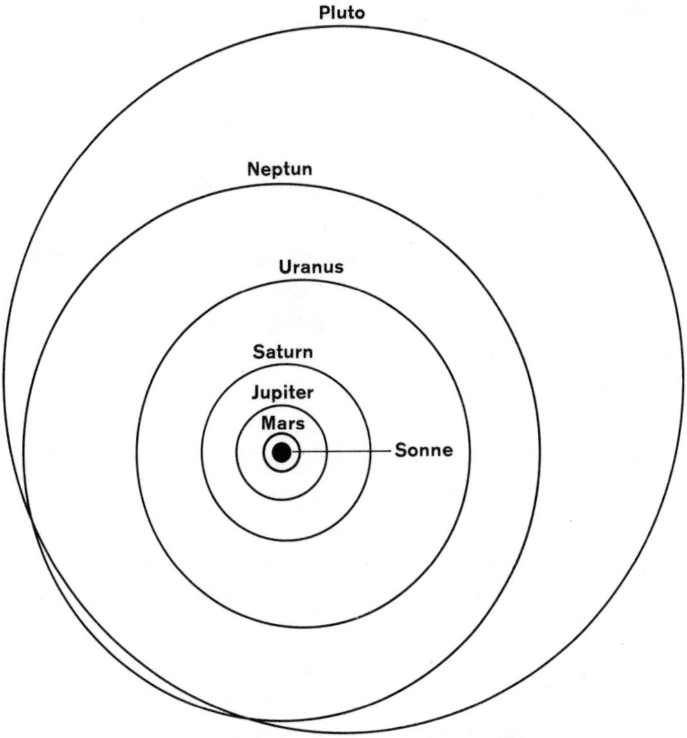

Acht Lichtminuten ist der Planet Erde von unserem nächsten Stern, der Sonne, entfernt. Um die äußeren Zonen des Planetensystems zu erreichen, benötigt das Sonnenlicht rund sechs Stunden.

wenn das System unserer Sonne verlassen wird? Nach etwas mehr als vier *Lichtjahren*, lautet die Antwort. (Wer gerne in Kilometer rechnet, sollte von nun ab die Faustformel »1 Lichtjahr gleich 10 Billionen Kilometer« benützen. Einleuchtender wird die Sache damit aber sicher nicht.) *»Alpha Centauri«* heißt dieser Stern, dessen Licht uns nach mehr als vier Jahren erreicht.

Der *Barnards-Stern* und sein Planet, unsere guten alten Bekannten, sind knapp sechs Lichtjahre entfernt. An sonstigen »näheren« Sonnen seien noch erwähnt: »Hundsstern« *Sirius* mit knapp neun Lichtjahren Entfernung, *Altair* im Sternbild Adler mit fast 16 und *Wega* im Sternbild Leier mit 26 Lichtjahren. *Beteigeuze,* der schöne »rote Riese« im berühmten Sternbild Orion, ist dagegen schon fast 300 Lichtjahre von uns entfernt. Das Bild, das wir zur Zeit von diesem Stern sehen, entspricht also seinem Zustand im 17. Jahrhundert ...

All die bekannten Sterne, die recht deutlich am nächtlichen Firmament erstrahlen, sind gleichsam unsere »Milchstraßen-Nachbarn«. Sie gehören zu den hundert Milliarden Sternen dieses Spiralnebels, der wie ein dickes Windrad im Universum hängt, mit einem diskusförmigen Kern und tintenfischartigen Armen. In einem dieser Arme sitzt auch unsere Sonne, ziemlich außerhalb – an gar nicht exponierter Stelle also. Der Durchmesser dieses gigantischen Sternenkarussells beträgt rund 100 000 Lichtjahre. Das Karussell wird bis zu 20 000 Lichtjahre »dick« ...

Die reinste »Zwillingsschwester« unserer Milchstraße ist übrigens der berühmte *Andromedanebel:* fast die gleichen Ausmaße, ebenso viele Sterne, vergleichbar in der Form. Dieser Spiralnebel ist zwei Millionen Lichtjahre von uns entfernt: Damit löst sich vorerst das Problem der Frage nach dem Kontakt mit intelligenten »Andromedanern« ganz von selbst. Solche Entfernungen sollten wir für die folgenden Überlegungen überhaupt nicht in Betracht ziehen.

Aber sind nicht bereits die Entfernungen innerhalb unseres eigenen Spiralnebels, der Milchstraße, so gigantisch, daß sich eine ernsthafte Überlegung erübrigt, wie man Kontakte mit außerirdischen Zivilisationen aufnehmen könnte? Ist es bei den »furchtbar großen« Abständen zwischen den Sonnen nicht ungefähr so, als wollten schottische Ameisen mit ihren australischen »Vettern« in Verbindung treten?

Es ist schlimmer – aber doch nicht hoffnungslos. Wir haben erfahren, daß Su-Shu Huang ausgerechnet hat, vermutlich besitzt jeder siebzehnte Stern der Milchstraße zumindest einen Planeten, auf dem sich intelligentes Leben in irgendeiner Form entwickelt haben könnte. Das sind ungefähr sechs Prozent der Nachbarsonnen (vgl. Seite 23). Aufgrund dieser Zahl und der Verteilung der Sterne in dem Spiralarm um unsere Sonne kann man den *durchschnittlichen Abstand zweier Zivilisationen* zu rund *18 Lichtjahre* berechnen.

18 Lichtjahre: Das ist eine der *optimistischsten Schätzungen* für unser »Spähen nach Außerirdischen«. In diesem Abstand von unserem eigenen Planetensystem besteht eine gewisse, wenn auch noch geringe Wahrscheinlichkeit, auf eine benachbarte Zivilisation zu stoßen.

18 Lichtjahre, das sind knapp 180 Billionen Kilometer: Ist es denkbar, daß irdische Astronauten mit Raumschiffen einmal so weit ins All vorstoßen können? Zum Mond, das ist eine Kilometerzahl (380 000), die selbst für einen normalen Autofahrer nicht schwindelerregend ist. Aber 180 Billionen Kilometer! Wir werden noch erläutern, daß Reisen durchs All selbst in dieser Größenordnung vorstellbar sein können, falls man einiges Ungewöhnliche in Kauf nimmt. Es gibt da bereits manche recht verblüffenden Spekulationen.

Doch bleiben wir vorerst noch ganz auf dem Boden der Technik unserer Zeit, wobei wir sogar die beiden Möglichkeiten der unbemannten und der bemannten Weltraumfahrt zurückstellen wollen: Dann verbleibt als einleuchtendster Weg der Kontaktaufnahme von Planet zu Planet, die um verschiedene Sonnen kreisen, der »Funkverkehr«. Man versucht in diesem Fall, ähnlich wie es auf unserem Planeten die Amateurfunker machen, Nachrichten auszusenden oder zu empfangen. Dies geschieht mit *elektromagnetischen Signalen*, die sich im Weltall mit *Lichtgeschwindigkeit* ausbreiten. Solche »Radiosignale« lassen sich bestimmt in gleicher Weise von intelligenten Geschöpfen auf anderen Planeten erzeugen bzw. empfangen.

Wie ließe sich also ein solches »interstellares Ferngespräch« von der Erde aus in Gang setzen? Angenommen, es gibt bereits extraterrestrische (außerirdische) Zivilisationen, die miteinander im Funkgespräch sind, so könnten wir auf der Erde ja versuchen, in den entsprechenden Signalstrom »hineinzuhören«. Das gleiche gilt für irgendwelche *Kontaktsignale,* die eventuell von einer fremden Zivilisation ausgesendet werden. In diesem Fall erhöhen sich die Chancen einer Kontaktaufnahme übrigens recht beträchtlich. Was ist zu tun? Der erste vernünftige Schritt zur Lösung dieses Problems ist es, einen irdischen »Horchposten« aufzubauen, eine »kosmische Abhöranlage« gleichsam.

Um solche Radiosignale aus dem Weltall zu registrieren, benötigt man natürlich eine entsprechende Empfangsanlage, eine höchst empfindliche Empfangs*antenne* vor allem. Die Frage nach der vermutlichen *Frequenz* der elektromagnetischen Signale aus dem All stellt sich in diesem Zusammenhang selbstverständlich auch: Solche Signale breiten sich ja nicht nur mit der charakteristischen Licht*geschwindigkeit* aus, sondern außerdem als »Wellenpakete« von bestimmtem Schwingungswechsel (Frequenz) bzw. bestimmter Wellenlänge. Wir wissen, daß z. B. Radiowellen von rund 20 Zentimeter Wellenlänge unsere

Erdatmosphäre recht gut durchdringen können – und damit wohl auch die Atmosphären anderer bewohnter Planeten. Sehr günstig für den interstellaren Funkverkehr scheinen vermutlich auch Wellenlängen so um einen Zentimeter herum zu sein oder die noch weitaus kurzwelligeren Lichtsignale.

»Kosmische Hörgeräte« für den Bereich der Zentimeter-Radiowellen gibt es bereits: Es sind die gigantischen »Radioteleskope« der radioastronomischen Observatorien. Am bekanntesten sind die sogenannten »Parabolspiegel«-Antennensysteme solcher »Radiosternwarten«.

Nun wäre es jedoch völlig nutzlos, das gesamte Firmament ohne Ziel und Plan nach außerirdischen »Radioprogrammen« oder Kontaktsignalen von Sendern auf fremden Planeten abzusuchen: Man muß schon wissen, welche Sonnen mit einer breiten Ökosphäre und entsprechenden Planeten in einer vernünftigen Entfernung man »anhorchen« möchte. Falls nämlich intelligente Außerirdische auf die Idee gekommen wären, Kontaktsignale auszustrahlen, dann hätten sie es vermutlich auch einmal »Richtung Erde« versucht. *Unsere* Sonne gehört ja schließlich auch zu den Sternen mit breiter Ökosphäre: Für extraterrestrische Intelligenzler liegt daher der Schluß nahe, daß auch sie einen »lebensverdächtigen« Planeten besitzt ...

All das klingt für viele Ohren noch immer sehr unwahrscheinlich: Aber den Wert *Null* für eine mögliche Kontaktaufnahme mit Extraterrestriern erhalten wir in diesem Falle eigentlich nur, wenn wir auf der Erde *gar nichts* unternehmen: Wir haben gesehen, daß die Existenz zahlreicher außerirdischer Zivilisationen innerhalb der Milchstraße weitaus plausibler scheint als die Einzigartigkeit unserer irdischen Zivilisation. Und warum sollten darüber hinaus wir Terraner dann wiederum die einzigen sein, die einen interstellaren Nachrichtenkontakt ins Auge gefaßt haben?

Wenn wir überhaupt eine technische Möglichkeit eines solchen interstellaren Radiokontaktes anerkennen – und es gibt kaum ein vernünftiges Argument, das dagegen spricht –, dann existiert ein solcher Funkverkehr bereits zwischen anderen Zivilisationen.

Im folgenden soll daher von einem ersten Unternehmen die Rede sein, das auf dem Planeten Erde gestartet wurde, um systematisch nach Funksignalen zu suchen, die von außerirdischen Lebewesen gesendet worden sind. Das Unternehmen lief Anfang der sechziger Jahre unter der geheimnisvollen Bezeichnung »Projekt *OZMA*« an ...

Zweite Spekulation:

Lohnt sich ein »kosmisches Abhörprogramm«?

2.1 »Weltraum-Moleküle« als Lebensbausteine

Auf dem gigantischen »Sternenkarussell« der Milchstraße, dem Spiralnebel unseres Sonnensystems, drehen sich wahrscheinlich einige Milliarden Sonnen, um die Planeten mit »milden Temperaturen« ihre Bahn ziehen. Ähnlich wie unser Heimatplanet, die Erde, können sie allesamt eine Vielfalt des Lebens hervorgebracht haben – auch *intelligentes* Leben.

Es wäre schon ein gerüttelt Maß an Größenwahn erforderlich, wollten wir Menschen annehmen, in diesem Sternenverband, der sich über einen Durchmesser von 100 000 Lichtjahren hin ausbreitet, bei einer Dicke von 20 000 Lichtjahren, sei der Planet Erde eine so einzigartige Angelegenheit, daß hier und nur hier im Universum intelligente Geschöpfe irgendeiner Form zu Hause sein könnten. Da hilft auch keine hochtrabende »Bio-Philosophie« von Zufällen und Notwendigkeiten, wonach der Mensch als bloßes *Zufallsprodukt* auf Terra entstanden sei: Es mag ja chic sein, diesen Menschen als »biologischen Unfall« oder gar »Abfall« zu kennzeichnen. Aber im gleichen Jargon läßt sich doch auch sagen: Ähnlicher »Intelligenzmüll« wie wir Menschen ist bestimmt auch in anderen Ökosphären entstanden, wo sich Leben entfaltet hat...

Ob »Zufallsprodukt« einer biologischen Entwicklung oder »Krone der Schöpfung« in religiöser Sicht – die meisten Menschen fühlen sich eben über alle Maßen geschmeichelt, wenn man ihnen ihre angebliche Einzigartigkeit um den Bart streicht. Das gilt in allen Bereichen: Weiße sind stolz auf ihre Hautfarbe, Franzosen stolz darauf, Franzosen zu sein. Bayern sind darob fasziniert, daß sie Bayern sind. Und ähnliche Gründe führen z. B. Münsteraner oder Schwabinger an, Bewohner eines Münchner Stadtteils. Man kann dieses psychologisch wohl ganz nützliche Spielchen, das jeder gute Lokalredakteur jeder Provinzzeitung beherrscht, munter weitertreiben bis hin zur »Einzigartigkeit« von Bürgermeister oder Pfarrer, von Mutti und Vati, Opa und Tante, Kind und Enkelkind. Ob Luzerner oder Klagenfurter, Oma oder Neffe – selbstverständlich sind sie alle irgendwie »einmalig«. Das läßt sich biologisch und psychologisch, soziologisch und kulturell belegen. Dennoch sind sie allesamt *Menschen*: Und immer gibt es irgendwoanders wiederum Menschen auf diesem Planeten, die genauso »einmalig« sind. Eines Tages entwickelt sich ein solcher »Stolz« nebst Zusammengehörigkeitsgefühl vielleicht für *alle* Menschen, womöglich sogar für alle intelligenten Geschöpfe aus dem »Sirius-Sektor« oder dem »Orion-Arm« der Milchstraße? (Der gigantische Sirius ist bekanntlich die dominierende »Sonne« unserer Spiralnebelgegend, vgl. Seite 27).

Doch lassen wir diese müßige Zukunftsmusik: Massive Schmeicheleien über die Einzigartigkeit des Menschen unter dem Vorwand angeblich »blinder« biologischer Zufallsmechanismen und dummer Schlagworte wie »Mensch – Fehlkonstruktion der Schöpfung?« führen uns gewiß nicht weiter. Wir wissen heute nämlich, daß *Zufalls*ereignisse bei *allen* Geschehnissen im Universum eine entscheidende Rolle spielen, *nicht nur* auf dem Planeten Erde also und hier wiederum *nicht nur* bei der Entstehung intelligenten Lebens.

Auf nicht ganz freundliche Art hat das eigentlich schon der »Alte Fritz« gesagt, Preußenkönig Friedrich der Große, der an seinen Freund Voltaire, den französischen Philosophen, nörglerisch schrieb: »Je mehr man altert, desto mehr überzeugt man sich, daß Seine Heilige Majestät der *Zufall* gut drei Viertel der Geschäfte dieses miserablen Universums besorgt.«

Es mag dahingestellt bleiben, ob unser Universum »miserabel« ist oder nicht: Jedenfalls regiert in ihm »Seine Heilige Majestät der Zufall«, wo immer der menschliche Geist das Naturgeschehen bisher analysiert hat, angefangen bei den sogenannten »Elementarteilchen«, aus denen sich mehr oder weniger »zufällig« die Atome aufbauen.

Im Bereich der atomaren und molekularen Prozesse geht dieses Zufallsspiel dann konsequent weiter: Dabei sind natürlich auch die *Aminosäuren* und *Proteine* (Eiweißstoffe) nicht ausgenommen, die wir bereits im vorangegangenen Kapitel als »Fertigbauteile« des *Le-*

bens kennengelernt haben. Mit einem Sprichwort gesagt: »Überall ist der Zufall.« »Tote«, anorganische Materie *und* »lebendige«, organische Substanzen unterliegen gleichermaßen Zufallsmechanismen. Im Bereich des Lebens sind sie zunächst lediglich leichter erkennbar. In einem Roman von Isaac Asimov heißt es etwa:

»Sehen Sie, die Proteine sind ungeheuer komplizierte Koppelungen von Aminosäuren und anderen Verbindungen, die in verwickelten dreidimensionalen Molekülgerüsten aufgebaut sind. Sie sind *so unberechenbar wie die Sonnenstrahlen an einem bewölkten Himmel.* Es ist die *Labilität,* die das *Leben* ausmacht, da es dauernd seine Gestalt ändert, um sich zu erhalten.«

Diesen Sachverhalt läßt Asimov einen außerirdischen Forscher in dem Science-Fiction-Roman »Pebble in the Sky« erläutern, zu deutsch etwa »Kiesel im Himmel« (Titel der deutschen Ausgabe: »Radioaktiv . . .!«). Von Fred Hoyle haben wir bereits eine Skizze der irdischen Lebensentfaltung kennengelernt (vgl. Seite 20). Asimov, dessen Extraterrestrier in ferner Zukunft wohnt, läßt ihn diesen Prozeß so sehen:

»Das *Protein,* diese erstaunliche Substanz, muß zuerst aus dem Anorganischen entstanden sein. Deshalb wurden ganz am Anfang unter dem Einfluß der Strahlungsenergie von der Sonne auf die riesigen ›Lösungen‹, die ›Ozeane‹ genannt werden, die organischen Moleküle Schritt für Schritt komplizierter: Vom Methan ging es zum Formaldehyd, zu den Zuckern und Stärken. Die andere Richtung verlief von den Harnsäuren zu den Aminosäuren und Proteinen.«

Wie bereits gesagt: *Aminosäuren* bauen sich aus rund zwanzig bis dreißig Atomen der Elemente Kohlenstoff, Stickstoff, Sauerstoff, Wasserstoff und Schwefel auf (vgl. Seite 21). Und man hat sie in extraterrestrischen Materiebrocken, in Meteoriten also, nachweisen können (vgl. Seite 22). Dieses aufsehenerregende Versuchsergebnis erarbeitete übrigens eine Gruppe von Naturforschern unter der Leitung des amerikanischen Biologen Cyril Ponnamperuma an der Universität von Maryland. Die Auswertung des Experiments war dabei statistisch so gut abgesichert, daß Aminosäuren irdischer Herkunft »ausgezählt« werden konnten: Alles, was in dieser Hinsicht »verdächtig« war, aus der Erdatmosphäre, aus der Einschlagstelle, ja selbst vom Daumendruck eines Laboranten zu stammen, wurde mit hoher Wahrscheinlichkeit ausgesondert.

Aber ist dieses Verfahren wirklich »todsicher«? Ist damit tatsächlich der unbestrittene Nachweis von hochkomplexen Molekülen aus dem All geliefert? Sind Aminosäuren »Weltraum-Moleküle«? Man könnte es vielleicht »mit an Sicherheit grenzender Wahrscheinlichkeit« bejahen: Aber »todsicher«, mit Garantie-Urkunde sozusagen, ist überhaupt nichts in der modernen Naturforschung (vgl. mein Buch »Denkspiele vom Reißbrett«).

Doch gibt es auch noch andere Verfahren aus dem Werkzeugschrank der exakten Naturwissenschaft, um komplexere Materiebausteine (»große« Moleküle) im Weltraum nachzuweisen. Das Grundprinzip eines solchen Verfahrens flimmert uns tagtäglich – oder auch: Nacht für Nacht – vor Augen, am Fernsehgerät und bei den Lichtreklamen. Nehmen wir der Einfachheit halber die Neonleuchtröhre mit ihrem typisch rötlichen Lichtschein. Wie kommt dieses Leuchten überhaupt zustande?

Alle Atome und Moleküle besitzen aufgrund ihres verschiedenartigen Aufbaus in der sogenannten »Elektronenhülle« eine mehr oder weniger große Anzahl von klar unterschiedenen (»diskreten«) Zuständen. Jeder dieser Zustände eines Atoms oder Moleküls ist durch einen ganz bestimmten *Energiewert* charakterisiert. In einem etwas freien, aber doch gut zutreffenden Bild könnte man Atome bzw. Moleküle daher mit verschieden gestimmten Klavieren vergleichen: Jedes hat seinen ganz typischen, für den Fachmann unverkennbaren Klang. Am einfachsten klingt z. B. das *Wasserstoff*-»Klavier«: Aufgrund seines recht einfachen Baus besitzt es nicht allzu viele »Zustände«. Der reinste Bechstein-Flügel ist dagegen bereits das *Eisen*-»Klavier« mit Tausenden von energetischen Zuständen. Kurz gesagt: Je komplizierter das Atom bzw. das Molekül, um so raffinierter sein Klang ...

Wie kann man nun auf solch einem Klavier spielen? Wie klingt z. B. das *Neon*-»Klavier«? In der bereits erwähnten Neonleuchtröhre liegt eine beträchtliche Ansammlung von Klavieren (Neon-Atomen) zwischen den Polen einer elektrischen Spannung. Dadurch schießen ständig Elektronen durch die Röhre und prallen mehr oder weniger heftig gegen die Neon-»Klaviere«.

Die Physiker erklären uns, was sich bei diesem Durcheinander abspielt: Durch den permanenten Energieüberschuß aus derartigen Rempeleien können immer wieder Atome in einen Zustand höherer Energie versetzt werden. Aus solch einem »angeregten« Zustand fallen sie

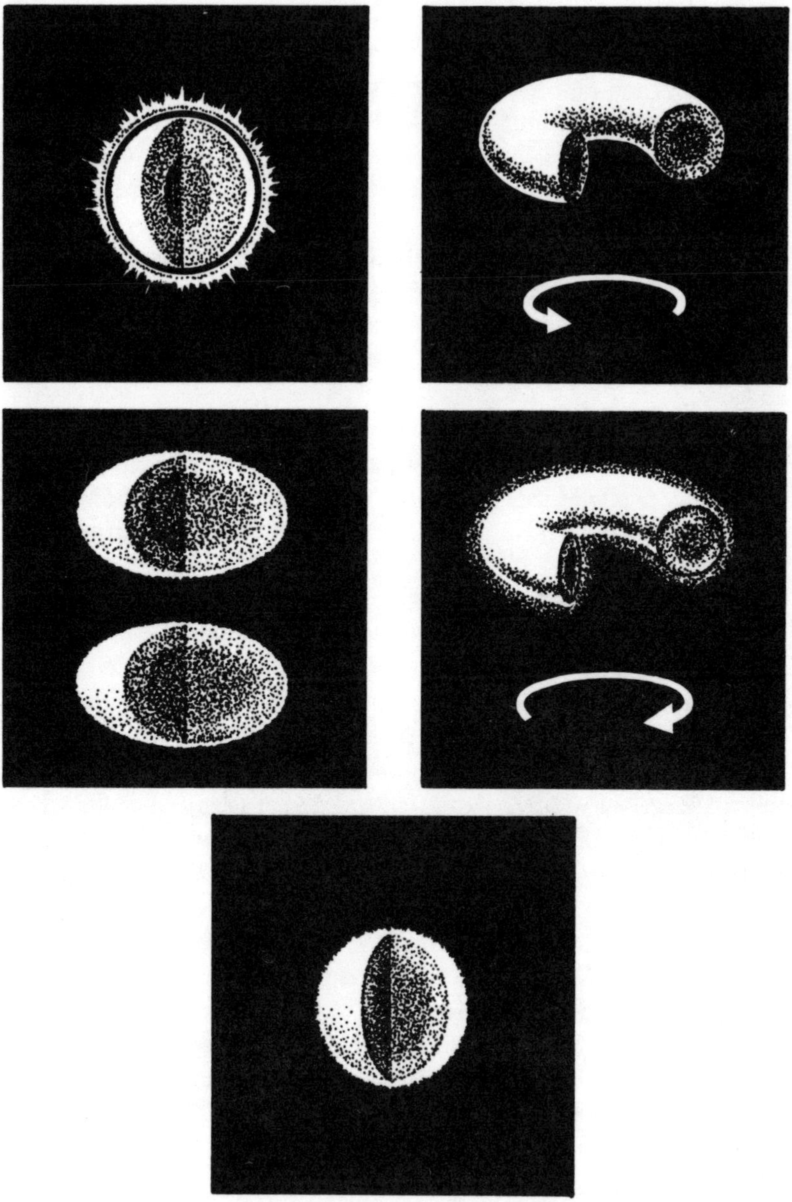

Dies sind verschiedene »Klangfiguren« des Wasserstoff-»Klaviers«. In der Physik nennt man sie »Elektronen-Orbitale«: Es handelt sich dabei um Aufenthaltswahrscheinlichkeiten des Elektrons in der Atomhülle.

jedoch ganz spontan wieder zurück in einen Zustand niedriger Energie. Die dabei frei werdende Energie wird dann vom Atom als Strahlung von ganz genau bestimmtem Energiewert ausgestoßen: Das Energiepäckchen ist ein »Lichtquant«. Die Summe aller von den Atomen in der Neonröhre abgegebenen Lichtquanten äußert sich in dem rötlichen Leuchten: Es ist dies der sichtbare Bereich der »Musik aus den Neon-Klavieren« ...

Wem dieses Bild zu poetisch ist, dem sei einfach gesagt, daß die Lichtstrahlen der aus dem Energieüberschuß resultierenden Energiepakete in typische *Linienspektren* aufgefächert werden können, die für den Fachmann deutlich und unverkennbar sind wie ein Fingerabdruck.

Oft setzt sich ein solcher »Fingerabdruck« eines Atoms oder Moleküls aus Tausenden von charakteristischen Linien zusammen, die mehr oder weniger stark ausgeprägt sind. Gerade deshalb funktioniert der »spektroskopische Erkennungsdienst« der modernen Naturforschung aber so gut.

Mit Hilfe dieses Verfahrens ist es nun gelungen, eine ganze Reihe von »Weltraum-Molekülen« mehr oder weniger komplizierter Bauweise in den Spektrallinien von Sternenlicht oder vom Licht interstellarer Gaswolken aufzufinden. Es begann im Jahre 1968, als vom Radioteleskop der kalifornischen Universität Berkeley Signale aus dem Zentrum der Milchstraße aufgefangen wurden, wie sie nur von Ammoniak-Molekülen abgegeben werden, wenn sie ihre energetischen Zustände wechseln. Neben den Ammoniak-»Klavieren« wurden bald zwei Dutzend andere »Klangkörper« aufgestöbert, z. B. Wasser, Formaldehyd und Äthylalkohol.

Eine recht komplexe Verbindung, die der amerikanische Astronom Fred Johnson 1971 in der Umgebung eines »jungen« Sterns im Sternbild des Orion ausgemacht hat, ist z. B. das *Magnesium-Tetrabenzporphin*, kurz »TBP« genannt: Dieser primitive Verwandte des irdischen Blattgrünstoffes *Chlorophyll* setzt sich immerhin aus 83 Atomen der Elemente Wasserstoff, Sauerstoff, Stickstoff, Kohlenstoff und Magnesium zusammen.

TBP ist außerordentlich hitzebeständig und könnte demnach als Lebensbaustein in Zonen des Universums dienen, die wesentlich heißer sind als auf unserem Planeten: Im molekularen Aufbau ähnelt das Magnesium-Tetrabenzporphin (*TBP*) nämlich nicht nur dem grünen

Chlorophyll, sondern auch dem roten *Hämin*, der in unserer Lebenssphäre als Blutfarbstoff »seinen Dienst tut« . . .
Selbst höhere Temperaturen um den Siedepunkt vom Wasser herum brauchen ja nicht unbedingt »lebensfeindlich« zu sein. Cyril Ponnamperuma, der Entdecker extraterrestrischer Aminosäuren, sagte einmal zu Recht: »Wir haben sogar in kochend heißen Quellen und in hochkonzentrierten Säuren Leben gefunden.« Auch das, was der amerikanische Astronom Carl Sagan von der Cornell-Universität recht verächtlich den »Wasser-Chauvinismus« (englisch »liquid-water chauvinism«) nennt, hat sich inzwischen als viel zu engstirnige Annahme herausgestellt.
Was besagt dieser »Wasser-Chauvinismus«? Man geht hier davon aus, daß *Aminosäuren*, die Fertigbauteile des Lebens, *nicht in einer wasserlosen Umwelt* entstehen könnten: Das Ausgangsmaterial, in diesem Falle Ammoniak, Formaldehyd, Methanol und Ameisensäure, müsse in jedem Fall bei der ultravioletten Lichtbestrahlung *in Wasser gelöst* sein. Denken Sie in diesem Zusammenhang auch an die Asimovsche Romanfigur, die von den »riesigen ›Lösungen‹« spricht, »die ›Ozeane‹ genannt werden« (vgl. Seite 33). Zwei amerikanische Geologen haben inzwischen zeigen können, daß dieser »Wasser-Chauvinismus«, wie Carl Sagan ihn mit vollem Recht nennt, überholt ist: In einem Laborversuch bestrahlten Goesta Wollin und David Ericson von der Columbia-Universität ein »wasserloses« Gemisch aus Ammoniak, Formaldehyd, Methanol und Ameisensäure mit ultraviolettem Licht und erhielten dabei makellose *Aminosäuren.*
Am Rande sei noch einmal vermerkt, daß bereits Fred Hoyle darauf hingewiesen hat, auch »ultraviolettes Licht sei für diesen Aufbauprozeß (der Aminosäuren) nicht erforderlich«: Diese Strahlung beliefere lediglich die »Energievorräte der Moleküle« (vgl. Seite 21). Carl Sagan spricht in diesem Zusammenhang übrigens vom »Ultraviolett-Chauvinismus« . . .
So sollte man sich letztlich wohl noch die Frage stellen, ob vielleicht nicht auch der »Aminosäuren-Chauvinismus« abzubauen wäre? Im Gegensatz zu den anderen Chauvinismen gibt es hier allerdings noch keinerlei experimentelle Ansatzpunkte. Wenn etwa der Engländer H. Spencer Jones zu folgender Spekulation (»Leben in anderen Welten«) ansetzt, so ist das zwar im Bereich des Denkmöglichen, aber vorerst doch noch nicht viel mehr als Science-Fiction:

»Es ist vorstellbar, daß es sich um Wesen handeln könnte, deren Zellgrundstoff *Silizium* ist statt Kohlenstoff, dem wesentlichen Aufbaustoff unserer Zellen und aller anderen organischen Zellen auf dieser Erde. Aus diesem fundamentalen Unterschied zwischen der Zusammensetzung jener Zellen und den Grundstoffen, aus denen das tierische und pflanzliche Leben auf der Erde aufgebaut ist, könnte die Vermutung naheliegen, daß jene Lebewesen in Temperaturen lebensfähig wären, bei denen kein organisches Leben auf der Erde bestehen könnte.«

Es gibt eine sehr hübsche Science-Fiction-Kurzgeschichte von Isaac Asimov (»The Talking Stone«), in der er diese Spekulation aufgegriffen hat: Bevor wir uns jedoch diesem »sprechenden Stein« ausführlicher widmen, sollten wir uns vorerst noch ein bißchen mehr an den Tatsachen orientieren. Dennoch können wir zur Frage nach den Bausteinen des Lebens »draußen« im Universum mit dem »Anti-Chauvinisten« Carl Sagan lapidar bemerken: »The building blocks of life are lying around everywhere ...«

2.2 »Raumohr« auf Welle 21 Zentimeter

Wasser und Ammoniak, Formaldehyd und Magnesium-Tetrabenzporphin – all das sind »Weltraum-Moleküle«, die, um mit Carl Sagan zu sprechen, als Bausteine des Lebens im Universum »überall herumliegen«. Ist es da nicht hochwahrscheinlich, daß Leben in intelligenter Form auch auf anderen Planeten entstanden ist?

Ohne Zweifel ist das der Fall. Zwar ist damit keineswegs gesagt, daß diese extraterrestrischen Intelligenzformen mehr oder weniger »menschenähnlich« sein müssen. Aber in der Vielfalt unseres irdischen Lebens finden sich bestimmt gewisse Anhaltspunkte für biologische Evolutionen auf anderen Himmelskörpern.

Warum ist es ziemlich unwahrscheinlich, daß es auf anderen Planeten nicht auch Menschen gibt, die »wie du und ich« sind? Ganz einfach: Trotz vermutlich vergleichbarer physikalischer Bedingungen auf der Oberfläche fremder Planeten, trotz gleicher oder doch sehr ähnlicher Grundbausteine des Lebens gab es einfach viel zu viele Zufallsfaktoren, die das heutige Bild des Menschen geprägt haben. Aber wie bereits gesagt: *Überall* ist der Zufall ...

In der modernen Physik hat man das längst erkannt. Betrachten wir dazu noch einmal unser Bild der atomaren oder molekularen »Klaviere« (vgl. Seite 34): Jedes Atom oder Molekül ist charakterisiert durch eine endliche Zahl von diskreten Energiestufen in den verschiedenen »Zuständen«. Jeder *Übergang* von einem Zustand des Teilchens in einen anderen Zustand ist *zufällig*. Das heißt jedoch nicht, daß die energetische Verhaltensweise eines Atoms oder Moleküls überhaupt nicht berechenbar ist: Jeder der möglichen Übergänge besitzt nämlich eine statistisch ermittelbare *Übergangswahrscheinlichkeit*.

Am höchsten ist diese Wahrscheinlichkeit bei den Übergängen von einem der angeregten Zustände in den Grundzustand: Es ist wie im Lift, wo der Knopf »Erdgeschoß« ja am häufigsten gedrückt wird.

Bei der ungemein großen Zahl von Teilchen (Atomen oder Molekülen), die bei solchen Prozessen stets im Spiele sind, ergibt sich dadurch das immer gleiche *Durchschnittsverhalten*. Anders gesagt: Man kommt zwar dem *einzelnen* Teilchen *nicht* auf die Sprünge, aber doch stets der Gesamtheit dieser Teilchen. Der Physiker Pascal Jordan hat das einmal recht einleuchtend so beschrieben:

»In jedem *Einzelfalle* gibt es *Wahlfreiheit* – man kann, wenn ein *einzelnes Atom* einmal einem bestimmten Experiment unterworfen wird, niemals vorher wissen, welche der gebotenen Reaktionsmöglichkeiten gerade in diesem Falle verwirklicht wird. Wir müssen uns überraschen lassen.«

Dieser Überraschungseffekt des Atoms ist jedoch keine Folge eines Erkenntnismangels des menschlichen Experimentators, erläuterte Jordan. Sein entscheidender Satz lautet: »Nicht nur wir werden überrascht, sondern *die Natur überrascht sich selber*!«

Dennoch herrscht keineswegs der »blinde« Zufall. Lesen wir weiter bei Pascal Jordan: »Wenn wir das Experiment in gleicher Weise nicht nur einmal, sondern viele Male machen (wiederholt am gleichen Atom oder je einmal an vielen gleichartigen Atomen), dann zeigt sich, daß – trotz allem Unberechenbaren im Einzelfall – doch etwas Berechenbares zustande kommt hinsichtlich des statistischen *Durchschnittsverhaltens*. Ein Elektron besitzt bestimmte *gleichbleibende Neigungen* (und seine Brüder, die anderen Elektronen, gleichen ihm darin); und wenngleich es in jeder einzelnen Reaktion mit seiner Auswahl zwischen den verschiedenen Möglichkeiten immer wieder eine ursprüngliche Entscheidung trifft, so prägen doch die unveränderlichen Neigungen des Elektrons seinen verschiedenen Entscheidungsmöglichkeiten *bestimmte Wahrscheinlichkeiten* auf: Lassen wir es in ständiger Wiederholung seine Auswahl zwischen den Möglichkeiten A, B, C usw. vollziehen, so verfällt es im Durchschnitt immer wieder mit gleicher Häufigkeit auf A.«

Durch diese »Durchschnittsverhaltensweise« *aller* in der Natur vorkommenden Elementarteilchen werden die Prozesse im Universum bestimmt: Pascal Jordans Bild von der Natur, die »sich selbst überrascht«, gilt aber nicht nur für den atomaren und subatomaren Bereich des Weltgeschehens, für den »Mikrokosmos« sozusagen. Entsprechende Überraschungseffekte passieren gerade auch bei den dreidimensionalen »Puzzlespielen« für die Molekülgerüste der Lebensbausteine Aminosäuren, Proteine usw. Gerade das macht ja die reizvolle Vielfalt des Lebens aus!

Trotz alledem: Zufälle und Überraschungseffekte sind in der modernen Naturforschung mathematisch faßbar geworden. Die »Ratespiele« der Physiker, Chemiker und Biologen werden immer genauer. Auch wenn der »liebe Gott würfeln« sollte, wie Albert Einstein einmal scherzhaft bemerkt hat: Er würfelt nach gewissen Spielregeln ...

Vielleicht erinnern Sie sich noch an eines dieser mathematischen Ratespiele, das der Astrophysiker Su-Shu Huang über die »zivilisationsverdächtigen« Planetensysteme in der Milchstraße angestellt hat (vgl. Seite 23): Danach könnte der nächste Planet mit einer extraterrestrischen Zivilisation etwa 18 Lichtjahre entfernt sein. Wir sagten es bereits: Dies ist eine recht zuversichtliche Schätzung. Man muß dabei nämlich die – vielleicht doch etwas zu optimistische – Annahme machen, daß eine solche Zivilisation sich über viele Millionen Jahre hält.

Leider besitzen wir in diesem Zusammenhang keinerlei Erfahrungswerte: Ist die wissenschaftlich-technische Geisteshaltung, die sich bei uns erst allmählich ausprägt, wirklich die »Krönung«, das letzte Ziel einer Gesellschaft? Wir wissen es nicht. Alles andere ist nicht Angelegenheit der Wissenschaft, sondern eine Glaubenshaltung.

Immerhin: Bisher ist das Gegenteil noch nicht »bewiesen« worden. Auch der totale Untergang, die völlige Selbstzerstörung der Menschheit, der intelligenten Geschöpfe dieses Planeten, ist gottlob *kein* »Naturgesetz«, auf das man sich beziehen könnte. *Vorstellbar* ist es jedenfalls, daß auch noch in zwei, fünf oder gar zehn Millionen Jahren intelligente Wesen auf dem Planeten Erde leben.

Aber *rechnen* können wir natürlich mit jedem beliebigen Zeitraum: Nehmen wir also an, daß die Lebensdauer einer hochtechnifizierten Zivilisation »nur« eine Million Jahre beträgt. Dann erhöht sich der durchschnittliche Abstand zwischen verschiedenen Zivilisationen im All immerhin von rund 18 auf 380 Lichtjahre. Ein beachtlicher »Sprung«, in der Tat.
Geben wir uns damit aber noch nicht zufrieden: Etwas mehr als die doppelte Distanz, bereits an die 800 Lichtjahre, liefert uns die Rechnung bei einer kalkulierten Zivilisationsspanne von rund 100 000 Jahren.
Nun wird die Rechnung schon fast pessimistisch: Setzen wir die mittlere Lebensdauer einer hochtechnifizierten Gesellschaft mit 10 000 Jahren an, so ergibt sich eine mittlere Entfernung von Zivilisation zu Zivilisation in der Milchstraße von 1740 Lichtjahren.
Aber auch dann, und das ist wohl entscheidend, würde sich für uns Terraner noch ein kosmisches Abhörprogramm lohnen, wie wir es im vorigen Kapitel bereits angedeutet haben. Mit anderen Worten: Wir besitzen bereits das »Handwerkszeug«, um ernsthafte Versuche zu unternehmen, mit außerirdischen Zivilisationen in Kontakt zu treten. Der erste Schritt in dieser Richtung besteht darin, solche Extraterrestrier »aufzustöbern«. Selbst wenn dieser geplante Funkkontakt dann erst in den kommenden Generationen Erfolg hätte, so wäre er doch eine aufregende und nützliche Sache. Und wir sollten jetzt schon etwas dafür tun.
Aber wie könnte das konkret aussehen? Mit bloßem Rechnen und Reden, Abwägen und Resignieren kommen wir schließlich nicht recht viel weiter. Spekulieren ist gut, handeln ist besser: Das hat sich bereits eine Gruppe von amerikanischen Astronomen und Astrophysikern im Jahre 1960 gesagt. An der Radiosternwarte von Green Bank in Westvirginia hatte man eine erste großangelegte Suchaktion nach außerirdischen Funksignalen gestartet. Unter der Leitung des Astronomen Frank Drake wurde ein kosmisches Abhörprogramm am dortigen »National Radio Astronomy Observatory« entwickelt. Es bekam die geheimnisvolle Bezeichnung »Projekt *OZMA*«.
Der Ausdruck »*OZMA*« ist übrigens keineswegs so magisch gemeint, wie er klingt: Astronomen sind zumeist rechte Spaßvögel – zumal wenn sie mit englischem Zungenschlag reden. Als z. B. des Gespann Anthony Hewish und Jocelyn Bell aus Cambridge im Jahre 1967 die

ersten, noch nicht als *Pulsar*-Signale erkannten rhythmischen Piepser empfangen konnte, taufte man die zugehörige Radioquelle im Weltraum spontan »LGM« (Abkürzung für »Little Green Men« gleich »Grüne Männchen«). Ähnlich ist es mit »*OZMA*«: Der amerikanische Schriftsteller L. Frank Baum hat eine Serie von hübschen, phantasievollen Geschichten geschrieben, die in einem fernen Wunderland namens »Oz« spielen. Die Königin dieses »Ozenlandes« trägt den Namen »Ozma« und wurde damit zur Namenspatronin der ersten kosmischen Suchaktion nach Signalen außerirdischer Intelligenzen.
Das sagenhafte Ozenland aus der Dichter-Werkstatt L. Frank Baums hatte übrigens in mehrfacher Hinsicht »Symbolcharakter« für das Drakesche »Lauschprogramm« *OZMA* nach Signalen von außerirdischen Intelligenzen: Zunächst einmal weiß nämlich niemand, wo dieses »Oz« liegt. (Natürlich hatte auch Frank Drake keine Ahnung, wo der Planet sein könnte, von dem er womöglich künstlich erzeugte Funksignale erwarten durfte.) Baum schildert in seinen Geschichten die »Ozenländer« als menschenähnliche, »humanoide« Geschöpfe. (Sollte man eine solche Art von Lebewesen nicht auch bei den außerirdischen Funkstationen erwarten?) In Oz gibt es einen recht geschickten Hexenmeister: Hätte Drake nicht auch einer sein müssen, um auf Anhieb das richtige Sonnensystem und die richtige Wellenlänge der Funksignale am Firmament aufzuspüren? Zu guter Letzt schildert L. Frank Baum einen skurrilen Burschen vom Lande Oz, der mit meterlangen Ohren Geräusche über Tausende von Meilen hören kann, wenn er seine »Lauscherchen« gegen den Erdboden preßt: Ein ähnliches »Hörrohr« hatte Frank Drake mit seinem Radioteleskop zur Verfügung.
Um es vorweg zu sagen: Frank Drakes »Ozenländer« haben leider nicht reagiert. Nach rund 400 »Abhörstunden« wurde die Signaljagd *OZMA* eingestellt. Versuchsergebnis: negativ ...
Dennoch wäre es recht voreilig, deshalb in der Suche nach Kontaktsignalen von Außerirdischen zu resignieren. Frank Drake und sein Team mußten nämlich eine ganze Reihe von Annahmen machen, die für die Erfolgsaussichten des Unternehmens *OZMA* durchaus nicht günstig waren. Die wichtigsten Punkte sollten wir uns detailliert vornehmen:
Damals, im Jahre 1960, stand für die Signaljagd lediglich ein Radioteleskop mit einer 26-Meter-Parabolantenne in Green Bank, Westvirginia, zur Verfügung. Damit konnte man allenfalls künstlich

erzeugte Signale aus einem Umkreis von 15 bis 20 Lichtjahren empfangen. Das war, falls wir lediglich unsere zuversichtlichste Schätzung von 18 Lichtjahren zur nächsten Zivilisation ins Auge fassen, doch recht bescheiden.

Außerdem liegen innerhalb dieses Bereiches vermutlich nur etwa fünf bis sechs Sonnen mit »zivilisationsverdächtigen« Planeten. Die Drake-Mannschaft konzentrierte ihre Peilung dabei auf zwei Sterne, die beide etwa elf Lichtjahre entfernt sind, auf »Tau Ceti« und »Epsilon Eridani«. Das war im Ansatz durchaus vernünftig: Schließlich konnte man mit einem Gerät dieser Reichweite (»Hörweite«) nicht blindlings das ganze Firmament abklappern . . .

Eine weitere Annahme betraf die mutmaßliche Sendefrequenz der extraterrestrischen Radioprogramme: Auf welcher »Welle« funken wohl außerirdische Stationen ihr Weltraum-Programm? In Green Bank vermutete man, daß dies wohl auf dem 21-Zentimeter-Band geschehen würde. Also lauschte man mit dem »Raumohr« Radioteleskop etwa 400 Stunden auf dieser Wellenlänge – wie bereits gesagt: erfolglos.

Es wäre nun müßig, sich über die statistischen Annahmen hinaus irgendwie den Kopf zu zerbrechen, etwa Überlegungen anzustellen, welche kulturellen, soziologischen und psychologischen Faktoren der »Leute von Tau Ceti« in Erwägung zu ziehen seien. Bleiben wir daher vorerst noch bei Drakes Überlegung, gerade auf der 21-cm-Welle zu lauschen. Gewiß: Eine elektromagnetische Strahlung dieser Art durchstößt recht gut unsere Erdatmosphäre und damit wohl auch die Gashüllen verwandter, zivilisationsträchtiger Planeten. Es gibt aber noch Radiowellen anderer Wellenlängen, die das ebenfalls tun. Warum also gerade das 21-cm-Band?

Das ganze Universum ist voll von »natürlicher« Strahlung: für uns sichtbares Licht, ultraviolettes Licht, Röntgenlicht, Radiowellen usw. All diese Strahlung wird von natürlichen »Sendern« produziert und abgestrahlt: Seit wir uns mit der Erzeugung von »Lichtquanten« durch die »Klaviere« der Atome oder Moleküle beschäftigt haben, dürfte dieser »Sendebetrieb« einigermaßen plausibel sein (vgl. Seite 34 f.). Was ist nun aber der einfachste und am weitesten verbreitete »Sender« im Weltall? Anders gefragt: Wie sieht das einfachste natürliche »Klavier« aus?

Klarer Fall: Es ist das *Wasserstoff*-»Klavier«. Wasserstoff ist nicht nur das häufigst auftretende, sondern auch das einfachste chemische Element des Universums. Es wimmelt nur so von Wasserstoff-Atomen im All: Allein zwischen den Sternen der Milchstraße flutet ein ständiger Strom von »interstellarem Gas« vom Zentrum der Galaxis über die Spiralarme in die Außenbezirke. Es besteht zum größten Teil aus Wasserstoff und macht im Durchschnitt ungefähr 15 Prozent der in den Sternen vereinten Massen aus. Das ist schon recht beträchtlich.

Diese Myriaden von Wasserstoff-»Klavieren« funktionieren bzw. »spielen« allerdings nicht im normalen Spektralbereich. Warum nicht? Normalerweise muß man solchen »Klavieren« ja auf irgendeine Weise Energie zuführen, so daß sie in einen »angeregten Zustand« versetzt werden – wir haben das am Beispiel der Neonleuchtröhre gesehen, wo die Neon-»Klaviere« mit freien Elektronen bombardiert wurden. Im Universum ist aber ein solches Bombardement nicht immer und überall vorhanden: Sind die Wasserstoff-»Klaviere« im interstellaren Gas der Milchstraße deshalb »stumm«?

Im Jahre 1944 hat der holländische Astronom Hendrik C. van der Hulst auf rein rechnerischem Wege ermittelt, daß es nicht so ist. Das hängt mit einer energetischen Situation im Atom zusammen, die in der sogenannten »Hyperfeinstruktur« des *Linienspektrums* (»Fingerabdruck«) zum Ausdruck kommt (vgl. Seite 36). Fällt nämlich ein Wasserstoff-Atom aus seinem Hyperfeinstruktur-Niveau in den Grundzustand zurück, so stößt es ein Lichtquant von der Wellenlänge 21 cm aus. Damit sind wir bei der von Drake für sein *OZMA*-Projekt gewählten »Abhör-Wellenlänge« ...

Wie wichtig es ist, daß Astrophysiker »in großen Zahlen denken«, zeigt nun die Tatsache, daß dieser Vorgang für ein einzelnes Wasserstoff-Atom hochgradig unwahrscheinlich ist: Ein Teilchen reagiert im Durchschnitt nur alle 10 Millionen Jahre (!) mit der Aussendung eines solchen Lichtquants. Dennoch reicht die gigantische Zahl von Wasserstoff-Atomen innerhalb der Milchstraße (im Durchschnitt: 1 Teilchen pro Kubikzentimeter) dazu aus, eine meßbare 21-cm-Strahlung zu registrieren. So hatte es der Holländer van der Hulst berechnet, was ein paar Jahre später dann auch experimentell bestätigt werden konnte.

Diese 21-cm-Radiostrahlung des einfachsten und häufigst vertretenen »Weltraum-Senders« Wasserstoff-Atom erschien nun Frank Drake, trotz ihres unwahrscheinlichen Entstehungsmechanismus, als die

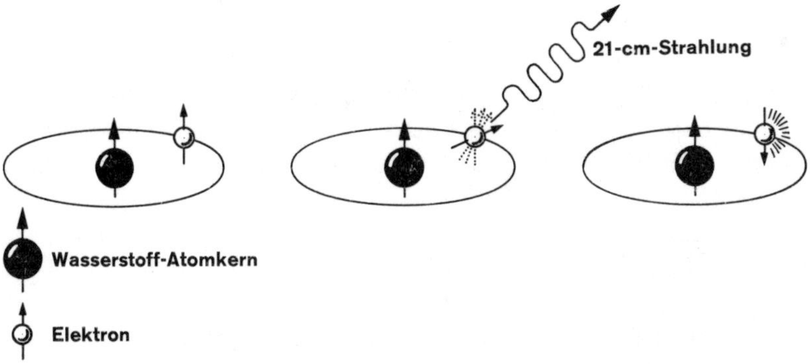

Hilfsbild für die Entstehung der 21-cm-Radiostrahlung des Wasserstoff-Atoms: Der Elektronenkreisel kippt um und ändert dabei die Richtung seines »Spins« (vgl. auch Abbildung Seite 89, oben links).

nächstliegende und billigste »Welle« für interstellare Kontaktsignale von Planet zu Planet. Hatte er sich mit dieser Überlegung vielleicht doch »verrechnet«?

Kurz gesagt: Wir wissen es nicht. Eine klare Aussage läßt sich darüber – vorerst – noch nicht machen. Aufgrund unseres bisher erreichten technologischen Standes läßt sich einfach noch nicht abschätzen, ob für Kontaktsignale von Extraterrestriern dieses 21-cm-Band die vernünftige Lösung ist. Vielleicht wäre eine Suche im Bereich der 1-cm-Wellen nützlicher? Vielleicht sind per *LASER* erzeugte Lichtsignale, d. h. scharf gebündelte, einfarbig im Gleichtakt schwingende Lichtstrahlen, das ideale Transportmittel für solche Signale? Vielleicht sind die extraterrestrischen Techniker längst so weit, daß sie für diesen Zweck mit Elementarteilchen-Impulsen (Neutrinos?) funken?

Wir können in diesem Stile munter weiterspinnen und spekulieren – ohne konkrete Versuchsprogramme, ohne tatsächliche Experimentierarbeit kommen wir »Terraner« hier einfach nicht weiter. Und genau das war schließlich das große Verdienst von Drake mit seinem Projekt *OZMA:* In Green Banks, Westvirginia, wurde ein Versuchsballon gestartet, dem zwar nach 400 Stunden die Luft ausging, aber es wurde nicht nur geredet und meditiert. Man hat gehandelt. Daß es noch nicht geklappt hat, sollte niemanden entmutigen. Kosmische Abhörprogramme großen Stils werden sich auch in naher Zukunft lohnen: Noch ist das »Halali« der interstellaren Signaljagd nicht geblasen ...

2. Lohnt sich ein »kosmisches Abhörprogramm«?

Wenn Carl Sagan folgendes sagt, sollten wir ihm wohl recht geben: »Ich kann nicht behaupten, ich glaubte, daß es da draußen Leben gibt. Alles, was ich dazu sagen kann, ist, daß es eine Reihe guter Gründe dafür gibt und daß wir in der Lage sind, das herauszufinden. Aufgrund dieser beiden Tatsachen wäre es beschämend für mich, wenn meine Zivilisation nicht den Versuch unternähme, dieses Problem in Angriff zu nehmen.«

Schön und gut, mag man vielleicht einwenden: Aber wissen wir denn überhaupt, wie man außerirdische Botschaften *erkennen und entziffern* kann? Stellen Sie sich einmal vor, unsere Forscher hätten sich mit dieser Haltung der Betrachtung von altägyptischen Hieroglyphen zugewandt! Es lohnt sich also, wenn wir dieser Frage in den folgenden Kapiteln ausführlich nachgehen.

Dritte Spekulation:

Wer kennt das Abc der »Weltraumfunkerei«?

3.1 Universelles »Primzahlen-tit-tit-tit« ...

Königin Ozma, die märchenhafte Herrscherin des Ozenlandes, konnte – oder wollte – nicht funken, als die Mannen von Frank Drake das mächtige kosmische Hörrohr von Green Bank auf Tau Ceti und Epsilon Eridani gerichtet hatten: So ließe sich, ein wenig boshaft natürlich, Bilanz ziehen aus der ersten kosmischen Signaljagd auf Nachrichten von außerirdischen Intelligenzen, durchgeführt im Jahre 1960 unter dem Arbeitstitel »Projekt *OZMA*« ...
Doch unsere bisherigen Überlegungen sollten eigentlich schon klargemacht haben, daß eine solche *OZMA*-Bilanz ein bißchen zu billig wäre. Ganz so unwahrscheinlich ist es schließlich nicht, daß innerhalb der Reichweite unserer kosmischen Hörrohre (Radioteleskope) fremde Zivilisationen ihre Botschaften ins All funken. Wer weiß: Vielleicht haben die »Leute aus der Tau-Ceti-Gegend« ihre Programme lediglich auf anderen »Kanälen« gesendet? Vielleicht strahlt »Radio Epsilon Eridani« seine kosmische Servicewelle gerade nicht auf der 21-cm-Welle?
Mit einer Reihe doch etwas ernsthafterer »Vielleicht«-Fragen haben wir unsere letzte Spekulation zur interstellaren Signaljagd *OZMA* beschlossen. Setzen wir unsere Gedankenkette daher mit einer durchaus nachdenkenswerten »Vielleicht«-Vermutung von Carl Sagan fort: »Vielleicht«, so spekuliert der US-Astronom, »ähneln wir Eingeborenen in einem abgelegenen Tal auf Neuguinea, die mit den Dörfern des Nachbartales per Trommel und Läufer ihre Nachrichtenübermittlung betreiben, während der weltweite Funkverkehr um sie, über sie und durch sie geht.«
Das ist vielleicht die zutreffende Skizze unserer eigenen nachrichten-

Erläuterungen zum Bildteil Seite 49 bis 56

1: Ist dieses merkwürdige Gebilde ein »unbekanntes Flugobjekt« (UFO) einer fremden, außerirdischen Zivilisation? Halten Raumfahrer von fernen Planeten die Erde bereits unter Kontrolle?

2: Einfache Moleküle, die sich aus den Atomen der Elemente Wasserstoff, Kohlenstoff, Sauerstoff und Stickstoff aufbauen, finden sich überall im Universum (vgl. Seite 36).

3: Die meisten der 20 möglichen Aminosäuren, hier z. B. das Alanin, sind bereits »weltraumverdächtig« (vgl. Seite 33).

4: Fred Hoyles Theorie zur Entstehung unseres Sonnensystems geht davon aus, daß die Rotation der Sonne von einem Magnetfeld abgebremst wurde, wobei eine Scheibe gasförmiger Materie abgetrieben wurde (vgl. Seite 24).

5: Das obere Bild zeigt das Panorama unserer Galaxis, der Milchstraße.

6: Der Stern Tau Ceti.

7: Der Stern Epsilon Eridani (vgl. Seite 43).

8: Gesamtansicht der Radiosternwarte von Green Bank in Westvirginia, USA, wo das berühmte »Projekt OZMA« abgewickelt wurde.

9: Mit diesem kleinen Radioteleskop (26-Meter-Parabolantenne) ging man in Green Bank auf Signalsuche außerirdischer Radioprogramme (vgl. Seite 42).

1

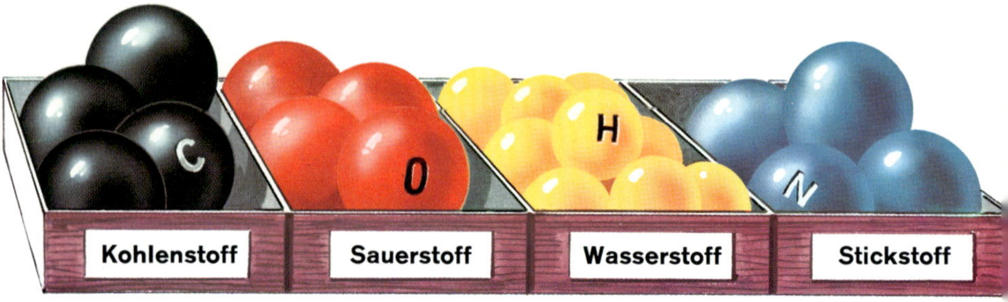

Wasser (H_2O)

Ammoniak (NH_3)

Methan (CH_4)

Äthyl-Alkohol (C_2H_6O)

3 **Alanin (einfache Aminosäure)**

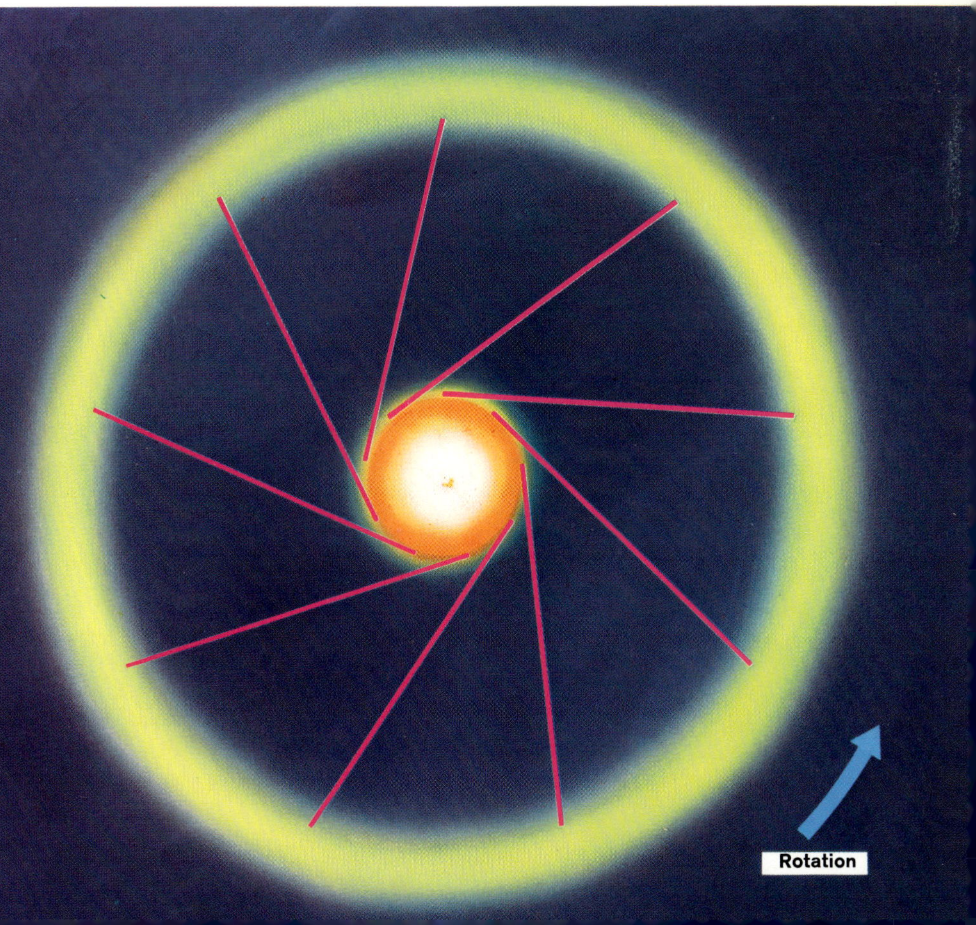

4

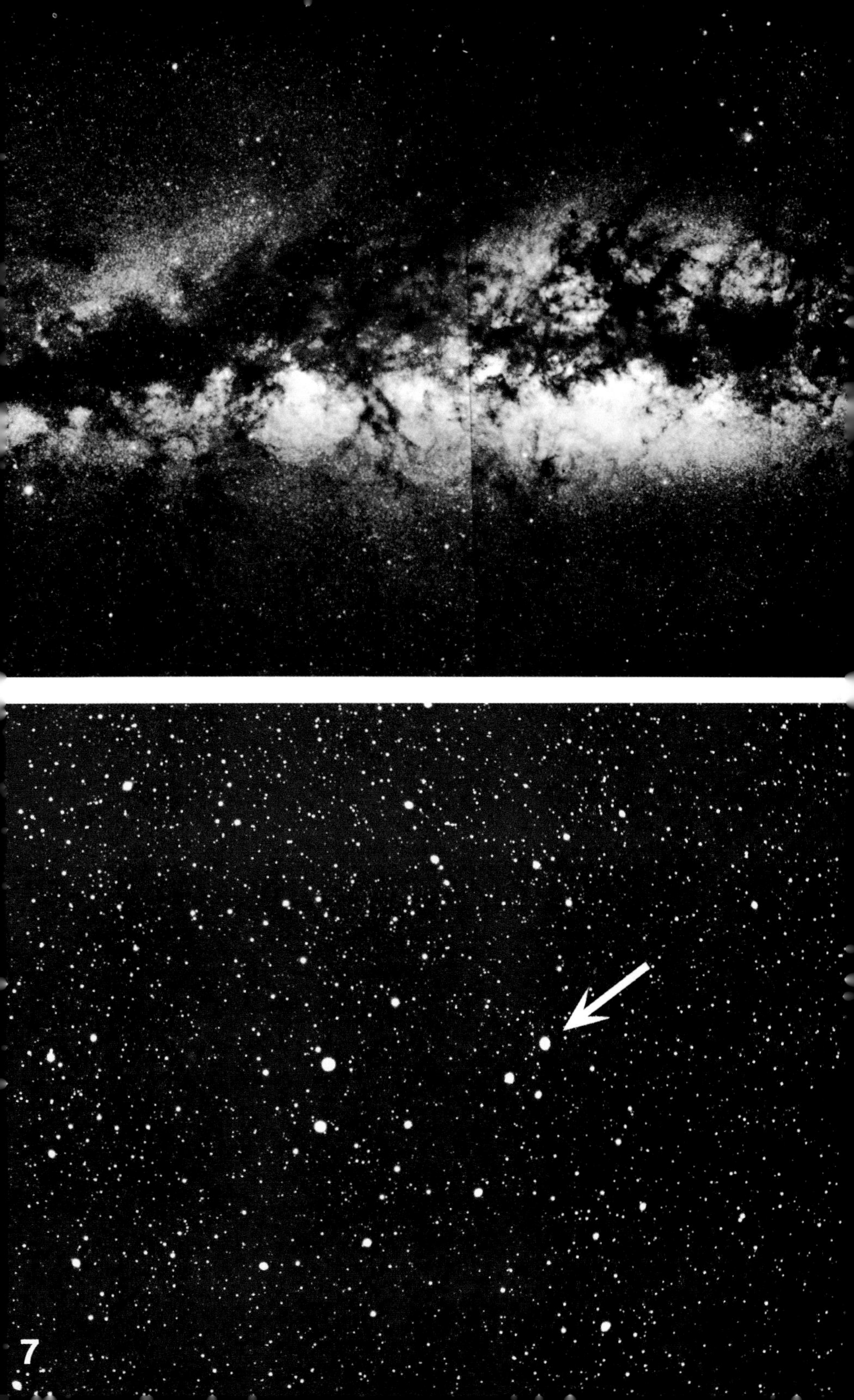

7

9

Lieber Leser,

Sie haben ein Knaur-Buch gekauft und damit ein Werk erworben, das Ihnen stets Freude und Bereicherung schenken soll.

In unserem Programm werden immer wieder Bücher erscheinen, die Sie und Ihre Freunde interessieren.
Damit wir Ihnen auch in Zukunft unsere Ankündigungen schicken können, bitten wir Sie um Rücksendung dieser Karte.

Knaur-Bücher erhalten Sie bei Ihrem Buchhändler, wo nicht, führen wir Ihre Bestellung gern über eine uns bekannte Buchhandlung aus.

Es grüßt Sie freundlich
Ihre Droemersche Verlagsanstalt
Th. Knaur Nachf.

Bitte mit
Postkarten-
Porto
freimachen

An die
Droemersche Verlagsanstalt
Th. Knaur Nachf.

8 München 80
Postfach 800 480

technischen Situation in einem eventuellen »weltall-weiten« Funkfeuer interstellarer Kontakt- oder Informationsprogramme: Leider wissen wir vorerst weder, ob es solche Sendungen überhaupt gibt, noch wie wir uns einschalten oder gar mitfunken könnten. Aber wie bereits gesagt: Durch bloßes Nachdenken allein kommt man in dieser Sache nicht weiter ...

Was also sollen wir tun? Wenn wir schon in nachrichtentechnischer Hinsicht »so primitiv wie die Buschneger« sind, dann ist doch jede Anstrengung im Hinblick auf eine interstellare Kommunikation aussichtslos! Vielleicht klappt es irgendwann einmal in ein paar hundert Jahren? Die Zeit ist vermutlich einfach noch nicht »reif« für solche Unternehmungen ...

Eine solche Argumentation ist töricht: Knüpfen wir doch einmal an die angeblich so »primitiven« Buschneger an, die ihre ebenso simplen wie wirkungsvollen »Nachrichtentrommeln« schlagen. Ohne Übertreibung kann man hier von einem »Busch*telegraphen*« sprechen, bei dem über ziemlich weite Strecken Information übertragen werden kann. Dabei benützen die Kongostämme z. B. *zwei* klar zu unterscheidende Signale (Grundzeichen): Die Trommelschläge lassen sich nach Klängen von *hoher* oder aber *niedriger* Tonhöhe sortieren. Sehr plastisch wird diese Unterscheidung in der Eingeborenensprache durch die Bezeichnungen »weibliche Stimme« (hoher Trommelschlag) und »männliche Stimme« (tiefer Trommelschlag) zum Ausdruck gebracht.

Zwar werden die beiden »Stimmen« der »sprechenden Trommel« beim Nachrichtendienst nicht wie die vergleichbaren Grundsignale (»Punkt« – »Strich«) des *Morse*-Codes der elektrischen Telegraphie eingesetzt: Die Nachrichtentrommeln ahmen nämlich effektiv das menschliche *Sprechen* nach. Dennoch ist dieses – primitive (?) – Imitieren der menschlichen Stimme auf einer Trommel ganz klar ein *Zweier-Code* mit dem Signalpaar »hoch« – »tief« und damit ein Vorläufer aller »Ja-nein-Codes«, die in der modernen Code-Telegraphie oder bei den Rechenautomaten (Computern) verwendet werden.

Das seit Jahrhunderten bekannte Prinzip solcher Codes lautet: Information läßt sich stets so »verschlüsseln« (codieren), daß die Elemente des Codes nur *zwei* Zustände annehmen.

Beispiele solcher Code-Signalpaare: Ja – nein, ein – aus, rechts – links, null – eins, Strom – kein Strom, positiv – negativ, schwarz – weiß, hoch – tief, Loch – kein Loch usw. usf.

Solche »Vorräte« von *zwei* Zeichen, auch *»binäre« Zeichenvorräte* genannt, spielen nicht nur in der *modernen Nachrichten- und Computertechnik* eine bedeutsame Rolle. Auch im *Alltag* verständigt man sich oft und gerne mit *»Binärzeichen«* (Kopfnicken – Kopfschütteln, Lachen – Weinen, Daumen oben – Daumen unten usw.). Im Prinzip läßt sich mit jedem dieser Signalpaare ein sogenannter »Zweier-Code« aufbauen.
Nun ist bereits mehrfach der Ausdruck *»Code«* gefallen. Dieses Fachwort der Nachrichtentechniker ist zwar nicht unbekannt im alltäglichen Sprachgebrauch. Dennoch denken die meisten Leute dabei noch immer an irgendwelche »Geheimbotschaften«, an die mühsame Entzifferung verzwickt *verschlüsselter* Nachrichten, die vor unerwünschten Lesern geschützt werden sollen.
Das Rezept für eine solche Verschlüsselung ist alt: Buchstaben oder auch Zahlen werden nach einem gewissen Schema eingesetzt, das nur Absender und Empfänger kennen. Da können Wörter systematisch vertauscht werden; ganze Sätze bekommen andere Bedeutungen usw. Entscheidend dabei ist, daß man die Art der *Verschlüsselung* einer Nachricht kennt, kurz: den *»Schlüssel«*.
Es gibt eine sehr hübsche Geschichte des amerikanischen Schriftstellers Edgar Allan Poe, die diese Form der Geheimschreiberei (»Kryptographie«) fast populär gemacht hat: Poes 1843 veröffentlichter »Goldkäfer« (Originaltitel: »The Gold-Bug«) wird daher noch immer mit Freude gelesen. Ein anderer Amerikaner, der Nachrichtentechniker Claude E. Shannon, hat ein gutes Jahrhundert später die informationstheoretischen Aspekte solcher Geheim-Codes durchleuchtet. Titel seiner 1949 erschienenen Arbeit: »Communication Theory of Secrecy Systems«.
Abgesehen von all solcher Geheimniskrämerei wollen wir vorerst jedoch ganz nüchtern festhalten: Ein *Code* besteht aus einer Reihe von eindeutigen *Regeln*, die es gestatten, eine beliebige Nachricht aus einer bereits gegebenen Darstellungsform in eine *andere Form* zu bringen. Diese »Transformation« einer Nachricht, *»Codierung«* genannt, ist immer dann erforderlich, wenn die Nachricht über eine mehr oder weniger große Strecke transportiert werden muß: Das gilt für den Buschtelegraphen (»sprechende Trommel«) in gleicher Weise wie für die moderne Code-Telegraphie, für Rundfunk oder Fernsehen.
Die genannten Regeln müssen natürlich sowohl dem *Sender* (Absen-

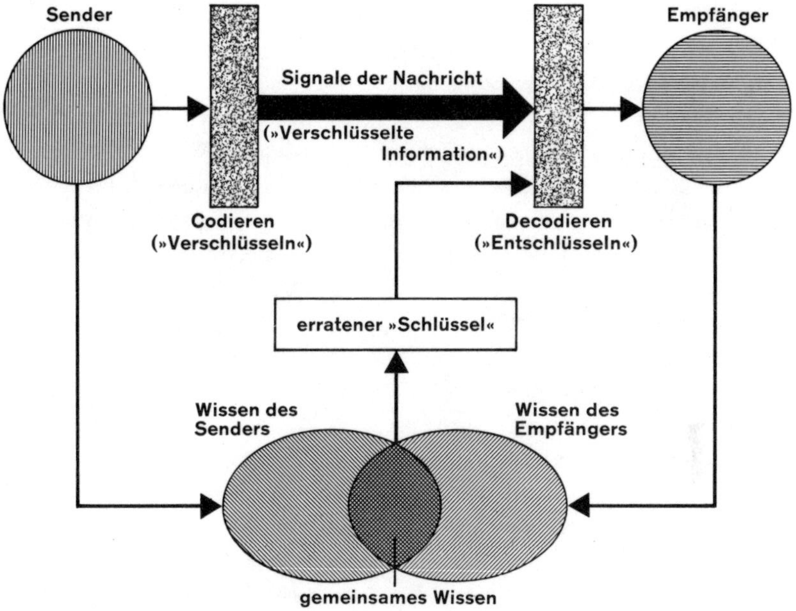

Schema einer Nachrichtenübermittlung zwischen fremden Zivilisationen im interstellaren Funkverkehr: Dabei kennt der Empfänger zunächst weder die zu erwartende Information noch ihre Verschlüsselung.

der) der Nachricht als auch dem *Empfänger* bekannt sein. Kurz gesagt: Beide, Sender *und* Empfänger, brauchen den »Schlüssel«. Der erste benötigt ihn zum »Verschlüsseln« *(Codieren)* der Nachricht, der zweite zum »Entschlüsseln« *(Decodieren).*

Normalerweise kennt der Empfänger die zu übermittelnde Nachricht selbstverständlich *nicht*, die ihm der Sender zukommen lassen will: Der Reiz einer solchen Übertragung liegt ja gerade im »Neuigkeitseffekt« der erwarteten Nachricht. Der Empfänger erhält also im Normalfall irgendein »Abbild« der vom Sender »brandneu« erzeugten Nachricht. Dieses »Bild« wird um so deutlicher sein, je weniger gestört die Übertragung vor sich gegangen ist.

Ein bißchen komplizierter liegt der Fall natürlich dann, wenn man auf Signaljagd nach *außerirdischen Nachrichten* (»Botschaften aus dem All«) gehen möchte: Dabei kennt man ja weder die zu erwartende

Nachricht noch den *Schlüssel.* Besteht also überhaupt eine Aussicht, daß wir Erdenbewohner extraterrestrische Nachrichten *erkennen* und *entziffern* (entschlüsseln) können?

Diese Frage läßt sich mit einem klaren »Ja« beantworten. Warum? Eine Begründung könnte ungefähr so aussehen: Wenn eine Informationsübertragung zwischen einem beliebigen Sender und einem Empfänger stattfinden soll, dann müssen stets irgendwelche *gemeinsamen Erkenntnisse* und auch ein *gemeinsamer Zeichenvorrat* vorhanden sein. Beides kann man bei einer geplanten interstellaren Kommunikation zwischen fremden Zivilisationen aber durchaus voraussetzen.

Beginnen wir mit dem *gemeinsamen Wissen,* mit Erkenntnissen, die sowohl auf der Erde als auch auf dem Planeten x der Sonne y gewonnen wurden: Falls irgendwelche intelligenten Lebewesen auf x überhaupt dazu imstande sind oder waren, uns über Distanzen von vielleicht mehreren hundert Lichtjahren hinweg Nachrichten zu übermitteln, so müssen sie ja zumindest ganz gute *Techniker* sein. (Ihr »Aussehen« im weitesten Sinne, ihr Sozialverhalten und ihre kulturellen Fähigkeiten können wir dabei vorerst ausklammern.) Gleichgültig, ob diese Techniker vom Planeten x der Sonne y nun für ihre »kosmischen Programme« Radiowellen, Laserlicht oder irgendeine andere elektromagnetische Strahlung benützen – um Sendeanlagen für einen interstellaren Nachrichtenverkehr zu bauen, brauchen sie in jedem Fall eine gehörige Portion von *technischem »know how«*. Ein solches Können ist aber nur dann möglich, wenn ein gewisser Wissensstand auf *naturwissenschaftlichem* und vor allem *mathematischem* Gebiet erreicht ist.

Unsere erste sichere Annahme kann also lauten: Eine außerirdische Zivilisation, die ihre künstlichen Signale gezielt ins All sendet – vielleicht sogar direkt in Richtung auf unser für sie »zivilisationsverdächtiges« Planetensystem –, muß auf *hohem technologischem Stand* sein.

Um Mißverständnissen vorzubeugen: Der Ausdruck »technologisch« wird dabei in einem recht umfassenden Sinne verstanden. Er betrifft *Fertigkeiten, Kenntnisse und Methoden zur Herstellung und Benützung von Geräten und Apparaturen aller Art*: Im Hinblick auf eine gewünschte Kontaktaufnahme mit einer fremden Zivilisation müssen diese Außerirdischen ja eine Reihe von »zielorientierten« Tätigkeiten ausführen.

Die zweite Annahme ergibt sich dann unmittelbar aus der ersten: Die intelligenten Wesen auf dem Planeten x der Sonne y beherrschen die exakte, d. h. mathematisierte *Naturforschung* (bei uns »Physik«, »Chemie«, »Biologie« usw. genannt) und die »reine« *Mathematik* in zumindest den von uns auf der Erde betriebenen »Spielarten«. Einfacher gesagt: Sie kennen in jedem Fall den *Begriff der ›Zahl‹* und die *Tätigkeiten des Zählens und Messens.*
Etwas salopper gesagt: Ob die »anderen Intelligenzen« auf dem Planeten x der Sonne y nun kleine grüne Männlein oder steinerne Gehirne sind, in jedem Fall dürfen wir damit rechnen, daß sie *rechnen* können. Und diese einfache Tätigkeit ist vermutlich auch in ihren Augen der beste Anknüpfungspunkt für eine kosmische Verständigung. Doch wie könnte das konkret aussehen?
Mit Hilfe des sicher anzunehmenden *gemeinsamen Wissens* auf dem Gebiet der *Elementarmathematik* läßt sich Schritt für Schritt ein *gemeinsamer Zeichenvorrat* erarbeiten. *Zahlzeichen* eignen sich dafür besonders gut, weil sie innerhalb jeder *Schrift* eine herausragende Rolle spielen. Wie sehen sie im einfachsten Falle aus? Vielleicht so, wie wir sie schreiben, »1, 2, 3, 4, . . .«? Oder so, wie sie die Araber notieren, nämlich »١-٢-٣-٤«? Eigentlich doch so: I, II, III, IIII, . . .
Das sind elementare »Strichzahlen«, die man in *jedem* irdischen Kulturbereich *benützen* kann. Ob man dabei »eins, zwei, drei«, »enaß, dhio, trіß« (neugriechisch) oder »wahid, itnen, talata« (arabisch) zählt, ist völlig unbedeutend. Strichzahlen dieser Art waren bereits in der Altsteinzeit bekannt, sicher bis hinauf zu den Fünfzigerzahlen. Ein Wort wie »dreiundfünfzig« kannte man allerdings damals vermutlich genausowenig, wie wir heute eines für 10^{27} (gelesen: »zehn hoch siebenundzwanzig«) kennen. Entscheidend war und ist lediglich, daß man *mit* solchen Zahl*zeichen* umgehen, hantieren, *operieren* konnte und kann . . .
Mit den Strichzahlen haben wir bereits eine künstliche Sprache, einen *Code* vor uns: Man zählt nicht »eins, zwei, drei, . . .«, sondern
Strich,
Strich (Lücke) *Strich,*
Strich (Lücke) *Strich* (Lücke) *Strich,* . . .
Ganz klar: Dieser Schlüssel wird immer mühsamer und umständlicher, je größer die Zahlen werden. Aber immerhin: Dieses »Stricheln« ist wohl die älteste und gewiß eine recht wirkungsvolle Art des Bildens

von Zahlzeichen. Was aber hat diese steinzeitliche Notierung der natürlichen Zahlen *eins, zwei, drei* usw. mit eventuellen Botschaften aus dem Weltenraum zu tun?
Ganz einfach dies: Warum sollte man denn solch ungemein primitive, aber doch höchst einprägsam verschlüsselte Zahlen nicht als erste *»Kontaktsignale«* einer kosmischen Kommunikation benützen? Als künstliche *»Rufzeichen«* sind sie doch bestimmt höchst auffällig! Solche Signale müssen schließlich derart beschaffen sein, daß es einem potentiellen Empfänger möglichst leicht gemacht wird, sie aus dem »natürlichen Strahlungssalat« im Kosmos herauszulesen: Das gesamte Universum ist ja voll von elektromagnetischer Strahlung aller Art ...
Beim Empfänger würde das dann ungefähr so aussehen: Ein Sender auf dem Planeten x der Sonne y macht sich »bemerkbar« durch eine Serie von deutlich strukturierten Impulsen. Das sieht vielleicht so aus:
»Impuls« für *eins*,
»Impuls (Pause) Impuls« für *zwei*,
»Impuls (Pause) Impuls (Pause) Impuls« für *drei* usw.
Irgendwo, bei zwanzig, vierundzwanzig oder dreißig Impulsen kann diese »Botschaft« dann abbrechen und von vorne beginnen: Wieder wird die gleiche Zahlenreihe »durchgefunkt«. Dieses simple Spielchen könnte sich wiederholen, immer und immer wieder, vielleicht mehrere hundert Male ...
Was ist damit gewonnen? Sehr viel: Der Partner im interstellaren Nachrichtenverkehr kann aus dieser Botschaft ganz klar die *Zählreihe* eins, zwei, drei usw. »herauslesen«, etwas, das es wohl in jeder technischen Zivilisation gibt, ganz gleich, auf welchem Planeten bei welchen Intelligenzen auch immer sie beheimatet ist. Dadurch, daß der Sender diese universelle Reihe der natürlichen Zahlen *mehrmals* funkt, können übrigens eventuelle *Übertragungsfehler* vom Empfänger korrigiert werden: »Transportschäden« an der Botschaft werden gleichsam »behebbar« ...
Mit der Weltraumfunkerei nach dem simplen Schlüssel »tit, tit-tit, tit-tit-tit, ...« von Impulsen ist zwar ein guter Anfang gemacht, doch ist die Botschaft selbst noch recht dürftig. Aber diese Signale sind eben nur *Rufzeichen*, um sich bemerkbar zu machen: Man will den intelligenten Partnern irgendwo draußen im All ja nicht das Zählen beibringen, sondern setzt ganz bewußt voraus, daß sie es schon können. Wäre

das nicht der Fall, hätten sie wohl kaum diese Kontaktsignale zu empfangen vermocht.
Wie könnte das interstellare Kontaktspiel mit den Grundzeichen »tit« (Impuls) und Pause (kein Impuls) ausgebaut werden? Nach den ersten Rufzeichen (» – « deutet an: »Kein Impuls«)

tit
tit-tit
tit-tit-tit
tit-tit-tit-tit . . .

käme vielleicht eine »Botschaft« folgender Art:

tit
tit-tit
tit-tit-tit-tit
tit-tit-tit-tit-tit-tit-tit-tit . . .

Ahnen Sie, wie es weitergehen wird? Natürlich: 16 Impulse, 32 Impulse . . . Die Anzahl der Impulse wird einfach jeweils *verdoppelt.* Solche Verdopplungsspiele sind eine so fundamentale Sache, daß sie sicherlich auch bei fremden Zivilisationen anderswo im Universum verstanden werden. Eine weitere höchst aufschlußreiche Meldung in einem interstellaren Kontaktgespräch könnte dann so aussehen:

tit-tit
tit-tit-tit
tit-tit-tit-tit-tit
tit-tit-tit-tit-tit-tit-tit
tit-tit-tit-tit-tit-tit-tit-tit-tit-tit-tit
tit-tit-tit-tit-tit-tit-tit-tit-tit-tit-tit-tit-tit . . .

Wie geht die Botschaft dieses Mal weiter? Nun, nach zweimal »tit«, drei-, fünf-, sieben-, elf- und dreizehnmal »tit« kämen jetzt mit Sicherheit siebzehn, neunzehn, dreiundzwanzig und neunundzwanzig Impulse: Jeder intelligente »Horchposten«, egal, auf welchem Planeten auch immer er sitzt, entziffert diesen universellen »Lockruf« als die Reihe der *Primzahlen.* (Solche »besonderen« natürlichen Zahlen besitzen nur eins und sich selbst als Teiler.)
Diese *Prim-Eigenschaft* natürlicher Zahlen ist *unveränderlich* in allen Zahlensystemen: Sieben und siebzehn sind auf der Erde genauso

»prim« wie z. B. auf einem Planeten des Epsilon-Eridani-Systems. Wo auch immer im Kosmos sich intelligente Wesen mit Mathematik beschäftigen – bei einer solchen Folge werden sie bestimmt »aufhorchen« ...

Aber ist diese Art von Weltraumfunkerei nicht doch ungemein primitiv? Gibt es denn keine sinnvolleren Mitteilungen für die Eröffnung eines interstellaren Nachrichtenverkehrs?

Um's noch einmal klar zu sagen: Am Anfang einer solchen Kommunikation kennen wir ja weder die zu erwartende *Nachricht* noch den vom Sender benützten *Schlüssel* (vgl. Seite 59). Es ist also keinesfalls zu erwarten, daß man als Empfänger gleich Nachrichten mit »Neuigkeitswert« übermittelt bekommt. Anhand von gemeinsamem Wissen muß man zuerst einmal Schritt für Schritt einen *Code* (Schlüssel) erarbeiten. Fred Hoyle hat dieses »Schlüssel«-Problem einmal recht treffend, wenn auch ein bißchen spöttisch so umschrieben: Leider können wir kaum davon ausgehen, daß »der Kosmos von Pfadfindern bevölkert ist, die Morsezeichen senden«. (Ergänzend ließe sich sagen, daß wir auch nicht darauf spekulieren sollten, mit abgezogenen Legionären aus der »Göttermannschaft« des Herrn von Däniken in Kontakt zu treten, und die Botschaften daher in Hebräisch formuliert sein müßten.)

Realistischer ist ganz gewiß folgende Einstellung: Außerirdische Intelligenzen, die interstellare Botschaften aussenden, formulieren ihre Nachrichten wohl weder in dem auf unserem Planeten durchaus gängigen Morse-Code noch in irgendeiner unserer alten oder neuen »Welt«-Sprachen, also weder in Hebräisch oder Griechisch noch in Englisch oder Chinesisch.

Eine »Sprache«, die sie mit höchster Wahrscheinlichkeit auf irgendeine Weise in ihrem eigenen »Dialekt« beherrschen, ist dagegen *»Mathematisch«*, die Formelsprache der Mathematik: Daher liegt das bereits skizzierte »Primzahlen-tit-tit-tit« durchaus im Bereich des Möglichen, wenn es für einen extraterrestrischen Sender darum geht, sich bei uns bemerkbar zu machen.

Aber drehen wir für die folgende Betrachtung den Spieß doch einfach einmal herum: Wie müßte denn eine »kosmische Sprache« aussehen, die auf der Erde entwickelt wird, um – menschlicherseits – mit fremden Zivilisationen ins Gespräch zu kommen? Wie bereits gesagt: »Mathematisch« reden müssen wir in jedem Fall, um uns interstellar bemerkbar zu machen. Aber schließlich soll es nicht bei bloßen Kontaktsignalen bleiben: Ein solches Nachrichtenprogramm ist ja doch nur dann sinnvoll, wenn wirkliche »Neuigkeiten« ausgetauscht werden.

3.2 LINCOS - ein Sprachkurs für Außerirdische

Im Jahre 1960 lief nicht nur das »Projekt *OZMA*« an einem amerikanischen Radioobservatorium: In einem *holländischen* Verlag erschien auch ein Buch in *englischer* Sprache, das den etwas merkwürdigen Titel trug »*LINCOS* – Design of a Language for Cosmic Intercourse«, zu deutsch »*LINCOS* – Entwurf einer Sprache für den kosmischen Nachrichtenverkehr«. Als Verfasser zeichnete ein *Mathematik*professor von der Universität Utrecht, Hans Freudenthal. »*LINCOS*« ist die Abkürzung einer *lateinischen* Bezeichnung, »*Lin*gua *Cos*mica«, was auf gut deutsch so viel wie »kosmische Sprache« bedeutet – eine Sprache zur Verständigung mit fremden Intelligenzen im All.
Ein *Mathematiker*, der eine *kosmische Sprache* mit lateinischen Namen entwirft – da denken manche Leser vielleicht an die auf lateinisch verfaßte »Weltharmonik« des Johannes Kepler von 1619, jenes Werk, in dem der berühmte Astronom über die Harmonien in der Musik und die klaren geometrischen Figuren zu den Bewegungsabläufen des Planetensystems gelangte. Schon in seinem Buch »Mysterium Cosmographicum« (deutsch: »Weltgeheimnis«) von 1596 hatte Kepler geschrieben, er wolle beweisen, »daß Gott der Allgütige und Allmächtige bei der Erschaffung unserer beweglichen Welt und bei der Anordnung der Himmelsbahnen jene fünf regelmäßigen Körper, die seit Pythagoras und Platon bis auf unsere Tage so hohen Ruhm gefunden haben, zugrunde gelegt und ihrer Natur Zahl und Proportionen der Himmelsbahnen sowie das Verhältnis der Bewegungen angepaßt hat«.
In der »Weltharmonik« (lateinischer Originaltitel: »Harmonices Mundi Libri Quinque«) versuchte Kepler dann gar, die in ausgewählt harmonischen Zahlenbeziehungen ablaufenden Weltgeschehnisse zu Ordnungsprinzipien für menschliches Handeln zu machen – wie wir wissen, vergeblich: Das, was »zur Besserung des menschlichen Lebens, zur Vermehrung sehnlicher Begier nach Harmonie im Gemeinwesen – bei der jetzt so schmerzlich übel klingenden Dissonanz« gedacht war, erwies sich letztlich doch als unangemessene Schablone, als mathematisiertes »Prokrustes-Bett« gleichsam ...

Sollte Hans Freudenthals »Lingua Cosmica« (LINCOS) ein Aufguß ähnlich schwärmerischer Ideen von Mathematikern sein, die mit dem Dichter der Romantik, Novalis (Friedrich von Hardenberg), reine Mathematik mit Religion verwechseln?
Ganz gewiß nicht: Selbstverständlich kann man seit den Tagen des ersten »modernen« Physikers, Galileo Galilei, exakte Naturforschung überhaupt nicht mehr ohne mathematischen Formelapparat betreiben. Doch inzwischen ist das Instrumentarium der Mathematiker immer flexibler geworden: Die Anwendung passender (»adäquater«) Werkzeuge braucht längst nicht mehr als »Sphärenharmonie« gefeiert zu werden. Nach wie vor jedoch kann man mit Galilei sagen, das »Buch der Natur« sei *in der Sprache der Mathematik* verfaßt worden. Anders gesagt: Es ist den Naturwissenschaftlern bisher noch immer recht erfolgreich gelungen, unsere »Gedankengesetze« auf die Welt und ihre Geschehnisse zu projizieren (vgl. auch: »Denkspiele vom Reißbrett«).
Die »Lingua Cosmica« (LINCOS) von Hans Freudenthal ist daher zwar durch und durch *mathematisiert*, versucht jedoch keinesfalls, irgendwelche mathematischen Formeln zur Richtschnur für ein vernünftiges Handeln zu machen. LINCOS ist weniger »keplerisch« als »leibnizisch«, d. h. Freudenthal ist mit seinem berühmten Kollegen Gottfried Wilhelm Leibniz der Ansicht, daß »alles mathematisch zugehe in der ganzen weiten Welt« und damit auch in anderen Zonen des weiten Universums, wo vielleicht intelligente Wesen hausen, mit denen wir in kosmischen Nachrichtenverkehr treten könnten.
Leibniz hatte vor rund drei Jahrhunderten versucht, eine umfassende *Zeichensprache* (lateinisch: »characteristica universalis«) zu entwerfen, durch die alle Probleme eines »vernünftigen« Wissens gelöst werden können. Wenn dieses Ziel auch allzu hoch gesteckt war, so wurde Leibniz doch zum Initiator einer Disziplin der exakten Wissenschaft, die wir heute »mathematische Logik« oder »symbolische Logik« nennen. Was aber wollte der Mathematiker und Philosoph mit der bereits genannten Zeichensprache?
Zwei Dinge: Zum einen dachte Leibniz an eine Art von unmißverständlichem *»Alphabet der menschlichen Gedanken«*, d. h. jedem einfachen Gedanken sollte ein künstliches »Symbol« (Zeichen) zugeschrieben werden. Durch bloße Kombination dieser Zeichen sollten dann die jeweiligen Problemlösungen gefunden werden. Darin steckt

Ioannis Keppleri

HARMONICES MVNDI

LIBRI V. QVORVM

Primus GEOMETRICVS, De Figurarum Regularium, quæ Proportiones Harmonicas conſtituunt, ortu & demonſtrationibus.

Secundus ARCHITECTONICVS, ſeu ex GEOMETRIA FIGVRATA, De Figurarum Regularium Congruentia in plano vel ſolido:

Tertius propriè HARMONICVS, De Proportionum Harmonicarum ortu ex Figuris; deque Naturâ & Differentiis rerum ad cantum pertinentium, contra Veteres:

Quartus METAPHYSICVS, PSYCHOLOGICVS & ASTROLOGICVS, De Harmoniarum mentali Eſſentiâ earumque generibus in Mundo; præſertim de Harmonia radiorum, ex corporibus cœleſtibus in Terram deſcendentibus, eiuſque effectu in Natura ſeu Anima ſublunari & Humana:

Quintus ASTRONOMICVS & METAPHYSICVS, De Harmoniis abſolutiſſimis motuum cœleſtium, ortuque Eccentricitatum ex proportionibus Harmonicis.

Appendix habet comparationem huius Operis cum Harmonices Cl. Ptolemæi libro III. cumque Roberti de Fluctibus, dicti Flud. Medici Oxonienſis ſpeculationibus Harmonicis, operi de Macrocoſmo & Microcoſmo inſertis.

Cum S. C. M^tis. Priuilegio ad annos XV.

Lincii Auſtriæ,

Sumptibus GODOFREDI TAMPACHII Bibl. Francof.
Excudebat IOANNES PLANCVS.

ANNO M. DC. XIX.

Die fünf Bücher des Johannes Kepler zur »Weltharmonik« gehören zu den bekanntesten Bemühungen in der abendländischen Geistesgeschichte, die Geschehnisse des Universums und die Ordnungsprinzipien für das menschliche Handeln zu mathematisieren. Wenn auch der Keplersche Versuch in dieser Allgemeinheit gescheitert ist, so kann man die Mathematik doch zur Grundlage einer interstellaren Kommunikation benützen, zur Konstruktion einer »kosmischen Sprache«.

der Grundgedanke einer exakt geregelten *Kunstsprache* mit Bausteinen von eindeutiger Bedeutung, die sich klar von jeder »natürlichen« Sprache (Umgangssprache) unterscheidet, wo Ausdrücke mit verschiedensten Bedeutungen auftreten können.
Beispiel: Der Ausdruck »Star« kann sich in der deutschen Umgangssprache auf einen Singvogel, auf eine Augenkrankheit oder auf eine Persönlichkeit aus der Film-, Schlager-, Sport-, Fernseh- oder sonstiger Schaugeschäftbranche beziehen. In einer Kunstsprache, z. B. einer der mathematischen Logik, gibt es solche Vieldeutigkeiten natürlich nicht.
Zum andern dachte Leibniz an eine »*Charakteristik der Vernunft*, kraft derer die Vernunftwahrheiten gewissermaßen durch einen *Kalkül*, ähnlich wie in der Arithmetik und Algebra, erreichbar würden«. Dieses Programm ist in der mathematischen Logik unserer Zeit weitgehend realisiert worden.
Falls Sie über den Ausdruck »*Kalkül*« gestolpert sind: Darunter versteht man ein *System von Regeln* (Handlungsvorschriften) für den Umgang, das Operieren oder Kombinieren von gewissen Zeichen (»Symbolen«). Als einfachste Beispiele werden in diesem Zusammenhang zumeist die *Spielregeln* für Brettspiele (Mühle, Dame, Halma, Schach usw.) genannt.
Halten wir also fest: Gottfried Wilhelm Leibniz träumte einst von einer umfassenden, »idealen« *Zeichensprache*, die er »characteristica universalis« nannte. (Damals träumte man als wahrer Gelehrter noch auf lateinisch, heute zumeist in gebrochenem Englisch.) Die Leibnizsche Zeichensprache sollte durch klare, unmißverständliche Umformungsregeln (lateinisch: »calculus ratiocinator«) und präzise Definitionsregeln (»ars combinatoria«) festgelegt werden.
Eine solche Zeichensprache für »vernünftiges« Wissen à la Leibniz müßte natürlich auch von anderen »vernünftigen«, intelligenten Lebewesen verstanden werden, die extraterrestrische Zivilisationen gegründet haben: Das ist der Grundgedanke des »LINCOS-Sprachkurses« für Extraterrestrier, den der Mathematiker Hans Freudenthal entwickelt hat. Wir sagten es ja bereits: Aufgrund eines *gemeinsamen* Erkenntnis- *und* Signalvorrates (z.B. mathematisches Basiswissen *und* simple Funksignale irgendwelcher Art) müßte es prinzipiell möglich sein, mit extraterrestrischen Intelligenzen in Kontakt zu treten. Das ist die eine, halbwegs klare Seite der Medaille.
Die andere Seite ist leider noch etwas angetrübt: Trotz heftigen Nach-

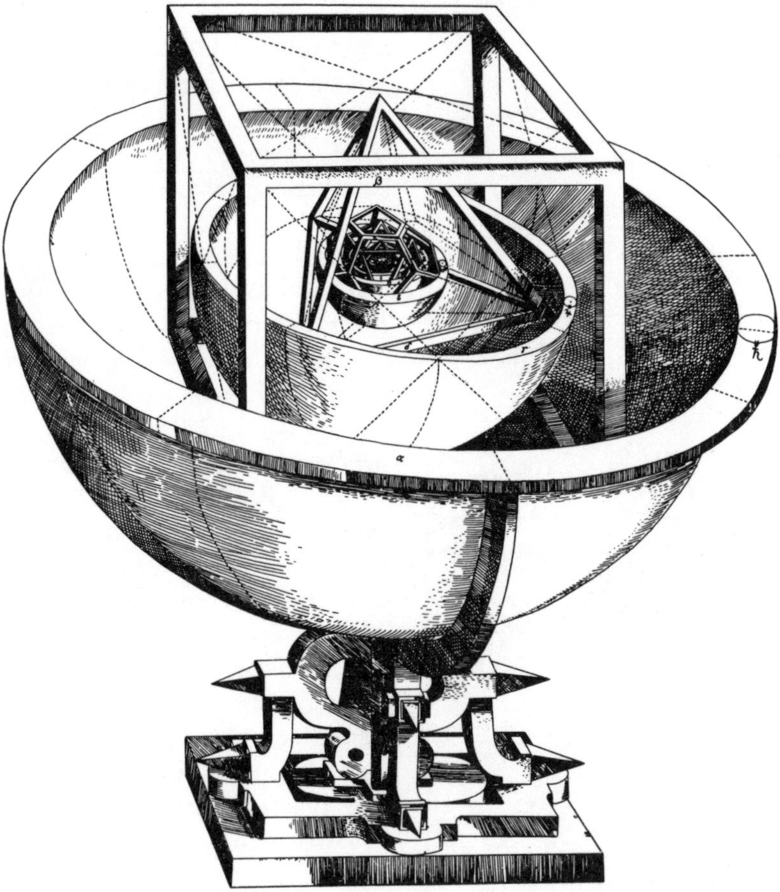

Bei der Erschaffung »unserer beweglichen Welt« habe Gott für die Planetenbahnen die fünf regelmäßigen Körper des Pythagoras zugrunde gelegt, schrieb Kepler in seinem Buch »Weltharmonik« (vgl. auch Abbildung Seite 70).

denkens ist es nämlich auf unserem Planeten bisher noch nicht gelungen, klare Kriterien dafür zu finden, ob eine empfangene Signalfolge nun »echt« *künstlich* (»Nachricht« oder »Botschaft«) oder aber »nur« *natürlich* (physikalisches Phänomen) ist. Von vornherein (»a priori«) läßt sich ein so gravierender Unterschied *nicht* angeben, der einen gleichsam auf Anhieb erkennen ließe, daß eine beliebige Signalfolge

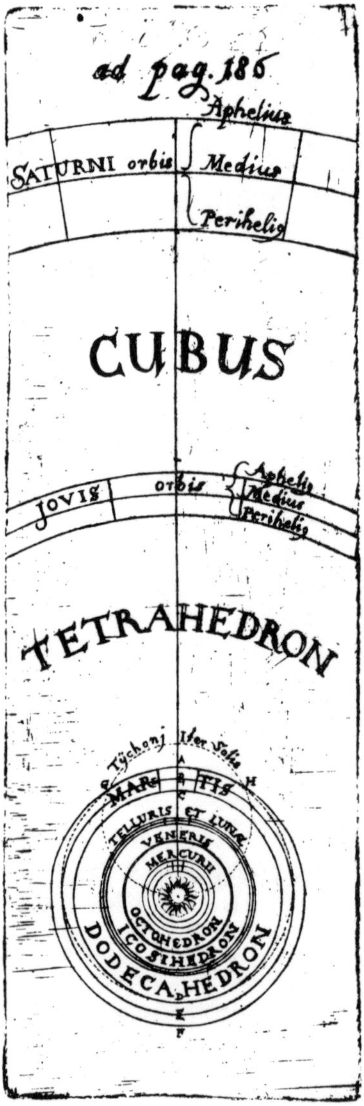

Oktaeder, Ikosaeder, Dodekaeder, Tetraeder und Würfel bestimmen nach Meinung Keplers den Bauplan unseres Sonnensystems mit seinen Planetenbahnen – eine Theorie, die schön, aber leider falsch ist.

Nachricht *sein muß*. Es könnte also durchaus sein, daß auch eine außerirdische Zivilisation, die eine irdische LINCOS-Botschaft empfängt, diese lediglich als eine Art von »kosmischer Sphärenmusik« interpretiert ...

Gewiß: Ansatzpunkte für ein »Herausfiltern« *künstlich* erzeugter *Nachrichten* sind schon vorhanden. Das hängt übrigens eng mit den *Zufalls*ereignissen zusammen, die wir im vorigen Kapitel skizziert haben (vgl. Seite 31 f.). Die experimentelle *Psychologie* etwa kann dazu ein bemerkenswertes Experiment bereitstellen: Wird irgendeine Versuchsperson aufgefordert, »wahllos« eine Folge von Einsen (**1**) und Nullen (**0**) aufzuschreiben oder in einen Rechenautomaten »einzulesen«, so erhält man niemals eine perfekte »Zufallsfolge«. Anders gesagt: Eine solche Reihe aus **1** und **0** wird nicht völlig »regellos«, wenn ein *Mensch* sie herstellt.

So sehr sich die Versuchsperson auch bemüht – ein Mensch schafft es einfach nicht, als perfekter »Zufallsgenerator« zu agieren. Ein »ordnungsempfindlicher« Computer wird stets feststellen: Hier ist ein Mensch, ein »Sender« mit deutlich erkennbarer »innerer Ordnung« – trotz aller zufälligen Bemühung eben »unbewußt ordentlich« ...

Wir können also nur hoffen, daß eine solche irgendwie geartete

Ordentlichkeit auch ein Merkmal anderer Intelligenzen auf anderen Planeten ist. Das wäre dann wieder eine nützliche Gemeinsamkeit: Dadurch, daß man hier wie dort einen Hang zur Ordnung besitzt, erleichtert sich ein eventueller Kontakt ganz ungemein.

Wieder stehen die Chancen für diese gemeinsame Ordnungsliebe gar nicht so schlecht: Wir sagten ja bereits, daß die kontaktwilligen Extraterrestrier in jedem Fall ausgezeichnete *Techniker* sein müssen. Und Leute dieses Schlages neigen erfahrungsgemäß zu ausgeprägter Ordentlichkeit. Schließlich bringt das der Beruf so mit sich – vermutlich auch auf anderen Planeten ...

Doch sehen wir uns im folgenden Hans Freudenthals LINCOS ein wenig genauer an, eine künstliche Sprache, die man den fernen *Empfänger lehren* muß: »Deshalb kann unser ausgestrahltes Programm nicht den Charakter einer Nachrichtensendung haben«, erläutert Freudenthal. »Im Gegenteil: Am Anfang werden wir dem Empfänger Tatsachen mitteilen, von denen wir annehmen, daß er sie bereits weiß. Auf diese Weise können wir versuchen, ihm das Entziffern zu erleichtern.«

Der Mathematiker Freudenthal vermutet – wie wir bereits erläutert haben: mit gutem Grund –, daß auch andere, außerirdische Intelligenzen seine Wissenschaft betreiben. Für diese Extraterrestrier ist die elementare Mathematik wohl in ähnlicher Weise »Abc der Erkenntnis« wie für uns. Für viele Menschen ist dies ein recht ungewöhnlicher Gedanke: Gerade weil die Mathematik zum *Abstraktesten* gehört, das wir Menschen wissen, zählt sie zu den *universellen Grundkenntnissen jeder Intelligenz,* wo immer diese auch im Weltall »zu Hause« ist. Das LINCOS-Programm für außerirdische Empfänger startet daher mit höchst einfachen mathematischen »Texten«. Im »LINCOS-Abc« beschäftigt man sich z. B. mit folgenden Ausdrücken:

(1) $\mathbf{a} + \mathbf{b} = \mathbf{c}$
Beispiele: $1 + 1 = 2, 1 + 2 = 3, 2 + 1 = 3$ usw.

(2) $\mathbf{a} = \mathbf{b}$
Beispiele: $1 = 1, 2 = 2, 3 = 3$ usw.

(3) $\mathbf{a} > \mathbf{b}$ (gelesen: »a größer b«)
Beispiele: $2 > 1, 3 > 1, 3 > 2$ usw.

(4) $\mathbf{a} < \mathbf{b}$ (gelesen: »a kleiner b«)
Beispiele: $1 < 2, 2 < 3, 1 < 3$ usw.

Die Buchstaben **a**, **b**, **c** sind übrigens *Variable,* d. h. in diesem Falle deuten sie Leerstellen für natürliche Zahlen 1, 2, 3 usw. an. Zusammen mit Zeichen wie $+$, $=$, $>$ und $<$ gehören sie zu den einfachsten Symbolen einer mathematischen Kunstsprache, die heute auf unserem Planeten fast allgemein bekannt sind.
Bevor wir uns nun fragen, wie man solche »Texte« wie »$1 + 1 = 2$« oder »$2 < 3$« ganz konkret in den Weltraum funken kann, sei noch eine Vorbemerkung erlaubt: Freudenthal benützt in seinem Buch »LINCOS« eine recht ungewohnte symbolische Notierung der mathematisierten Texte. Um sie systematisch durchzuarbeiten, bedarf es schon erheblicher Fähigkeiten in symbolischer Logik und in Mathematik. Im Rahmen unserer Betrachtungen ist es daher zweckmäßig, die Grundgedanken des LINCOS-»Sprachkurses« für Extraterrestrier in weitaus einfacherer Form zu skizzieren. (Schließlich ist dies ein Buch für »terrestrische« Laien.)
Die ersten LINCOS-Texte wollen wir daher mit *drei* Grundzeichen – ähnlich wie beim Morse-Code – darstellen »tit« (kurzer Impuls), »tiiit« (langgezogener Impuls) und »–« (Pause). Die bekannte *Zählreihe* sieht dann so aus:

»tit--tit-tit--tit-tit-tit--tit-tit-tit-tit--« usw.

Was könnte nun z. B. folgende Botschaft bedeuten, die man erhält, *nachdem* die Entzifferung der Zählreihe bereits gelungen ist?

»tit-tiiit--tit
tit-tit--tiiit--tit-tit
tit-tit-tit--tiiit--tit-tit-tit« usw.

Richtig: »$1 = 1, 2 = 2, 3 = 3$« usw. Für das Gleichheitszeichen »=« wurde einfach der langgezogene Impuls »tiiit« gewählt. Was heißt also etwa

»tit-tit-tit-tit-tit--tiiit--tit-tit-tit-tit-tit«?

Ganz einfach: »$5 = 5$«. Auf diese Weise kann ein intelligenter Empfänger irgendwo »auf einem andern Stern« bei entsprechend ausführlicher und mehrfach wiederholter Botschaft dieses Typs gewiß die Deutung »tiiit« gleich »=« (gelesen: »gleich«) erraten. Auf ähnliche

Weise entziffert ein Extraterrestrier ganz leicht, daß in den folgenden Texten die Zeichen-Kombination »tiiit-tit« die Bedeutung »größer« (>) besitzt und »tit-tiiit« so viel wie »kleiner« (<) heißen muß:

»tit-tit--tiiit-tit--tit	$(2 > 1)$
tit-tit-tit--tiiit-tit--tit	$(3 > 1)$
tit-tit-tit-tit--tiiit-tit--tit-tit-tit«	$(4 > 3)$

»tit--tit-tiiit--tit-tit	$(1 < 2)$
tit--tit-tiiit--tit-tit-tit	$(1 < 3)$
tit-tit--tit-tiiit--tit-tit-tit-tit«	$(2 < 4)$

Werden immer wieder LINCOS-Texte dieser Art gefunkt, so erarbeitet sich ein intelligenter Empfänger schließlich folgendes »Wörterbuch«:

tit	»heißt«	eins (1)
tit-tit		zwei (2)
tit-tit-tit		drei (3) usw. usf.
tiiit		gleich (=)
tiiit-tit		größer (>)
tit-tiiit		kleiner (<)

Nach diesen ersten »Lektionen« kann man den fernen »LINCOS-Hörer« z. B. das mathematische Plus-Zeichen (+) mit der Signalkombination tiiit-tiiit in Texten folgender Art »lehren«:

»tit--tiiit-tiiit--tit--tiiit--tit-tit
tit-tit--tiiit-tiiit--tit-tit-tit--tiiit--tit-tit-tit-tit-tit«

Wie Sie selbst leicht erraten können, heißt das »$1 + 1 = 2$« und »$2 + 3 = 5$«. Weitere Botschaften mit dem Plus-Zeichen können z. B. von der Form »$1 + 2 = 2 + 1$« oder »$3 + 1 = 2 + 2$« sein. So würde man sie funken:

»tit--tiiit-tiiit--tit-tit--tiiit--tit-tit--tiiit-tiiit--tit«
und
»tit-tit-tit--tiiit-tiiit--tit--tiiit--tit-tit--tiiit-tiiit--tit-tit«

Wenn es Ihnen Spaß macht, können Sie nun schon selbst einfache »Botschaften für Außerirdische« formulieren: Im Prinzip ist dieser Code mit den drei Grundzeichen »tit«, »tiiit« und »–« ja recht einfach. Deshalb wollen wir nun die »tit-tiiit«-Verschlüsselung von LINCOS-Texten beenden.

Um ein Mißverständnis zu vermeiden: Selbstverständlich sind die gerade genannten Zuordnungen, z. B. »tiiit« und »=« oder »tit-tiiit« und »<«, völlig willkürlich. Der entsprechende Schlüssel könnte genausogut anders aussehen: Er sollte nur von einem eventuellen Empfänger mit Intelligenz möglichst leicht aus der entsprechenden Fülle der Botschaften entdeckt werden. Die eigentliche Interpretation der Zeichenkombinationen muß aber in jedem Fall *erraten* werden. Voraussetzen kann man nur, daß jeder fremde Empfänger mit etwas »Grips« diese simplen mathematischen Sätzlein bereits weiß ...

Wir sagten es bereits: Sinnvoll wird ein solches Nachrichtenprogramm für eine fremde Intelligenz erst dann, wenn man wirklich »Neuigkeiten« über Geschehnisse auf unserem Planeten übermittelt. Man muß vor allem von den Menschen berichten können, von ihren Leistungen in Wissenschaft, Technik und Kultur. Dahin ist selbstverständlich ein weiter, weiter Weg: Aber mit Freudenthals LINCOS ist er gangbar geworden. Was wir bisher skizziert haben, war in der Tat lediglich ein »Abc der Weltraumfunkerei«. Interessanter, aber auch schwieriger, werden die Botschaften, die im folgenden Kapitel betrachtet werden sollen.

»Aller Anfang ist schwer«, sagt ein bekanntes Sprichwort, das bei unserem Thema gewiß nicht zutrifft: Eher könnte man sagen, daß hier der Anfang umständlich, mühsam oder gar langweilig sei ...

Vierte Spekulation:

Fernlehrgänge für »Milchstraßen-Anrainer«?

4.1 Was sich »Ha« und »Hb« zu sagen haben ...

Unsere bisherigen Betrachtungen zum Abc eines möglichen Funkverkehrs quer durchs Weltall mit außerirdischen Intelligenzen standen gleichsam unter dem Motto »Nachrichten sind Symbole für Informationen, deren Bedeutung gelernt werden muß«: Ein eventueller *Empfänger* der auf unserer Erde fabrizierten und ausgestrahlten LINCOS-Texte, der auf dem Planeten x der Sonne y sitzt, muß ja richtiggehend erraten oder *erlernen*, was der Absender (*Sender*) mit seinem »tit-tit-tit« meint. Erst wenn der Empfänger z. B. begriffen hat, daß sein kontaktfreudiger Partner mit »tit-tit« die Zahl zwei vermitteln will, mit »tiiit-tiiit« das Operationssignal »+« (plus) usw., kann eine »Verständigung« im weitesten Sinne zustande kommen. Erst nach diesem relativ einfachen *Lernprozeß* ergeben die Signalfolgen ja überhaupt eine Bedeutung für den Kommunikationspartner ...
Wir sagten es bereits: Um auf »Verständnis« beim Empfänger zu stoßen, müssen gewisse Annahmen von ihm gemacht werden, die in der vorangegangenen Spekulation skizziert wurden. Er muß in jedem Fall ein kontaktwilliger Partner sein, der etwas von Mathematik und von Nachrichtentechnik versteht.
Apropos Nachrichtentechnik: Erinnern Sie sich noch, mit wie vielen Grundzeichen wie die ersten LINCOS-Texte verschlüsselt haben? Es waren *nicht zwei*, sondern *drei* Signale, nämlich der kurze Impuls (»tit«), der langgezogene Impuls (»tiiit«) *und* die Pause (»–«). Der Slogan »Mach mal Pause!« gilt also nicht nur für eine bekannte Getränkefirma, sondern auch bei der Codierung von Nachrichten. Beim Morse-Code sieht es übrigens ganz ähnlich aus: Auch hier zählt neben »Punkt« und »Strich« die Lücke (Pause) als drittes Grundzeichen.

Die einfachsten Codes sind nun jedoch, wie wir gesehen haben, die »echten« *Zweier-Codes,* auch »Binär-Codes« genannt (vgl. Seite 57). Elemente solcher Codes nehmen jeweils nur zwei Zustände an: Strom oder kein Strom, ja oder nein, **1** oder **0**. Mit solchen Signal*paaren* kann man jedwelche Texte formulieren, also auch unsere LINCOS-Texte.
Es war ja bereits die Rede, daß diese Binär-Codes (Zweier-Codes, Ja-nein-Codes) eine zentrale Rolle in der modernen Technik spielen. Warum wurden dann in der vorangegangenen Spekulation die LINCOS-Texte nicht gleich binär verschlüsselt, also z. B. mit den Zeichen **1** und **0**?
Ganz einfach deshalb, weil die *Ähnlichkeit* zwischen einer weitgehend vertrauten Notierung wie
»3 = 3«
und unserer Verschlüsselung
»tit-tit-tit--tiiit--tit-tit-tit«
für den Normalleser zunächst noch immer leichter begreifbar ist als die doch etwas weniger deutliche Ähnlichkeit zwischen
»3 = 3« und
»**0101010000111000010101**«.
Aus dieser Botschaft ist für einen *Laien* die Bedeutung »3 = 3« sicher nicht ganz so einfach abzulesen. Mit Hilfe eines Computers dagegen geht das ganz vorzüglich, wenn man weiß, daß unser »tit«, der kurze Impuls also, in diesem Fall »01« (gelesen: »nulleins«) notiert wird; der langgezogene Impuls »tiiit« zu »0111« und die Pause oder Lücke zu »000« wird. Die Rechenanlage wird nach entsprechender »Fütterung« dann z. B. auf Anhieb entziffern, daß
»**010100001110100001**«
die Botschaft »2 > 1«, also »zwei größer eins« bedeutet, die wir bekanntlich noch etwas deutlicher durch die Signalfolge
»tit-tit--tiiit-tit--tit«
ausgedrückt haben (vgl. Seite 73).
Halten wir also fest: Jeder »unechte« Zweier-Code wie etwa der Morse-Code mit »Punkt«, »Strich« *und* Lücke oder unser »tit-tiiit«-Code *mit* Pause »–« läßt sich ganz ohne Mühe in einen Binär-Code übersetzen, z. B. in einen **0-1**-Code, mit dem jeder Computer »spielend« fertig wird. Dadurch kann jeder dieser Codes, auch z. B. der skizzierte »Buschtelegraphen-Code« mit den hohen und tiefen Trommelschlägen, als Binär-Code aufgefaßt werden.

LINCOS

DESIGN OF A LANGUAGE FOR COSMIC INTERCOURSE

PART I

Dr. HANS FREUDENTHAL

Professor of Mathematics
University of Utrecht

1960

NORTH-HOLLAND PUBLISHING COMPANY
AMSTERDAM

Mit seinem »Entwurf einer Sprache für den kosmischen Nachrichtenverkehr« hat der holländische Mathematiker Hans Freudenthal eine bemerkenswerte gedankliche Konstruktion vorgelegt, eine »kosmische Sprache«.

Solche Überlegungen mögen Ihnen vielleicht überflüssig erscheinen: Nachrichtentechnisch oder informationstheoretisch besehen sind sie es aber keineswegs. Das hat sowohl theoretische als auch praktische Gründe, die hier nicht weiter diskutiert werden müssen. (Falls Sie an dieser Problematik interessiert sein sollten, sei Ihnen die Lektüre von »Knaurs Buch der Denkmaschinen« empfohlen.) Was für unsere Betrachtung dagegen von Bedeutung ist:
Binär-Codes sind die *einfachsten* Codes, die sich herstellen lassen – nicht nur auf unserer Erde, sondern auch von Intelligenzen auf dem nun bereits mehrfach erwähnten Planeten x der Sonne y. Binär-Codes sind obendrein die wichtigsten *technischen* Codes. Und von eventuellen kosmischen »Gesprächspartnern« dürfen, ja müssen wir sogar annehmen, daß sie gute Techniker sind.
Was die *Einfachheit* der Binär- oder Zweier-Codes anlangt, gibt es übrigens eine ähnliche Situation bei den *Zahlen-Systemen:* Es ist inzwischen weithin bekannt, daß nicht unser vertrautes *Zehner*-System (Dezimalsystem) das einfachste Zahlen-System ist, sondern das *Zweier*-System (Dualsystem). Wiederum ist dies eine Erkenntnis, die der Mathematiker und Philosoph Gottfried Wilhelm Leibniz erstmals ganz klar zum Ausdruck gebracht hat (vgl. Seite 66).
Man ordnet in diesem *Dualsystem* die bereits erwähnten »Strichzahlen« I, II, III, IIII usw. nicht nach »Zehnerbündeln« (z. B. $27 = 2 \cdot 10^1 + 7 \cdot 10^0$, wobei $10^0 = 1$), sondern schnürt sie nach »Zweierpaketen« (z. B. $101 = 1 \cdot 2^2 + 0 \cdot 2^1 + 1 \cdot 2^0$, wobei 101 »eins-null-eins« gelesen wird und den Wert fünf, d. h. IIIII ausdrückt). Man zählt im Dualsystem also nicht 1, 2, 3, 4, 5, . . ., 10, 11, 12, 13, . . ., 20, 21, 22, 23, . . .
wie im vertrauten Dezimalsystem, sondern
1, 10, 11, 100, 101, 110, 111, 1000, 1001, 1010, 1011, 1100, 1101, 1110, 1111, 10000, 10001, . . .
Die Notierung »100« im Dualsystem, gelesen »eins-null-null«, meint also *vier*, »10000«, gelesen »eins-null-null-null-null«, meint *sechzehn* usw.
In diesem Zweiersystem (Dualsystem) läßt sich's unglaublich einfach rechnen: Für die Addition etwa gibt es nur vier Regeln, nämlich, daß $0 + 0 = 0$, $0 + 1 = 1$, $1 + 0 = 1$ und $1 + 1 = 10$ (»eins-null«) ist. Dabei meint »eins-null«, also 10, die natürliche Zahl *zwei*. In den Rechenwerken fast aller Computer wird nur »dual« gerechnet, weil

es – theoretisch wie praktisch – so wunderschön einfach ist (vgl. wiederum »Knaurs Buch der Denkmaschinen«).

Es ist daher anzunehmen, daß ein mathematisch vorbelasteter – oder »gebildeter« – Außerirdischer auf dem Planeten x der Sonne y, der hinter den Sinn der ersten, höchst simplen LINCOS-Botschaften gekommen ist, diese auf jeden Fall *auch* im Dualsystem darstellen wird: Daß drei gleich drei und zwei größer eins ist, wird von ihm dann höchst einfach »11 = 11« (gelesen: »eins-eins gleich eins-eins«)
und
»10 > 1« (gelesen: »eins-null größer eins«)
notiert. Bei einer Darstellung mathematischer Sachverhalte, in denen *Zahlen* eine dominierende Rolle spielen, erscheint übrigens alles viel einleuchtender und logisch durchsichtiger, wenn man statt der bei uns vertrauten Dezimalnotierung die duale wählt. Hans Freudenthal hat daher sämtliche LINCOS-Texte mit Dualzahlen notiert, um ein Höchstmaß an Klarheit zu erreichen. Betrachten Sie z. B. folgende »Botschaft« über die Zahl sieben – im Dualsystem »eins-eins-eins« genannt –, um davon eine Vorstellung zu bekommen:

$$
\begin{aligned}
\text{»}111 &= 110 + 1\\
&= 101 + 10\\
&= 100 + 11\\
&= 11 + 100\\
&= 10 + 101\\
&= 1 + 110\text{«}
\end{aligned}
$$

In der Schule haben Sie im Mathematikunterricht alle mehr oder weniger mühsam den rechten Umgang mit der berüchtigten »*Unbekannten* x« lernen müssen: Auch diese Tatsache muß berücksichtigt werden, wenn der extraterrestrische Empfänger auf dem Planeten x der Sonne y seine weiteren Mathematiklektionen im LINCOS-Fernlehrgang erhält. (Mit dem Ausdruck »Planet x der Sonne y« haben wir diese »Unbekannte x« ja bereits vorweggenommen: Wir sprechen auf diese Weise von einem – vorerst noch – unbekannten Planeten einer unbekannten Sonne.)

Übrigens: Mathematiker hören es nicht gerne, wenn man von einer »Unbekannten« in diesem Zusammenhang spricht. Für sie ist x eine Zahlenvariable, kurz »*Variable*« genannt. Als Variablen benützen die

Mathematiker Buchstaben wie x, y, z oder a, b, c usw. Mit ihnen werden in mathematischen Ausdrücken *Leerstellen* markiert, auf die Zahlen gesetzt werden sollen: Variablen sind also *Platzhalter* für zunächst noch »unbekannte« (!) Zahlen, gleichsam eine Art von »Besetzt-Zeichen« für Zahlen ...
Es ist wohl hinreichend bekannt, daß man »anspruchsvollere« mathematische Texte (Formeln, Theorien usw.) ohne Variablen überhaupt nicht formulieren kann. In den LINCOS-Kursus muß man die Unbekannte x (besser: den Variablen-Begriff) daher unbedingt zum Lernziel für den fernen Empfänger machen. Wie sieht das aus?
Freudenthal benützt für dieses »Kapitel x« zunächst folgende Botschaft, die wir wieder »LINCOS-original« mit Dualzahlen niederschreiben wollen:

»100		> 10			(gelesen: »eins-null-null
100 +	11	> 10 +	11		größer eins-null«)
100 +	1101	> 10 +	1101		
100 +	1	> 10 +	1		
100 +	110	> 10 +	110		
100 +	11111	> 10 +	11111		
100 +	x	> 10 +	x	«	

Erkennen Sie das »Muster« dieser Botschaft? Ausgehend von der wahren oder richtigen Aussage, daß vier (100) größer als zwei (10) ist, werden hier links und rechts vom Größer-Zeichen (>) stets die gleichen Zahlen addiert: drei, dreizehn, eins usw. In der letzten Zeile dieses LINCOS-Textes erscheint gleichsam »ganz normal« ein noch unbekanntes Signal (x), das auf eine neue, noch nicht zu erratende Zahl schließen läßt. Dies Signal x läßt sich ganz beliebig verschlüsseln, zum Beispiel so:

tiiit-tiiit-tiiit-tiiit ...

Daß dieses x-Signal dann doch etwas anderes als bloß eine neue Zahl sein muß, zeigt sich deutlich im Verlauf der folgenden »Ratespiele« à la LINCOS. Der »Verdacht«, daß so etwas wie eine Variable gemeint sein muß, »erhärtet sich« gleichsam. In der nächsten Nachricht etwa taucht dieses neuartige »Ding« x erneut in der letzten Zeile auf:

»100 + 111 = 111 + 100
100 + 1 = 1 + 100
100 + 1101 = 1101 + 100
100 + x = x + 100«

Beachten Sie wieder die Klarheit dieses LINCOS-Textes, die vor allem mit Hilfe der Dualzahlen-Darstellung erreicht wird. Im folgenden erscheint nun das Signal, das die Variable (»Leerstelle«) markiert, immer wieder in der gleichen Konstellation, stets in deutlich erkennbarer Beziehung zu den Dualzahlen:

»x + 1110 = 1110 + x
x + 11 = 11 + x
x + 1 = 1 + x
x + y = y + x«

Wieder ist die letzte Zeile dieser Botschaft besonders aufschlußreich: Da tritt eine zweite Variable (y) ins Spiel, um die in den beiden letzten »Nachrichtenblöcken« variierte *Kommutativität* von »+« als allgemeines Gesetz zum Ausdruck zu bringen. »x + y = y + x« ist das Gesetz der Kommutativität bei der Addition von Zahlen, das in jedem mathematischen Lehrbuch zu finden ist.

Vielleicht kennen Sie dieses Gesetz in der Form »a + b = b + a«? Man kann es auch »s + t = t + s« schreiben, je nachdem, welche Buchstaben man als Variablen wählt. Es ist daher ganz nützlich, die letzten beiden LINCOS-Texte für die Außerirdischen mehrmals zu wiederholen, wobei man die Signale für die Variablen wechselt, z. B. a statt x und b statt y, s statt x und t statt y. (Ganz konkret wechselt man in diesem Fall beim Funken natürlich das Code-Wort aus den Signalen »tit«, »tiiit« und »–« bzw. aus »**1**« und »**0**«.) Die beiden letzten Zeilen des letzten LINCOS-Textes, also

»x + 1 = 1 + x
x + y = y + x«,

werden dann zu

»a + 1 = 1 + a
a + b = b + a«

oder
»$s + 1 = 1 + s$
$s + t = t + s$«.

Hat der extraterrestrische Empfänger auf diese Weise seine »LINCOS-Variablen-Lektion« gelernt, so kann man ihm anschließend sehr zügig eine ganze Reihe arithmetischer und logischer *Formeln* (»Gesetze«) per Weltraumfunk mitteilen, z. B.

»$a \neq 101 \rightarrow a > 101 \vee a < 101$«

Das ist zu lesen: »Wenn eine natürliche Zahl a nicht gleich fünf ist, dann ist sie größer oder kleiner als fünf.« (Dabei ist »$\neq$« das Ungleichzeichen; der Einfachpfeil »$\rightarrow$« stellt die Wenn-dann-Verknüpfung und »$\vee$« die Oder-Verknüpfung dar. »$\rightarrow$« und »$\vee$« heißen auch »logische Kürzel«; vgl. z. B. »Knaurs Buch der modernen Mathematik« oder »Eltern entdecken die neue Logik«.)
Einen weiteren wichtigen Schritt im LINCOS-Fernlehrgang findet man mit folgender Nachricht:

»$?x\ x + 10 = 111$
$x + 10 = 111 \rightarrow x = 101$«

Vielleicht können Sie bereits selbst erraten, was damit gemeint ist? Wie wird ein Außerirdischer diese Nachricht interpretieren? Mit auch nur bescheidenem mathematischen Sachverstand – nach irdischem Maßstab natürlich! – wird man in der ersten Zeile dieser LINCOS-Botschaft eine *Frage* erkennen: »Was ist der Wert von x, wenn x plus zwei gleich sieben ist?« (Auf eine »genaue« Formulierung kommt es hier gar nicht so sehr an.) In der zweiten Zeile wird dann die *Antwort* (Lösung) übermittelt: »Wenn x plus gleich sieben, dann ist x gleich fünf.«
Diese Fragetechnik erweist sich in den weiteren LINCOS-Texten als recht nützliches Instrument. Um nur ein Beispiel zu erläutern: Man führt die *negativen Zahlen* minus eins, minus zwei, minus drei usw. ein, im Dualsystem –1, –10, –11 usw. notiert.
Frage: »$?x\ x + 101 = 11$«, d. h. welche Zahl, mit fünf addiert, ergibt drei?

1 05 1. $\ast\ 101+11.+111\cdot=\cdot 101+.11+111=.101+11+111:$
$101+11.+1\cdot=\cdot 101+.11+1\cdot=.101+11+1:$
$101+11.+101\cdot=\cdot 101+.11+101\cdot=.101+11+101:$
$101+11.+c\cdot=\cdot 101+.11+c\cdot=.101+11+c:$
$101+1001.+c\cdot=\cdot 101+.1001+c\cdot=.101+1001+c:$
$101+b.+c\cdot=\cdot 101+.b+c\cdot=.101+b+c:$
$1101+b.+c\cdot=\cdot 1101+.b+c\cdot=.1101+b+c:$
$a+b.+c\cdot=\cdot a+.b+c\cdot=.a+b+c\ \ast$

1 05 2. $\ast\ a+\cdot b+.c+d:=:a+\cdot b+c.+d:=:a+b.+.c+d:=$
$:a+.b+c\cdot+d:=:a+b.+c\cdot+d:=.a+b+c+d\ \ast$

1 06 1. $\ast\ a>100.\rightarrow.a>10\cdot$
$a>1101.\rightarrow.a>1\cdot$
$a>11.\rightarrow.a>11\ \ast$
and so on.

1 06 2. $\ast\ a<10.\rightarrow.a<11101\cdot$
$a<110.\rightarrow.a<110\cdot$
$a<111.\rightarrow.a<1110\ \ast$
and so on.

1 06 3. $\ast\ 11<a.\rightarrow.1<a\cdot$
$10<a.\rightarrow.10<a\cdot$
$111<a.\rightarrow.a>10\cdot$
$a>111.\rightarrow.10<a\ \ast$
and so on.

Abschnitt aus der Originalarbeit »LINCOS« von Hans Freudenthal, die als solide Basis einer interstellaren Verständigung mit fremden Zivilisationen dienen kann.

Keine Antwort wird gefunkt: Es gibt ja *keine natürliche* Zahl, die hier eine Lösung liefern könnte.
Nach mehreren Fragen dieser Art ohne Antwort bringt Freudenthals LINCOS-Programm für Außerirdische eine Reihe von *Subtraktions*beispielen, die zu den *negativen* Zahlen überleiten: »11 – 1 = 10, 11 – 10 = 1, 11 – 11 = 0, 11 – 100 = –1, 11 – 101 = –10« usw.
Danach erscheint die allgemeine Formulierung in Variablenschreibweise mit der Nachricht

»$a - a = 0$
$a < b \rightarrow a - b = -(b - a)$«,

eine mathematische Festlegung über den Wert von negativen Zahlen, die uns Irdischen vor allem bei der Berechnung unserer finanziellen Schulden praktisch vor Augen geführt wird. (Wieviel »besitze« ich, wenn ich 500 Mark habe und 700 Mark ausgebe?) Weitere Erläuterungen seien »gespart« . . .
Im gedanklichen Besitz der negativen Zahlen (dual: –1, –10, –11, –100, –101 usw.) läßt sich dann die *Subtraktion* auf LINCOS-Weise uneingeschränkt den Außerirdischen mitteilen:

»$?x\, x + a = b$
$x + a = b \rightarrow x = b - a$«

Nun sind die Variablen nicht nur »Besetztzeichen« (Platzhalter) für natürliche Zahlen, sondern auch für negative Zahlen. (Beide zusammen heißen übrigens »ganze Zahlen«.)
Die folgenden LINCOS-Kapitel über Mathematisches und Logisches aus den Werkstätten der irdisch-exakten Wissenschaft wollen wir in dieser Betrachtung nicht weiter erläutern. Wer sich aus »didaktischen« Gründen dafür interessiert, der möge zum Freudenthalschen Originalband greifen. Sein Titel ist, wie bereits gesagt, »LINCOS – Design of a Language for Cosmic Intercourse«. Das Buch ist im Verlag North-Holland Publishing Company 1960 erschienen.
Nach Mathematik und Logik erscheint im LINCOS-Fernlehrgang ein längeres Kapitel über den *Zeit*-Begriff. Das ist in verschiedener Hinsicht von Bedeutung: Zum einen kann auf dem Planeten x der Sonne y die Zeit verzögert oder auch beschleunigt ablaufen, je nachdem, welche Schwerefelder dort wirksam sind. Zum andern können die extraterrestrischen Empfänger ein völlig anderes »Zeitgefühl« aufgrund ihrer physischen und psychischen Konstitution besitzen als wir Erdenmenschen. Außerdem spielen zeitliche Probleme eine immens bedeutsame

▶

Die nebenstehende Abbildung zeigt bereits ein etwas schwierigeres Kapitel des LINCOS-Lehrprogramms: Es ist in Form eines Dialogs zwischen zwei Menschen, Ha und Hb, aufgebaut.

3 18 4. # ^{t_1}*Ha* Inq *Hb* · Utr 100001 ∈ Pri :^{t_2}
Hb Inq *Ha* Fal :
^{t_3}*Hc* Inq *Hb* ˙ ¬ : $t_3 t_4$ *Hc* Itg · ? *x* . $t_2 t_3$ *Hb* Inq *Hc* *x* :^{t_4}
Hb Inq *Hc* ˙ ¬ · ∨*x* . $t_2 t_3$ *Hb* Inq *Hc* *x* : Sed . $t_2 t_3$ *Hb* Inq *Ha* Fal :
Hd Inq *Hb* ⌢ *Hc* · $t_2 t_3$ *Hc* Ani . Etc . Mod Mal #

3 18 5. $(t_1 < t_2 < t_3)$
^{t_3}*Ha* Inq *Hb* a^{t_4} :
Hb Inq *Ha* . ¬ Itg :
^{t_5}*Ha* Inq *Hb* · ⋎*x* . $t_1 t_2$ Fit *x*^{t_6} :
Hb Inq *Ha* . ¬ Itg :
Ha Inq *Hb* · $t_3 t_4$ *Ha* Inq ! *Hb* . ? *x* . $t_1 t_2$ Fit *x* :
Hb Inq *Ha* · Itg . $t_1 t_2$ Fit a :
Hc Inq *Ha* ⌢ *Hb* · $t_3 t_4$ ⌢ $t_5 t_6$. *Ha* Inq . Mod Mal #

3 18 6. $(t_1 < t_2 < t_3)$
^{t_3}*Ha* Inq *Hb* . *Hc* :^{t_4}
Hb Inq *Ha* . ¬ Itg :
Ha Inq *Hb* ˙ $t_3 t_4$ *Ha* Inq ! Hb : ? *x* · $t_1 t_2$ *x* Inq *Ha* . $10 \times 10 = 100$:
Hb Inq *Ha* : Itg · $t_1 t_2$ *Hc* Inq *Ha* . $10 \times 10 = 100$ #

3 18 7. $(t_1 < t_2 < t_3)$
^{t_3}*Ha* Inq *Hb* ¬ ˙^{t_4}
Hb Inq *Ha* . ¬ Itg ˙
Ha Inq *Hb* : $t_3 t_4$ *Ha* Inq ! *Hb* · Utr . 100001 ∈ Pri ˙
Hb Inq *Ha* : Itg · ¬ . 100001 ∈ Pri #

3 18 8. $(t_1 < t_2 < t_3)$
^{t_3}*Ha* Inq *Hb* · Qia . 11 Div 100001 ˙^{t_4}
Hb Inq *Ha* . ¬ Itg ˙
Ha Inq *Hb* : $t_3 t_4$ *Ha* Inq ! *Hb* · Cur . 100001 ∉ Pri ˙
Hb Inq *Ha* : 11 Div 100001 · Erg . 100001 ∉ Pri #

3 18 9. # *Ha* Inq *Hb* · Utr . *Hc* Inq *Hb* Pri ˙
Hb Inq *Ha* ˙ ¬ Itg : Qia · *Hc* Inq *Hb* Pri . ∉ Prp ˙
Ha Inq *Hb* : Utr · ∨ ⌜*tt*′⌝ . *tt*′ *Hc* Inq *Hb* Pri ˙
Hb Inq *Ha* · Itg . Tan . ¬ Sci #
Ha Inq *Hb* . $t_1 t_2$ *Hc* Inq Pri *Hb* ·
Hb Inq *Ha* . ¬ Itg ·
Ha Inq *Hb* . $t_1 t_2$ *Hc* Inq *Hb* Pri ·
Hb Inq *Ha* . Itg #
Ha Inq *Hb* : Utr · ∨*x* . *x* ∈ Div ı
Hb Inq *Ha* ⁝ ¬ Itg ⁝ Qia : ¬ : ∨*x* · *x* ∈ Div . ∈ Prp ˙
∧ ˙ ∨*x* . *x* ∈ Div · ∉ Prp ˙ ∧ ˙ ¬ · ∨*x* . *x* ∈ Div : ∉ Prp #

Rolle bei allen Fragen der relativistischen Physik (Spezielle und Allgemeine Relativitätstheorie), die in ihren Grundzügen auch in späteren LINCOS-Lektionen vermittelbar ist. Entscheidend hierbei ist, daß man die Zeit*dauer* in Sekunden mit Hilfe gleich langer »Zeitsignale« auf systematisch ausgewählten, *verschiedenen* Wellenlängen in den Weltraum funkt. Dann läßt man auf einer bestimmten Wellenlänge gleichsam »eine Uhr ticken«: Jede Sekunde piepst es von nun an während der LINCOS-Sendung auf einer »parallelen« Frequenz ununterbrochen . . .

Während dieses »piep-piep-piep« geht auf dem anderen Kanal die »Informationssendung« weiter: Hochinteressant wird dieses Programm vor allem dann, wenn es um die Mitteilungen über *menschliches Verhalten* (LINCOS-Kapitel: »Behaviour«) geht. Da werden in Signale umgesetzte Symbole für den *Dialog* zwischen »Terranern« eingeführt: Man übermittelt »Gesprächsnotizen« von Mensch zu Mensch. Wie sieht das aus?

Die außerirdischen LINCOS-Empfänger erleben gleichsam ein Theaterstück, dessen Bühne unsere Erde ist. Da treten »Schauspieler« aus der Menge *Hom* (vom Lateinischen »homo« gleich »Mensch«) auf, die Menschen a, b, c usw., die »Ha«, »Hb«, »Hc« usw. heißen. Natürlich reden sie miteinander, was im geschriebenen LINCOS mit der Notierung »Ha Inq Hb . . .« festgehalten wird. (Das Symbol »Inq« ist eine lateinische Abkürzung: ». . . *inq*uit . . .« heißt ». . . sagt zu . . .«) Erzählt also der Mensch Ha seinem Mitmenschen Hb die »aufregende« Tatsache, daß x + y = y + x ist, so wird dies

»Ha Inq Hb x + y = y + x«

notiert. Diese grundlegende menschliche Aktivität des Miteinander-Redens (»Inq«), die im Englischen treffend »saying« umschrieben wird, kann in den folgenden LINCOS-Texten dann den – wiederum latinisiert abgekürzten – Prädikaten »Ben« (gut) und »Mal« (schlecht) bewertet werden. Es wird Sie bestimmt nicht verwundern, daß in den LINCOS-Botschaften die Konversation zwischen Ha und Hb wieder über simple *mathematische* Sachverhalte einsetzt. Ein Beispiel mag als Illustration genügen:

»Ha Inq Hb ?x x = 10 + 10
Hb Inq Ha 10 + 10

Ha Inq Hb Mal
Hb Inq Ha 100
Ha Inq Hb Ben«

Vermutlich haben Sie – als inzwischen »versierte« LINCOS-Leser – diese Botschaft bereits selbst entziffern können. Falls doch nicht, so sei Ihnen der Dialog zwischen Ha und Hb erläutert: Ha fragt Hb, ob er den Wert von x angeben könne, wenn x gleich zwei plus zwei sei. Hb antwortet Ha: zwei plus zwei. Ha ist nicht zufrieden (»Mal«). Darauf gibt Hb »vier« als Antwort. Ha ist zufrieden (»Ben«). Eigentlich ganz einfach, nicht wahr?
Halten wir also fest: Sagt irgendjemand (Ha) irgendetwas (. . .) zu jemandem anderen (Hb), so notiert man das in geschriebenem LINCOS »Ha Inq Hb . . .«. Findet das Hb in Ordnung, so heißt es »Hb Inq Ha Ben«. Andernfalls wird »Hb Inq Ha Mal« notiert, was besagt, daß im Dialog die Aussage von Ha für schlecht befunden wird.
Ein wichtiger Einwand eines Partners im Dialog kann durch Formulierungen der Art »zwar . . ., aber . . .« gesetzt werden. Einwände dieser Art »Das mag schon sein, aber . . .«, »Richtig, jedoch . . .« werden in LINCOS-Texten durch das Symbol »Tan« ausgedrückt, vom Lateinischen »tamen« gleich »aber« (englisch: »nevertheless«, nicht »but«). Ist z. B. eine Aussage von Hb nach Meinung von Ha *wahr* (in LINCOS »Ver« vom Lateinischen »verum«), *aber* doch *schlecht* (»Mal«), so wird dies durch die LINCOS-Botschaft

»Ha Inq Hb Ver Tan Mal«

ausgedrückt. Auf diese Weise kann man in dem LINCOS-Fernkurs für Außerirdische nicht nur alle fundamentalen Erkenntnisse der irdischen Mathematik und Logik mitteilen, sondern auch physikalisches Wissen wie die »klassische« Mechanik, wichtige Ergebnisse der Relativitätstheorie usw., Daten über die Menschheit (Alterserwartung, Vater- und Mutterbeziehung, Gebräuche und Wünsche usw.). Selbst philosophische Fragestellungen und mögliche Antworten lassen sich im Prinzip à la LINCOS verständlich machen.
Gewiß: Einfach und naheliegend ist all das nicht, was Hans Freudenthal sich da mit seinem »Mathematikerverstand« ausgedacht hat. Aber es ist eine *mögliche* Art, mit außerirdischen Intelligenzen ins Gespräch zu kommen: Das LINCOS-Lehrprogramm ist ein gangbarer Weg,

interstellare Kontakte zu knüpfen – falls dies überhaupt möglich ist. Es ist ein solides Informationsprogramm über die Erde, ihre Bewohner und deren Aktivitäten. LINCOS könnte sich in einem zweiten Schritt obendrein als Werkzeug erweisen, Nachrichten *von* anderen Planeten in verständlicher Verschlüsselung zu bekommen. Doch das ist vorerst noch reinste Zukunftsmusik ...

Nicht erst an dieser Stelle meldet sich selbstverständlich der vielerprobte, in solchen Situationen jedoch völlig untaugliche »gesunde Menschenverstand«: Muß eine solche Kontaktaufnahme mit Außerirdischen – falls sie überhaupt möglich ist – denn so umständlich und kompliziert verlaufen? Geht es denn nicht wesentlich einfacher? Man könnte den fremden Intelligenzen doch einfach eine Art »Bilderbuch« von der Erde schicken, bildhafte Darstellungen in jedem Fall, eine Art von Fernsehfilm vielleicht?

All diese Fragen sind es natürlich wert, durchdacht und diskutiert zu werden: Im folgenden werden wir uns daher von LINCOS mitsamt seinem »trockenen« mathematischen Einstieg freimachen und andere Lösungsvorschläge für einen interstellaren Fernlehrgang betrachten.

4.2 Eine interstellare »Bildzeitung«

Im Frühjahr 1972 wurde die amerikanische Jupiter-Raumsonde »Pioneer F« ins All geschossen. Verläuft die kosmische Reise von »Pioneer F Spacecraft« fahrplanmäßig, so kann dieses Gerät von Menschenhand annähernd 100 Millionen Jahre (!) lang durch die Milchstraße rasen und dabei bis zu 3000 Lichtjahre Distanz hinter sich bringen. Diese »Raserei« ist natürlich wieder eine recht relative Angelegenheit: Knapp 80 000 Jahre wird es immerhin dauern, bis der mannschaftslose »Raumkreuzer« den nächsten Stern erreicht hat, der vielleicht eine Lebenssphäre für außerirdische Intelligenzen besitzt ...

An Bord dieser Raumsonde befindet sich neben den »normalen« Forschungsgeräten eine recht ungewöhnliche Fracht: Es ist ein Dokument, das man als »Bildzeitung für Extraterrestrier« bezeichnen könnte. Eine aus Gründen hoher Lagerungsfähigkeit vergoldete Aluminiumplatte von sechs mal neun Inches (rund 15,2 mal 22,9 cm) trägt eine auf den ersten Blick ziemlich seltsame Gravur: Ein nackter Mann erhebt die Hand zum Gruß. Daneben steht ziemlich teilnahmslos eine ebenfalls

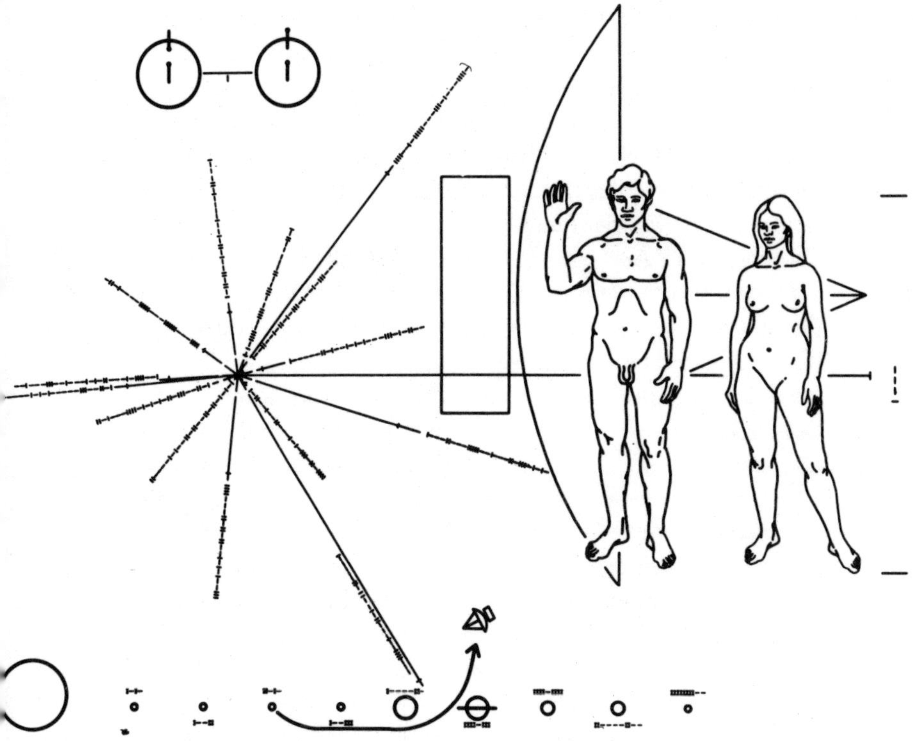

Dieses Bilderrätsel für außerirdische Intelligenzen gehört zur Fracht der amerikanischen Raumsonde »Pioneer F«, die im Frühjahr 1972 zu einem Raumflug aufgebrochen ist, der bis zu 100 Millionen Jahre dauern kann.

unbekleidete Frau. Kreise und etwas, das wie ein Einschuß in eine Glasscheibe aussieht, ergänzen das Bild (vgl. Abb. oben). Was haben sich die Wissenschaftler bei dieser Darstellung gedacht?
Nun, zunächst rechnen sie einmal mit der Möglichkeit, daß ihre »Flaschenpost« irgendwann irgendwo draußen im Universum *aufgefunden* wird: Die »Verpackung« des Dokumentes, die Raumsonde »Pioneer F«, wird ja in jedem Fall die Aufmerksamkeit von außerirdischen Intelligenzen erregen, falls sie in deren wie auch immer geartetem »Erfahrungsbereich« auftaucht. Und daß »Pioneer F« im Verlauf seiner unvorstellbar langen Reise durchs All auch in eine Zone geraten

kann, in der solche Wesen leben – dafür spricht schon einiges (vgl. Erste Spekulation). Man kann diese Möglichkeit jedenfalls schon ins Auge fassen; ganz und gar ausschließen sollte man diesen Fall nicht.
Setzen wir also den Fall, daß »Pioneer F« von irgendeinem Extraterrestrier »aufgefischt« und zerlegt wird. Dabei stößt er unweigerlich auf die vergoldete »Bildzeitung« von sechs mal neun Inches: Wird er die Botschaft überhaupt deuten können?
Die beiden »Väter« dieser Bildplatte glauben das natürlich: Es sind die uns bereits bekannten Wissenschaftler Carl Sagan und Frank Drake. Die tatsächliche Gestaltung übernahm übrigens Sagans Frau, eine Künstlerin und Filmmacherin.
Nach dem genannten Motto »Nachrichten sind Symbole für Informationen, deren Bedeutung gelernt werden muß« hat Linda Sagan auf der untersten »Bildzeile« die Gegend festgehalten, aus der die Botschaft kommt, unser eigenes Planetensystem. Links, der größte Kreis, markiert die Sonne. Daneben reihen sich die neun Planeten: Merkur, Venus, Erde, Mars, Jupiter, Saturn usw. Zwischen den beiden letztgenannten Himmelskörpern kratzt »Pioneer F« die Kurve und jagt ins All hinaus: Das ist mit einem gebogenen Pfeil angedeutet, der beim dritten Planeten, der Erde, seinen Anfang nimmt. Das Gebilde über der Pfeilspitze, einem kopflastigen Fallschirm ähnlich, soll die Raumsonde darstellen. In größerer Darstellung ist sie noch einmal hinter dem nackten Menschenpaar eingraviert.
Dazu sind wenigstens zwei Anmerkungen zu machen: Hoffentlich ist zum einen »Pioneer F« zur Zeit seiner Auffindung noch nicht schon so weit abgewrackt, daß man mit diesen beiden Bildelementen seine *Form* nicht mehr wiedererkennen kann. Zum andern ist zu hoffen, daß die auf der Erde in allen Ländern richtungweisende *Pfeilspitze* auch in anderen Sphären des Universums ähnliche Signaldienste leistet. Ansonsten wird dieses Bilderrätsel schon hier für den Empfänger zu einer ganz und gar unlösbaren Aufgabe.
Bei den Kreislein, mit denen man die Planeten markiert hat, finden sich Symbole wie – von links nach rechts – »I-I-«, »I--II«, »II-I-« usw. Was könnten sie bedeuten? Der mathematisch versierte Extraterrestrier wird vermutlich schon erraten, daß es *Dualzahlen* sind (vgl. Seite 78 f.): »I-I-« z. B. ist »1010« nach unserer Notierung und meint *zehn*. »II-I-« steht am Ausgangspunkt der Reise von »Pioneer F«, bei der Erde also: »II-I« gleich »11010«, gelesen »eins-eins-null-eins-null«, ist die Zahl

sechsundzwanzig. Aber was hat z. B. unser Planet Erde mit der Zahl sechsundzwanzig (11010) zu tun?
Wer etwas von der Astronomie unseres Planetensystems versteht, der weiß, daß die Erde ungefähr so weit von der Sonne entfernt ist, daß man diesen Feuerball sechsundzwanzigmal von Rand zu Rand verschieben müßte, um die Umlaufbahn der Erde zu erreichen. Den sonnennächsten Planeten Merkur erreicht man auf diese Weise bereits nach zehn solcher »Verschiebungen« unseres Sterns: Darum steht die Zahl zehn (1010, gelesen »eins-null-eins-null«) bei ihm.
Wir Erdenbewohner können diese Dualzahlen also entziffern *und* interpretieren: Es sind *relative Entfernungen* der Planeten von der Sonne. Können die außerirdischen Empfänger – aufgrund ihres Erfahrungsmaterials – diesen Schluß ebenso vollziehen? Man darf wohl erhebliche Zweifel anmelden.
Ob die Extraterrestrier mit dem niedlichen Saturn-Bildchen – Kreislein mit Querbalken für den beringten Planeten – etwas anfangen können? Vermutlich ist diese Form eines »Wandelsterns« auch nicht gerade typisch im Universum. Der kleine Querstrich könnte also beträchtliche Verwirrung stiften.
Was sollen wohl die beiden Kreise mit Verbindungsstrich am oberen linken Bildrand darstellen? Wieder taucht die Zahl eins in dualer Gestalt auf, dieses Mal in beiden Kreisen (»I«). Offenbar ist wieder eine Einheit gemeint: Aber welche?
Das sei ganz einfach zu erraten für einen außerirdischen Intellektuellen – meinen die Verfasser des Bildtelegramms: Es ist das *Wasserstoff-Atom*, das da mit der Doppelkreisfigur gemeint ist. Denn Wasserstoff ist schließlich nicht nur das einfachste, sondern auch das häufigst vertretene »Element« im Weltall! Auf der Bildplatte wechselt es gerade seinen Energiezustand, was dadurch angedeutet ist, daß die Elektronen – Bildelemente: Stecknadeln ganz oben – auf den beiden Kreisbahnen verschieden orientiert sind: Beachten Sie, wie die Stecknadelköpfchen zueinander stehen! (Hätten Sie's gewußt?)
Während dieses Vorgangs, über den wir bereits in anderer Form ausführlich unter dem Thema »Wasserstoff-Klavier« berichtet haben, stößt das atomare Teilchen bekanntlich einen Puls Radiowellen auf dem 21-cm-Band aus. Damit haben wir auch schon die gesuchte *Einheit*: »I« ist in diesem Fall 21 Zentimeter. (Aha!)
Aber Spott beiseite: Mit der Kenntnis dieser Einheit (21 cm) kann der

extraterrestrische »Flaschenpostleser« die beiden vor der Raumsonde stehenden Figuren größenmäßig erfassen. Ganz rechts im Bild ist nämlich eine Art von »Meßlatte« eingeritzt. Dabei ist bei dem für uns Erdenbewohner als weibliches Wesen erkennbaren »Ding« ein Zahlenwert notiert: Von Haupt bis Zeh (vgl. Querstriche ganz rechts) mißt sie I--- Einheiten à 21 cm. Wie groß ist die Dame also?
Ganz einfach: »I---« gleich »1000«, gelesen »eins-null-null-null«, gleich acht mal 21 cm, gleich 168 cm. Das ist eine durchschnittliche Größe für eine »Terranerin«. Der Mann muß sie natürlich, wie sich's auf Erden gehört, um einen halben Kopf überragen ...
Ob die fernen außerirdischen Empfänger in dieser für uns ungemein bildhaften Gravur Mann und Weib der terrestrischen Intelligenz entziffern können? Wenn sie auf keinem erdähnlichen Planeten zu Hause sind, gibt es da bestimmt große Schwierigkeiten: Vielleicht gibt es auf dem Planeten x der Sonne y überhaupt keine Säugetiere? Wie soll der dortige Adressat die primären und sekundären Geschlechtsmerkmale der beiden Wesen entziffern? Womöglich ist »Sexualität« im weitesten Sinne auf x y völlig unbekannt?
Von dem schon vielgenannten Isaac Asimov gibt es eine zauberhafte Science-Fiction-Geschichte, die sich mit solchen »Problemen« recht ironisch beschäftigt: »What is this Thing called Love?« heißt diese Kurzgeschichte, nach einem alten Schlagertitel benannt, mit der wir uns noch ausführlich beschäftigen wollen (s. Seite 181 f.).
Doch davon später. Eines steht vorerst jedenfalls fest: Die Sagan-Drake-Bildzeitung für extraterrestrische Intellektuelle wird einem eventuellen Leser draußen im All zum harten Bilderrätsel. Selbst wenn dessen Intelligenz der unseren mehr oder weniger ähnlich ist, wenn er ein guter Mathematiker und Techniker ist – er wird Fragen über Fragen stellen, für die er keine – oder *falsche* Antworten findet.
Frage: Warum hebt das linke Ding die rechte obere Extremität? Wir wissen es natürlich: Der Mann *winkt*, was auf Erden normalerweise als freundliche Geste angesehen wird. Wie soll ein Extraterrestrier jedoch dahinter kommen, daß dies ein Signal für die friedliche Absicht der »Pioneer-F-Mission« sein soll? Erkennt er das freundlich Friedliche des Mannes dennoch: Wie soll er dann die totale Passivität des weiblichen Wesens deuten?
So einfach diese rechte Bildhälfte der »Zeitung« uns Erdenmenschen also auch erscheinen mag, so schwierig ist sie für einen Außerirdischen

zu entziffern. Wie sieht es in dieser Hinsicht bezüglich der Darstellung links aus, die einem Einschuß in eine Glasscheibe ähnelt? Fünfzehn gerade Linien gehen da von einem gemeinsamen Mittelpunkt aus. Wieder sind vierzehn dieser Linien mit – dieses Mal recht großen – Dualzahlen verziert.

Diese Darstellung ist eine Art von kosmischer *Uhr* plus *Kompaß*: Wer sie zu lesen vermag, kann sowohl die Position unserer Sonne ermitteln als auch die Startzeit von »Pioneer F«. Das Strahlenbündel gibt nämlich, von der Sonne aus gesehen, Richtungen von stark pulsierenden Radioquellen im All an, die *»Pulsare«* heißen (vgl. Seite 42). Diese astronomisch höchst auffälligen Gebilde sind vermutlich rasch rotierende Neutronensterne. Wie auch immer sie jedoch beschaffen sein mögen – es sind markante Strahlungsquellen, die mit regelmäßigem »Pulsschlag« Radiowellen abgeben.

Deshalb kann man sie als kosmische Uhren benützen, als Uhren jedoch, die »systematisch nachgehen«, weil sich die Pulsfrequenz ständig verlangsamt. Auf der Darstellung sind nun die Frequenzen der verschiedenen Pulsare im Jahre des Starts von »Pioneer F« dual notiert. Versteht ein außerirdischer Finder der Bildplatte diese »Zeitansage« zu entschlüsseln, so kann er, ähnlich wie auf einem Kalender, zur Startzeit der Sonde zurückrechnen. Die fünfzehnte Linie, die keine Dualzahl-Angabe trägt, verläuft vom »Sonnenpunkt« zum rechten Bildrand, hinter dem Menschenpaar vorbei: Sie soll die Entfernung unserer Sonne vom Zentrum der Milchstraße signalisieren.

Soweit ein paar sicher unvollständige Anmerkungen zur interstellaren Bildzeitung in der Raumsonde »Pioneer F«, die man im Frühjahr 1972 vom Planeten Erde abgeschickt hat. Eines hat unsere Betrachtung jedenfalls gezeigt: Der kosmische Code dieser irdischen Botschaft für Außerirdische ist weitaus raffinierter als das simple »tit-tiiit« der LINCOS-Weltraumfunkerei. Aber ist die Botschaft nicht doch allzu konzentriert, um mit einer gewissen Sicherheit »da draußen« *verstanden* zu werden?

Bedarf es nicht einer gewissen *irdischen* »Bildung«, um hinter den Sinn dieser Bildtafel zu kommen? Es scheint fast, als habe der österreichische Dichter Franz Grillparzer bei dieser Botschaft Pate gestanden, als er sagte: »Die Ungebildeten haben das Unglück, das Schwere nicht zu verstehen. Dagegen verstehen die Gebildeten häufig das Leichte nicht, was ein noch viel größeres Unglück ist.«

Fünfte Spekulation:

Wie »kreativ« ist das Universum?

5.1 Warum Leben im All eine »ganz natürliche Sache« sein kann

Bevor wir weitere Überlegungen zu möglichen Kontakten mit außerirdischen Intelligenzen anstellen, wollen wir uns den uralten menschlichen *Glauben an die Unwahrscheinlichkeit allen Lebens und unserer eigenen Existenz* noch einmal vornehmen: Dieses »Wunder des Lebens«, so behaupten ja nicht nur Theologen, sondern bisweilen sogar recht vernünftige Wissenschaftler, sei derart unwahrscheinlich, daß es als einzigartig nur auf dem Planeten Erde bestehen könne.

Falls sie glücklich sind mit diesem Glauben – oder Aberglauben –, sollte man sie eigentlich nicht weiter stören: Schließlich ist es ein gutes Gefühl, wenn jemand von seiner eigenen Einzigartigkeit oder zumindest von der Einmaligkeit seiner Rasse überzeugt ist. Glaubt jemand darüber hinaus auch noch an die Unsterblichkeit seiner Seele – was fehlt ihm dann noch zu seiner allgemeinen Glückseligkeit?

Allerdings kann man auf der Basis der neuen naturwissenschaftlichen Erkenntnisse auch ein klein wenig anders *spekulieren*, wie wir schon gesehen haben: Da gibt es milliardenfach Sonnen mit Planeten bereits in unserer eigenen Milchstraße. Und nach ziemlich realistischen Schätzungen besitzen immerhin sechs Prozent unserer Nachbarsonnen ähnlich »lebensfreundliche« Zonen wie unsere eigene Sonne, sogenannte »Ökosphären« (vgl. Seite 21).

Aber welches physikalisch-chemische Milieu ist denn überhaupt »lebensfreundlich«? Sind es denn nur irdische Zonen, in denen *Menschen* leben können? Weiß Gott nicht: »Wir haben Leben sogar in kochend heißen Quellen und in hochkonzentrierten Säuren gefunden«, stellte schließlich Cyril Ponnamperuma zu Recht fest (vgl. Seite 37). Da gibt es z. B. seit rund 400 Millionen Jahren eine große Gruppe irdischer Lebewesen mit Angehörigen, die sich im kalten Eiswasser nördlich des Polarkreises genauso pudelwohl fühlen wie im heißen Ölschlick unter der Tropensonne: Es sind die *Insekten,* die von einer nahezu unbegrenzten Anpassungsfähigkeit zu sein scheinen. Selbst radioaktive Strahlung, gegen die unser eigener, höchst komplizierter Organismus doch recht anfällig ist, scheint ihnen partout nichts auszumachen.

Wissen Sie überhaupt, wieviel Prozent aller Tiere hier auf Erden solche Insekten sind? 80 Prozent, d. h. vier von fünf »Viecherln« auf unserem Planeten sind Mücken, Fliegen, Ameisen, Heuschrecken usw. Und wenigstens jede zehnte Sekunde stirbt ein Mensch an einer von einem Insekt übertragenen Krankheit ...

Ersparen wir uns aufgrund dieser gewiß nicht erfreulichen Tatsache eine schaurige Zukunftsvision, in der z. B. gigantische Ameisen unseren Planeten mit ausgeklügelten Computern als »Intelligenzverstärkern« regieren und ein paar übriggebliebene Menschen als »Haustiere« halten! Was sich allerdings sagen läßt, ist dies: So »unwirtlich« kann ein erdähnlicher Planet überhaupt nicht sein, als daß nicht doch *Leben in irgendeiner Form* möglich wäre. Anders gesagt: Der Zustand materieller Dinge, den wir »Leben« nennen, ist eine »ganz natürliche Sache« – vermutlich nicht einmal eine außergewöhnliche. Doch zurück zum Leben auf unserem eigenen Planeten.

Alles, was hier blüht und grünt, kriecht und fliegt, besteht ja aus mehr oder minder komplizierten (meist sehr komplizierten!) Kombinationen von *Proteinen* (»Eiweißstoffen«) und den sie codierenden Nukleinsäuren, worüber man mehr in einer der folgenden Spekulationen nachlesen kann. Jede Pflanze, jedes Tier ist ein Lebewesen, das im Stoffwechsel mit seiner Umwelt steht, das sich vermehrt, verändert usw. (vgl. Seite 20). Und woher kommen diese kombinierten Proteine? Erinnern Sie sich an das Zitat aus dem Science-Fiction-Roman »Pebble in the Sky« von Isaac Asimov, wo von den »riesigen Lösungen« die Rede war, »die ›Ozeane‹ genannt werden« (vgl. Seite 33)?

In der Tat sind diese Ozeane immer noch das »bequemste« biologische Milieu auf dem Planeten Erde: Meerestiere spüren ja kaum ihr Gewicht. Sie schweben im Wasser. Ihre Stoffwechselprozesse laufen ohne großen Energieverbrauch ab. Eine Haut, die der Verdunstung des lebenswichtigen Wassers entgegenwirkt, brauchen die einfacher gebauten Organismen des Meeres auch nicht.

Dennoch haben viele tierische Lebewesen im Laufe einer mehr als eine halbe Milliarde Jahre währenden Entwicklung (*»Evolution«*) ungemeine »Strapazen« auf sich genommen, um diese »bequeme« Wasserwelt zu verlassen: Sie stellten sich darauf ein, künftig auf dem »unwirtlichen« Grund des »atmosphärischen Ozeans«, auf dem *Festland* nämlich, weitaus mühsamer zu hausen. Was war der Zweck dieses Unternehmens?
Einfachste Antwort: Wir wissen es nicht mit Sicherheit. Die Lebewesen, die vom Wasser aus »das Festland erobert« haben, mußten schließlich entschieden mehr Kraft aufwenden, um ihr eigenes Körpergewicht zu tragen. Sie mußten komplexere Mechanismen entwickeln, um ihre giftigen Stoffwechsel-Endprodukte gefahrlos auszuscheiden, um die Luft aufzunehmen usw. usf. Es war eine höchst kostspielige »Eroberung« . . .
Eine mögliche Antwort wäre vielleicht die folgende: Als sich das Festland unseres Planeten allmählich mit einem *Pflanzen*kleid überzog, waren in der vielzitierten »Ur-Atmosphäre« zunächst nur geringe Spuren von *Sauerstoff* vorhanden. Die ungehindert einfallenden ultravioletten Sonnenstrahlen hatten ihn aus der Wasseroberfläche der Ozeane abgespalten. (Die chemische Formel für Wasser, H_2O oder H – O – H, kennen Sie ja alle.) Pflanzen geben nun aber ziemlich viel Sauerstoff ab, d. h. sie setzen ihn durch einen Prozeß frei, der »Photosynthese« heißt. (Außerdem atmen die Pflanzen, genau wie Tier und Mensch, auch Sauerstoff ein und Kohlendioxid aus, aber wichtig für unser Problem hier ist die Tatsache, daß sie *Sauerstoff abgeben.*)
Dieser Sauerstoff reicherte sich in der Atmosphäre schließlich so weit an, daß Tiere aus der Gezeitenzone des Meeres aufs feste Land vorzudringen in der Lage waren – dorthin, wo inzwischen mit der Vegetation riesige, bisher völlig ungenutzte Futterquellen entstanden waren. Gewiß: Das Milieu *Festland* war für diese Tiere zunächst weitaus weniger bequem als das *Wasser*, aus dem sie kamen. Aufgrund des intensiven ultravioletten Sonnenlichts (»UV-Strahlung«) war es sogar ausgesprochen feindlich, nämlich tödlich für ihre Eiweißstrukturen

▶

Jeder normale Durchschnittsstern wie unsere Sonne besitzt einen Gürtel gemäßigter Temperaturen, in dem sich organisches Leben entfalten kann: Er wird »Ökosphäre« genannt.

Die Ökosphäre unseres Planetensystems

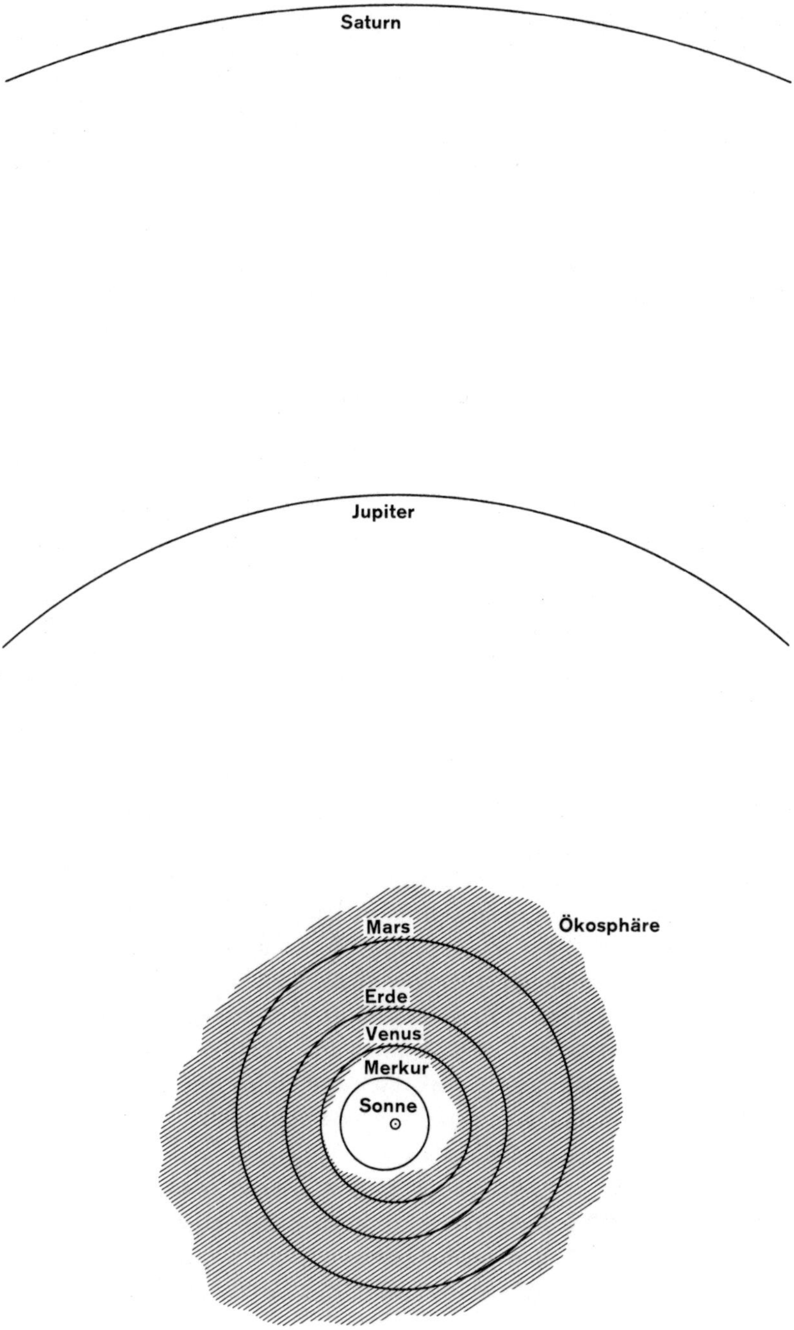

und ihre Nukleinsäuren. Wie konnte sich das simple tierische Leben gegen dieses tödliche Bombardement der solaren UV-Strahlung schützen?
Wieder setzte sich ein verblüffend einfacher Mechanismus auf ganz natürliche Weise in Gang: Neben dem aus der Meeresoberfläche durch die harte UV-Strahlung »herausgeschlagenen« Sauerstoff bildeten sich außerdem geringe Mengen von *Ozon*, das auch »aktiver Sauerstoff« genannt wird. Dieses Ozon wirkt jedoch als kräftiger UV-Filter, selbst wenn es lediglich in geringsten Spuren auftritt: Die empfindlichen Organismen der ersten tierischen Landbewohner erhielten auf diese Weise einen gigantischen »Sonnenschirm« . . .
Unter dieser mächtigen Schutzbrille gegen die gefährliche UV-Strahlung von der Sonne setzte nun das bekannte Wechselspiel zwischen Pflanzen- und Tierwelt ein, das man heute vor allem nur unter dem Aspekt sieht, daß wir Menschen unbedingt Sauerstoff brauchen, um atmen zu können. Gäbe es nämlich keine Pflanzenwelt auf unserem Planeten, müßten in spätestens drei Jahrhunderten Mensch und Tier jämmerlich ersticken.
Wir dürfen jedoch nicht vergessen, daß es umgekehrt ja nicht weniger gefährlich aussieht. Auch Tiere und Menschen stehen im Dienste des pflanzlichen Lebens: Sie müssen Kohlendioxid ausatmen, damit die Pflanzen daraus mit Hilfe der schon genannten Photosynthese Körpersubstanz aufbauen können, von der wiederum Tier und Mensch sich nähren. Ohne »unser« Kohlendioxid geht es also auch bei den Pflanzen nicht!
Was kann diese Betrachtung zeigen, in der Sie vermutlich auch Tatsachen und Gedanken wiederentdeckt haben, die Ihnen gar nicht so neu waren? Vor allem sollten diese Überlegungen ein hartnäckiges *Vorurteil* aus der Welt schaffen, das die immer wieder behauptete »Einzigartigkeit« unserer Erde und ihrer tierischen Bewohner betrifft: Biologisch besehen war unser Planet eine für das Leben geradezu »unwirtliche« Stätte. Das physikalisch-chemische Milieu »zu Wasser, zu Lande und in der Luft« bot zunächst alles andere als optimale Bedingungen für eine Lebensentfaltung.
Der Planet Erde ist heute also ganz gewiß nicht deshalb von intelligenten Geschöpfen bevölkert, weil er »zufällig« eine im Universum einzigartig günstige, ungemein »lebensfreundliche« Stätte ist. Die so oft genannten »unwahrscheinlich glücklichen Umstände« für eine irdi-

sche Lebensentfaltung sind ein reines Ammenmärchen: In mehr oder weniger ähnlicher Weise können solche natürlichen Mechanismen auch auf anderen Planeten in Ökosphären anderer Sonnen in Gang gekommen sein, um *Leben* einschließlich gewisser Intelligenzen zu entwickeln.

Gewiß: Der Zustand materieller »Dinge«, den wir »Leben« nennen, ist in einem gigantischen Maße »unwahrscheinlicher« als der Zustand der unbelebten, »toten« Materie. Auch sind unsere Naturforscher noch meilenweit davon entfernt, die meisten Mechanismen des Lebensprozesses zu durchschauen. (Hinter das »Wesen«, »Wunder« oder »Geheimnis« alles Lebens, das zu ergründen so viele Leute träumen, werden die Vertreter der exakten Naturwissenschaft sowieso niemals kommen.)

Dennoch kann man in der Forschung stets sehr viel aus seiner *Unwissenheit* machen: Das haben Naturforscher wie Newton oder Einstein, Darwin oder Freud recht deutlich gezeigt. Alle diese Wissenschaftler haben eigentlich »sehr wenig« gewußt hinsichtlich der Dinge, über die sie Aussagen mit Hilfe ihrer *Theorien* »abgeleitet« haben – und die sich nachträglich experimentell bestätigen ließen: »Endgültige« Erkenntnisse gibt es allerdings in der Wissenschaft *überhaupt nicht* (vgl. dazu vor allem das Buch »Denkspiele vom Reißbrett«). Eines läßt sich jedoch gewiß sagen: Leben ist eine ganz natürliche Sache – und das vermutlich nicht nur auf unserem Planeten.

Natürlich können »Bausteine des Lebens« in anderen Zonen des Universums auch deutlich anders geformt sein als auf unserer Erde: Schließlich sind schon hier die komplizierten dreidimensionalen Molekülgerüste in ihren Bauweisen »so unberechenbar wie die Sonnenstrahlen an einem bewölkten Himmel«, um noch einmal ein etwas poetisches Bild von Isaac Asimov aufzugreifen (vgl. Seite 33). Was Asimov noch gesagt hat: »Es ist die *Labilität,* die das Leben ausmacht, da es dauernd seine Gestalt ändert, um sich zu erhalten.«

Eine gewisse »Labilität« herrscht ja, wie wir gesehen haben, bereits auf der Ebene der »toten« Materie, bei den einfachsten atomaren Bausteinen: »Die Natur überrascht sich selber«, wie es der Physiker Pascal Jordan ausgedrückt hat (vgl. Seite 39). Der Naturforscher kann immer nur ein *statistisches* Durchschnittsverhalten dieser Grundbausteine der Materie feststellen. Allerdings sorgen »gleichbleibende Neigungen« der subatomaren Teilchen in der »Grobstruktur« der mate-

riellen Welt schließlich doch für deutlich stabile Verhältnisse – sehr zum Nutzen unserer Naturforschung und Technik übrigens ...
Mit der bisher geführten Betrachtung ist klar geworden, daß der Planet Erde keineswegs ideale, »einmalige« Ausgangsbedingungen für die Entstehung von Leben geboten hat. Die Frage nach der »Unwahrscheinlichkeit« unserer eigenen menschlichen Existenz ist damit natürlich noch nicht beantwortet: Daß es auf unserem Planeten höher entwickelte Tiere und sogar intelligente Geschöpfe wie uns gibt, läßt sich heute mit Hilfe der *Evolutionslehre* erklären, durch ein Wechselspiel von *Mutation* und *Selektion* (vgl. Seite 20).
Zu einem Ding, das wir »lebendigen Organismus« nennen, gehört, wie schon gesagt, daß es sich »vermehrt«. In der modernen Naturforschung spricht man in diesem Zusammenhang von einem *»sich selbst reproduzierenden System«* (englisch: »selfreproducing unit«). Vor zwei bis drei Milliarden Jahren setzten auf der Oberfläche unseres Planeten gewisse Prozesse ein, die eine – in der Tat erstaunliche – Entwicklung (*Evolution*) der lebendigen Organismen ermöglicht haben. Über die Entstehung von »Lebensbausteinen«, d. h. ziemlich komplizierten dreidimensionalen Molekülgerüsten (*Makromoleküle*), ist hier bereits ausführlich berichtet worden. Diese »großen Moleküle« hatten zum Teil die Fähigkeit, sich zu *»vermehren«,* d. h. sie waren »kopierbar«, »reproduzierbar«.
Der »Idealfall« dieses Vorgangs ist eine exakte Kopie des »elterlichen« Vorbilds durch das »junge« Makromolekül. Wäre es in der – irdischen – Natur bei dieser »idealen« Nachbildung oder Reproduktion des »Elternmoleküls« geblieben, so hätte es nichts weiter gegeben als eine stupide Fließbandproduktion immer der gleichen primitiven Makromoleküle – über Jahrmilliarden hinweg.
Glücklicherweise spielten ein paar weitere Faktoren eine entscheidende Rolle bei diesem natürlichen Reproduktionsverfahren: Da traten zunächst mehr oder weniger deutliche »Kopierfehler« an den Makromolekül-»Kindern« auf, so daß sie sich vom »elterlichen« Vorbild erkennbar unterschieden. Nicht immer gelang nämlich die exakte Kopie der sich selbst reproduzierenden Vorlage. Das »Junge« war damit kein bloßes Duplikat seines »Erzeugers« mehr. Gewiß: Entscheidende Bauweisen wurden zumeist unverändert »vererbt«. Manche Details des elterlichen »Erbgutes« aber wurden per Zufall vergessen oder gar »verfälscht«. Kurz gesagt: Von Generation zu Generation tra-

Die Prinzipien der biologischen Evolution mit Mutation und Selektion lassen sich ganz gut mit Hilfe eines Vorgangs vergleichen, der die Veränderung eines technischen Gerätes zeigt (s. Text Seite 102).

ten teils mehr, teils weniger markante *Veränderungen* auf. Es wurde an den Makromolekülen »herumgeändert«.
Ob diese *zufälligen Änderungen* der Nachkommen, die der Fachmann *»spontane Mutation«* nennt, *zweckmäßig* waren oder nicht, das zeigte sich dann daran, wie sich das neue Makromolekül in der »rauhen Wirklichkeit«, im physikalisch-chemischen Milieu, behauptete: Die *am besten ihrer Umwelt angepaßten* setzten sich gegenüber anderen durch. So fand auf ganz natürliche Weise eine *Auswahl* der zweckmäßigsten »Mutanten« statt: Man mußte einfach »vorteilhaft« in die durch die

irdische Umwelt geprägte Ordnung passen. Diese »natürliche Auslese« ist die *Selektion* oder Auswahl, die »ordentliche« Gegenspielerin der »willkürlichen« *Mutation.*

Und man kann sich heute auch schon ganz gut vorstellen, wie aus Makromolekülen mit der Fähigkeit der Selbstreproduktion unter der Einwirkung von Mutation und Selektion die allerersten ganz primitiven *Lebewesen* entstanden. Halten wir also die beiden wichtigsten Prinzipien dieser *Evolution* fest: Die *spontanen Mutationen* als zufällige, in der Erfahrung noch völlig unerprobten Veränderungen dienen als »Evolutionsmotor«. Sie bilden ein »Zufallsangebot« an die »prüfende« Umwelt, wo per *Selektion* eine natürliche Ordnung geschaffen wird: »Die Guten ins Töpfchen, die Schlechten ins Kröpfchen«, wie es im Märchen zum Thema »natürliche Auswahl« heißt.

Ein grob vereinfachendes Beispiel aus unserem Wirtschaftsleben kann Ihnen das Evolutionsprinzip vielleicht noch ein bißchen mehr verdeutlichen: Eine Firma stellt Fernsehgeräte (»Organismen«) her. Das gerade laufende Modell (»elterliches« Vorbild) soll durch einen neuen Gerätetyp (»Nachkomme«) ersetzt werden. Wesentliche Details des alten Geräts (»Erbgut«) können zwar übernommen werden. Einige technische Verbesserungen, Änderungen im Design usw. (»Mutationen«) sollen jedoch gemacht werden. Techniker, Kaufleute, Verkaufspsychologen usw. diskutieren, wie man am bereits bestehenden Modell herumbasteln (»mutieren«) könnte: Bei diesem »Brain-storming«, einer Art »Evolution im Sandkasten-Spiel«, kommen natürlich auch sehr viel ungewöhnliche, ja sogar unsinnige Änderungsvorschläge zur Sprache. Dann prüft man, wählt aus (»selektiert«), welche Veränderungen (»Mutationen«) denn technisch, kaufmännisch und verkaufspsychologisch sinnvoll, d. h. zweckmäßig sein können. Die rauhe Wirklichkeit des Käufermarktes (»Umwelt«) erweist dann, ob im Rahmen des breitgestreuten Angebots, an dem sich ja auch andere Firmen mit ihren Geräten beteiligen, die erwartete Kauf-Auswahl (»Selektion«) stattfindet, ob sich das neue Gerät »durchsetzt«.

Wie gesagt: Das Beispiel ist ungemein vereinfacht. Und Vergleiche hinken immer. Trotzdem erfüllen sie nützliche »Krückendienste« in der Wissensvermittlung – so vielleicht auch hier. Man redet heute gern und viel vom »schöpferischen Denken« und von der *»Kreativität« der Menschen:* Im natürlichen Evolutionsprozeß sind es die *spontanen Mutationen,* die diese *»Kreativität« der Natur* darstellen! Denken Sie an die »Brain-storming«-Situation des gerade skizzierten Beispiels: Auch hier werden ganz spontan – und »zufällig« – alle möglichen Änderungsvorschläge geäußert, auch wenn sie noch so ungewöhnlich, ja »blödsinnig« klingen. Natürlich ist das nur die *eine* Seite der Angelegenheit.

Die spontanen Zufallsmutationen gehen ja stets von einem *bereits bestehenden* Organismus aus: Ein gerüttelt Maß an Erbanlagen (*»Gene«*) werden ja vom mutierten neuen Lebewesen *unverändert* übernommen. Hier zeigt sich die bewahrende, »konservative« Seite der natürlichen Entwicklung: Die Erhaltung eines großen Teils des »Erbgutes« ist beim Evolutionsprozeß immer garantiert. Es ist also keineswegs »alles neu«, was da entsteht.

Schließlich gibt es noch ein richtiggehendes *Ordnungsprinzip* in diesem natürlichen Evolutionsspiel: Es ist die harte Erprobung des »Nachkommen« in einer doch recht differenzierten und sich permanent verändernden Umwelt. Der mutierte Organismus muß »hineinpassen« in dieses Milieu – oder er geht zugrunde. Das ist Darwins »Überleben des Tüchtigsten« im »Kampf ums Dasein«.

Zum Thema »spontane Mutation als *Phantasie* der Natur« ist wohl noch eine Anmerkung erforderlich: Vielen Menschen widerstrebt es, in solchen Zufallsmutationen etwas Schöpferisches, Phantasievolles zu sehen. Aber es ist schließlich kein total »blindes« Spiel des Zufalls, das da in immer wieder neuen Partien abrollt: Mutiert, »herumgebastelt« wird ja Schritt für Schritt an bereits »Vorgefertigtem« – auch wenn bei diesem »Fertigprodukt« in vorangegangenen Generationen wiederum Zufallsmutationen im Spiel waren.

Jedenfalls sieht es *nicht* so aus, wie viele Kritiker der Evolutionslehre immer wieder völlig absurd argumentieren, wobei sie diesen Unsinn sogar mit einer falschen Wahrscheinlichkeitsrechnung »beweisen«: Evolution sei ein stupides Würfelspiel, bei dem man Millionen und aber Millionen von »Erbgut-Päckchen« (»Gene«) wie in einer Lostrommel kräftig durchrührt, bis »ganz zufällig« der Erbsatz einer Heuschrecke, einer Blaumeise oder eines Leoparden herauskommt.

Die Einfältigkeit eines solchen Rechenexempels ist offenkundig: Generationen von Schimpansen, von denen jeder an einer Schreibmaschine sitzt, werden es schließlich auch nicht schaffen, Shakespeares »Hamlet« zu texten. Jede Zufallsmutation ist eine Probe aufs Exempel an *etwas bereits Vorhandenem*: Mutationen schaffen eine größere Vielfalt von

Erläuterungen zum Bildteil Seite 105 bis 112

1: Die Grundgedanken zur Entstehung unseres Sonnensystems werden mit der Hoyleschen Theorie auf Seite 24 erläutert.

2: Der Biologe Cyril Ponnamperuma ist der Entdecker extraterrestrischer Aminosäuren.

3: Frank D. Drake (oben rechts) bemüht sich um Kontakte mit extraterrestrischen Zivilisationen.

4 und 5: Zu den berühmtesten Science-Fiction-Autoren, die zugleich anerkannte Naturforscher sind, zählen Isaac Asimov (unten links) und Fred Hoyle (unten rechts).

6: Nach einer Science-Fiction-Geschichte von Arthur C. Clarke entstand der bisher eindrucksvollste SF-Film »2001 – Odyssee im Weltraum«.

7: Eine die Erde umkreisende Raumstation.

8: Auf der Bildplatte in der Pioneer-F-Sonde erscheint der Planet Saturn als Kreislein mit Querbalken (vgl. Abbildung Seite 89): Ob ein Extraterrestrier dieses Signal wohl entziffern kann, fragten wir auf Seite 91. In der Realität ergibt sich ein entsprechender Saturn-Anblick von seinem größten Mond Titan, der sogar eine Atmosphäre besitzt.

9: Der Planet Saturn ist auch Namenspatron für die »Saturn-V-Rakete«. Mit ihrer Hilfe wird voraussichtlich zu Beginn des 21. Jahrhunderts ein Raumschiff zu diesem Planeten starten.

10: Die »Zwillingsschwester« unserer Galaxis, der Milchstraße, ist der berühmte »Andromeda-Nebel« (vgl.Seite 28).

11–14: Signale vom Crab-Pulsar wurden zunächst für Kontaktsignale außerirdischer Intelligenzen gehalten (vgl. Seite 42).

15: Der holländische Mathematiker Hans Freudenthal hat die »kosmische Sprache« LINCOS entworfen.

16: Linienspektren der Elemente Wasserstoff, Sauerstoff und Stickstoff (von oben, farbig) und der Atomgruppierungen CN, CH_2 und CH_3, die sich aus Kohlenstoff-, Stickstoff- und Wasserstoff-Atomen zusammensetzen.

2

3

4

5

6

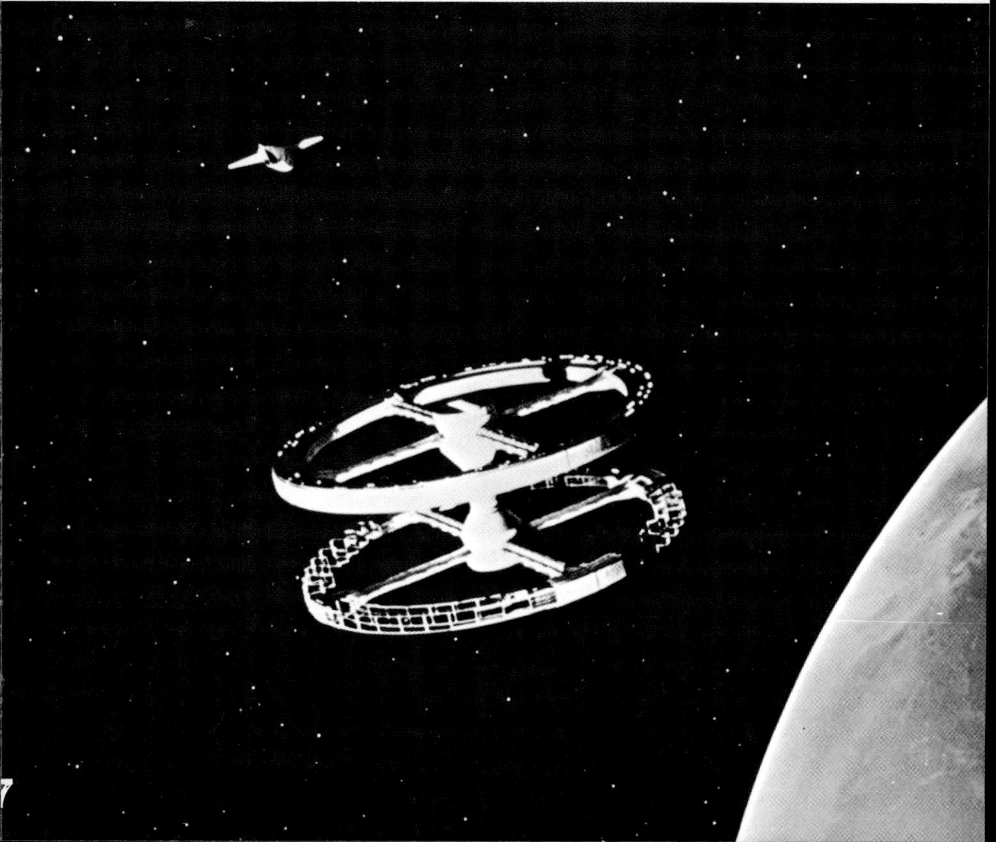

7

10

9

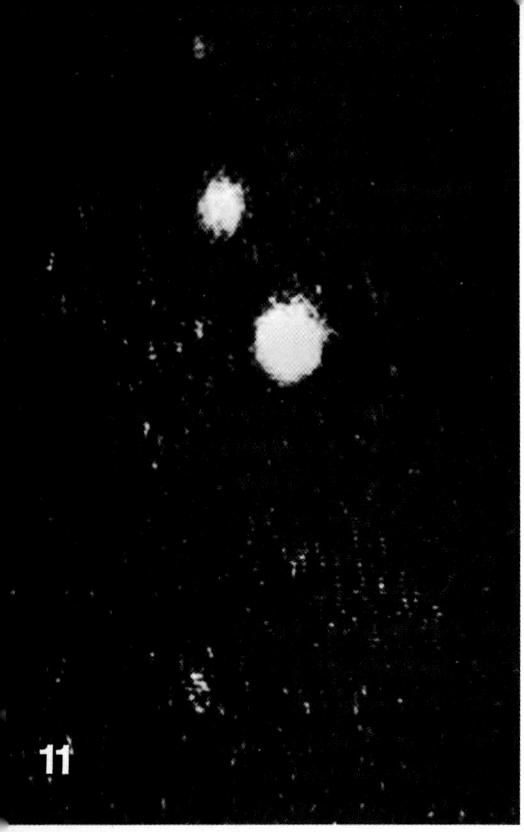

11

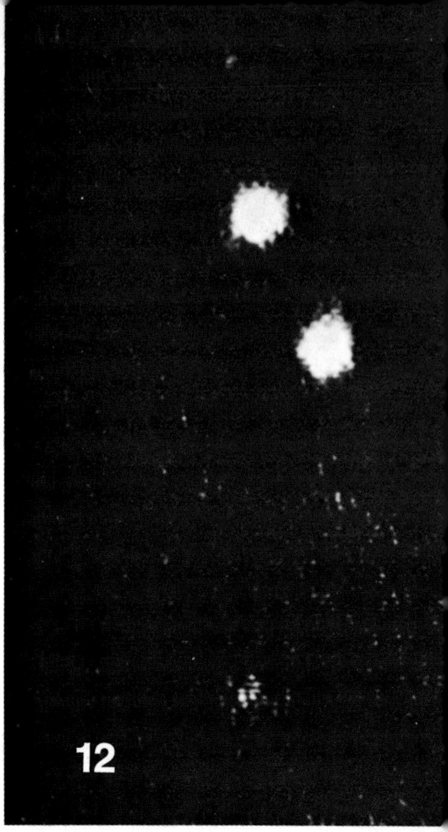

12

13

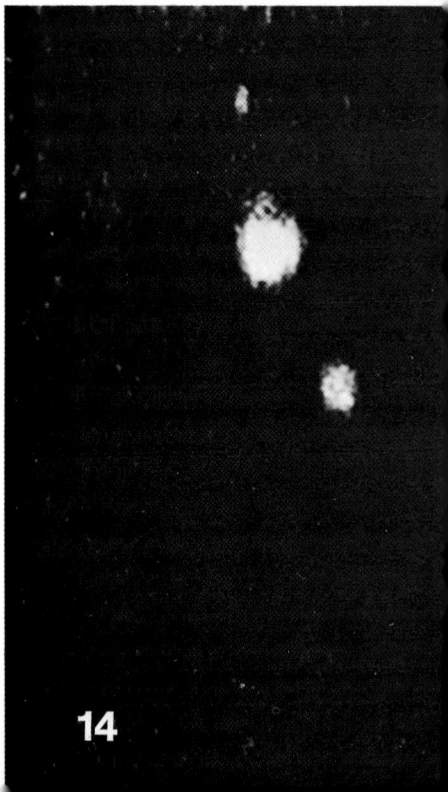

14

5

Organismen, führen zu komplexer »organisierten« Lebewesen und sorgen für flexiblere, anpassungsfähige und schließlich besser angepaßte Geschöpfe . . .

5.2 Sexualität als »überschäumende Phantasie« der Natur

In der bisherigen Betrachtung haben wir die spontanen Mutationen im Evolutionsprozeß sowohl den »Evolutionsmotor« als auch die »Phantasie der Natur« genannt. Beides hat seine Richtigkeit: Ein Motor kann das Vehikel der Lebensentfaltung vorantreiben. Es gibt ja offensichtlich keinen Stillstand im »Schöpfungsprozeß«. Phantasie dagegen schafft neue Varianten. (Wie viele von ihnen brauchbar sind, das sei dahingestellt.)

Geradezu »überschäumend« zeigt sich jedoch die Phantasie der – irdischen – Natur mit der Erfindung der *Sexualität.* Ob diese treibende Kraft der Natur auch in anderen Ökosphären wirksam ist, wissen wir natürlich nicht. Das wurde bereits bei der Erläuterung der Bildelemente »Mann« und »Frau« auf der Pioneer-F-Tafel angedeutet (vgl. Seite 89). *Die sexuelle Form der Vermehrung* eines Organismus ist eine so ausgeklügelte, hochentwickelte Spielart der Erbgut-Vermischung, daß man sie nicht unbedingt als »universell« anzusehen braucht.

Natürlich ist es durchaus möglich, daß sich auch diese sehr spezifische Form der Reproduktion von lebendigen Geschöpfen anderswo im Universum ebenfalls als zweckmäßig erwiesen hat. Vielleicht hat aber doch der berühmte Sigmund Freud recht, wenn er in einer seiner »Abhandlungen zur Sexualtheorie« aus dem Jahre 1905 wie folgt spekuliert:

»Wenn wir unter Verzicht auf unsere Leiblichkeit als bloß denkende Wesen, etwa *von einem anderen Planeten her*, die Dinge dieser Erde frisch ins Auge fassen könnten, so würde vielleicht nichts anderes unserer Aufmerksamkeit mehr auffallen als die *Existenz zweier Geschlechter unter den Menschen*, die einander sonst so *ähnlich*, doch durch die äußerlichsten Anzeichen ihre *Verschiedenheit* betonen.«

Seit zwei bis drei Milliarden Jahren spielt sich der Prozeß der Lebensentfaltung auf dem Planeten Erde nach dem bereits grob skizzierten Grundmuster ab. Einen Bruchteil dieser langen Zeitspanne, »nur« einige 100 000 Generationen, hat es dabei übrigens gedauert, bis aus unseren affenähnlichen Vorfahren der sogenannte »Homo sapiens«

geworden ist. Dieser Mensch ist sicherlich das merkwürdigste Tier auf diesem Planeten – auch das »unwahrscheinlichste«. Seine »Wesensbestimmung« wird vermutlich überhaupt nicht möglich sein – ganz gewiß nicht im Rahmen der exakten Naturwissenschaft.
Der Mensch sei »ein vernünftiges Tier«, hat der berühmte Philosoph Aristoteles gesagt. Andere meinen, er sei ein Tier, das den Tod kenne. Es ist, *naturwissenschaftlich* besehen, müßig, solche philosophischen »Wesensbestimmungen« weiter aufzuzählen. (Man könnte vielleicht sagen, daß sie sinnlos, aber doch *nicht wertlos* seien.)
Einen ernstzunehmenden Einwand gilt es dagegen zu erwähnen: Es habe weder die Zeit von zwei bis maximal zehn Millionen Jahren noch die Zahl der Individuen ausgereicht, um aus »Affen« den »Homo sapiens« entstehen zu lassen, sagen manche Forscher. Um den Terminus »Gott« zu vermeiden, sprachen oder sprechen sie von einem »übergeordneten Willen«, von »Entelechie«, von »Bewußtsein« oder einer »Zweckbestimmung« als den Faktoren der Menschwerdung.
Der berühmte »Amateurforscher« von Däniken macht hierfür sogar die Engel der Religionen zu außerirdischen Besuchern, die – sexuell erregt oder in missionarischem Eifer – mit den »geistig minderbemittelten« Frühmensch-Weibern kohabitieren: Der Homo sapiens wird damit zum extraterrestrischen Besatzungskind! Mißglückte Bastarde dieser interstellaren Sexspiele wurden übrigens von den Außerirdischen per Sintflut ersäuft – meint der »Amateurforscher«.
Schenken wir uns weitere Betrachtungen über Dänikens engelhafte »Zuchtbullen« von fernen Sternen und andere, noch absurdere Spekulationen, wo es diese Fremdlinge aus den »Fliegenden Untertassen« sogar mit Tapiren (!) sodomitisch getrieben haben sollen, um das Menschengeschlecht zu entwickeln. Wie bereits gesagt: Es gilt noch zu zeigen, wie hochgradig unwahrscheinlich es ist, daß in der kurzen Zeitspanne unserer irdischen Menschheitsgeschichte bereits Extraterrestrier die Erde betreten, gezeugt und wieder das Weite gesucht haben.
Was aber die Menschwerdung infolge einer zielgerichteten »Entelechie« oder ähnlicher »Wirkkräfte« anlangt, so kann die exakte Forschung mit derlei naturwissenschaftlich nicht greifbaren Faktoren gar nichts anfangen. Um so eifriger sucht sie nach Knochenresten und Steingeräten aus dem *»Tier-Mensch-Übergangsfeld«*, um sich ein immer klareres Bild vom Heraufkommen des Menschen aus dem Bereich des Animalischen zu machen.

Unsere bisherigen Überlegungen haben hoffentlich gezeigt, daß auf Grund der Evolutionslehre eine recht plausible, »vernünftige« Erklärung der Entstehung des Lebens und der ersten Lebensentfaltung auf dem Planeten Erde ebenso wie des heutigen Reichtums an Organismen unterschiedlichster Gestaltung gegeben werden kann. Die entsprechenden Mechanismen sind keineswegs mysteriös, sondern naturwissenschaftlich (physikalisch-chemisch-biologisch) schon ganz gut durchschaubar.

Und was ungemein wichtig ist im Rahmen unserer Betrachtung: Es ist überhaupt nicht einzusehen, warum diese Mechanismen der Lebensentfaltung nicht auch auf anderen – vage gesagt – »erdähnlichen« Planeten anderer Sonnen funktionieren sollten. Natürlich spielt bei allen Prozessen, ob sie nun im »unbelebten« oder »belebten«, »anorganischen« oder »organischen« Bereich des Universums stattfinden, stets der *Zufall* eine bedeutsame Rolle: Aber davon ist der »tote« Brocken Mondgestein genauso betroffen wie Herrn Schulzes »quicklebendiger« Pudel. Dennoch ist die Entstehung von Sonnen und Planeten, von Meeresalgen und Laubfröschen *kein* bloßes Würfel- oder Roulettspiel.

Das leuchtet den meisten Menschen auf dem Sektor der »toten« Materie recht gut ein: Aber wehe, das »Wunder« des Lebens kommt ins Gedankenspiel! Schließlich sind lebendige Geschöpfe – und vor allem wir »einmaligen« Menschen – keine mechanischen »Maschinen« oder irgendwelche »Automaten«!

Kein vernünftiger Vertreter der Evolutionslehre wird mit solchen Termini, die aus der Technologie stammen, unbedacht umgehen: Er könnte sonst leicht einer recht komischen Selbsttäuschung zum Opfer fallen. Tut er es dennoch, so handelt er *nicht* als Wissenschaftler, sondern als »Gläubiger«. Und über Glaubensfragen läßt sich bekanntlich endlos streiten ...

Doch wenden wir uns wieder der *Sexualität* zu, die wir als »überschäumende Phantasie« der Natur bezeichnet haben – zumindest was die biologische Situation auf unserem eigenen Planeten betrifft. Sexualität heißt: Die Erbanlagen (»Gene«) des einen Geschlechts werden mit denen des anderen kombiniert dergestalt, daß das, was aus der Verschmelzung von Ei- und Samenzelle bei der Befruchtung entsteht, ein bißchen anders ist als die beiden Eltern, die sich ja in ihrem Erbgut keineswegs gleichen – spontane Zufalls-Mutationen in früheren Generationen haben dafür gesorgt. Noch wichtiger aber ist, daß schon bei der in komplizierten Zellteilungen vor sich gehenden Bildung der Ei- und Samenzellen die Chromosomen – es sind dies die Träger der Gene – gründlichst »gemischt« werden: Die Zahl der dabei möglichen Kombinationen beträgt beim Menschen mit seinen 23 Chromosomen je Ei- bzw. Samenzelle nicht weniger als $2^{23} = 8\,388\,608$!

Zur Mutation der Gene tritt also mit der Sexualität deren *Umkombination.* Auf diese Weise kommt es zu einem riesigen »Sortiment-Angebot« an die Umwelt, wodurch die Evolution natürlich beschleunigt wird: Durch die sexuelle Form der Vermehrung erhält der »Evolutionsmotor« gleichsam eine »höhere PS-Zahl« . . .

Natürlich ist auch dies wieder eine ganz und gar zufällige Sache – nicht umsonst sprachen wir von »gründlichster Mischung« der Chromosomen bei der Bildung der Geschlechtszellen. Aber schon ein sehr flüchtiger Blick auf die schier grenzenlose Fülle unterschiedlichster Formen des Pflanzen- und des Tierreichs zeigt uns doch wohl sehr überzeugend, was im Laufe der Jahrmilliarden durch Mutation, Selektion und Kombination hat entstehen können.

Die Natur hat also höchst einfallsreiche, »schöpferische« Mechanismen entwickelt – die meisten davon kennen wir bestimmt noch gar nicht –, um materiellen Dingen »Leben« oder »Intelligenz« zu verleihen. Und diese Natur hat sich ganz bestimmt nicht nur auf dem recht durchschnittlichen Planeten Erde Mechanismen dieser Art einfallen lassen. Natürliche »Kreativität« gibt es wohl auch in anderen Zonen des Universums – was eigentlich sollte dagegen sprechen?

Die Existenz außerirdischen Lebens, ja außerirdischer Intelligenzen wird so für uns immer plausibler, je intensiver wir uns mit derartigen Überlegungen beschäftigen. Die Sache hat freilich einen Haken: Nicht nur die gigantischen Entfernungen zwischen solchen Zivilisationen im All haben bisher von unserer Seite aus Kontakte zu fremden Intelligenzen vereitelt. Dem Menschen fehlte es bisher ganz einfach an jedwelchen technologischen Voraussetzungen, um mit Hilfe wirkungsvoller »Informationsträger« (Radiowellen, Laserstrahlen, Neutrino-Kanäle usw.) interstellare Botschaften zu empfangen oder zu senden. Aber in dieser Hinsicht ist inzwischen schließlich einiges geschehen . . .

Sechste Spekulation:

Gibt es eine »kosmische Intelligenz«?

6.1 Vom »widernatürlichen« Mathematiklernen der Menschen

Mit *Zufallsmutation* und *Sexualität* haben wir in der vorangegangenen Spekulation natürliche, phantasievolle Vorgänge kennengelernt, die sich mit Fug und Recht zur *»Kreativität« des Universums* zählen lassen. Ob die »Phantasie« der Natur mit diesen Spielarten bereits erschöpft ist?

Anzunehmen ist das wohl nicht: Aber der Naturforscher muß schließlich mit dem arbeiten, was er hat. Selbst mit unserem relativ bescheidenen Wissen über die Lebensvorgänge läßt sich heute schon sehr vieles sehr gut erklären und auch experimentell bestätigen.

Es mag erlaubt sein, in diesem Zusammenhang ein Bild zu gebrauchen, das einer guten Hausfrau – und erst recht einem Vertreter der Spülmittel-Industrie – vermutlich überhaupt nicht gefällt. Es stammt übrigens vom Physiker Carl F. von Weizsäcker: Man kann schmutzige Teller in einer schmutzigen Wasserbrühe mit einem schmutzigen Spüllappen ganz schön sauber bekommen ...

Bleiben wir also bei unserer Annahme, die *biologische Evolution* habe im Laufe von ungefähr 100 000 Generationen aus unseren affenähnlichen Vorfahren den Menschen werden lassen. Seit wenigen Jahrtausenden erst wird diese *biologische* Evolution durch eine *geistige* Evolution begleitet: Die Zeugnisse unserer kurzen Menschheitsgeschichte machen das auf recht überzeugende Weise klar.

Gewiß: Mehr oder weniger »hohe« Kulturen aller Rassen des Homo sapiens sind auf fast allen Kontinenten dieser Erde entstanden, erblüht und auch wieder vergangen. Geblieben ist aber stets die leidenschaftliche Beschäftigung vieler Menschen aller Hautfarben mit dem, was wir *»Wissenschaft«* im weitesten Sinne nennen. Das trifft insbesondere

zu auf die »exaktesten« Spielarten dieser Art von Betätigung, auf *Mathematik und Logik*. Einen regelrechten Stillstand auf diesem Bereich exakter Forschung hat es niemals gegeben, auch nicht im angeblich so »finsteren« Mittelalter – damals nämlich wurde die *formale Logik* in geradezu bewundernswerter Weise betrieben. Mathematische und logische Erkenntnisse sind stets auf irgendeine Weise von Kultur zu Kultur weitergegeben worden. Zu Recht schrieb deshalb der Physiker und Nachrichtentechniker Dennis Gabor:
»Es ist unwahrscheinlich, daß der Mensch je das Interesse an der Wissenschaft verlieren wird, solange er die Fähigkeit zu logischem Denken besitzt, eine Fähigkeit, die nach Übung verlangt. Eine andere Frage ist es jedoch, wie lange noch die Wissenschaft die begabtesten Menschen anzuziehen vermag, jene Menschen, die zu anderen Zeiten wahrscheinlich Künstler geworden wären und in der Renaissance Künstler und Wissenschaftler zugleich, wie Leonardo und Wren es waren. Oft schon hat man vorausgesagt, daß sich die besten Geister eines Tages der Religion, der Metaphysik und der Mystik zuwenden würden. Einzelne Wissenschaftler haben dies auch schon ziemlich oft getan, aber ganze Kulturen haben eine solche Hinwendung noch nie vollzogen. Selbst während des Niedergangs Griechenlands, als Pessimismus die Philosophie und Unfruchtbarkeit die Künste erstickte, blühte die Mathematik noch ein halbes Jahrtausend weiter.«
Diese Mathematik – und mit ihr die formale oder mathematische Logik – erblüht auch heute wieder auf unserem Planeten in strahlendstem Glanze, sowohl als »reine« Wissenschaft als auch »im Dienste« der exakten Naturforschung, der Wirtschafts- und Sozialwissenschaften und, nicht zuletzt, natürlich als wichtiges Werkzeug der modernen *Technologie*.
In ihren reinen, elementaren Bereichen eignet sich diese Mathematik vorzüglich zum Aufbau eines *»Kontaktprogrammes« für extraterrestrische Zivilisationen:* Wie die ersten Ansätze einer solchen »kosmischen Sprache« (*lingua cosmica*) aussehen können, das haben wir anhand des durch und durch mathematisierten LINCOS-Fernlehrgangs von Hans Freudenthal ja ausführlich kennengelernt.
Der eventuelle Empfänger solcher LINCOS-Texte irgendwo draußen im All muß selbstverständlich einer Zivilisation angehören, die *Mathematik* ebenfalls in irgendeiner Weise betreibt: Die *Ergebnisse* der Elementarmathematik sind ja überall im Kosmos die gleichen. Sie sind

Der geniale Leonardo da Vinci war zugleich Künstler und Wissenschaftler: Solange der Mensch die Fähigkeit zum logischen Denken besitzt, wird sein Interesse an der Wissenschaft nicht erlahmen.

»universell«. Damit fällt es dem Empfänger auch ganz gewiß nicht schwer, den LINCOS-»*Schlüssel*« zu finden.

Über die erforderlichen *technologischen* Kenntnisse in dieser außerirdischen Zivilisation haben wir ebenfalls schon gesprochen: Daß diese Extraterrestrier damit auch über ein beachtliches Maß an Wissen verfügen, das wir »Physik« und »Chemie«, »Astrophysik« und »Astronomie«, »Biochemie« und »Biologie« nennen, ist ebenso selbstverständlich. Das Entziffern selbst »komplizierterer« LINCOS-Texte dürfte ihnen dadurch nicht übermäßig schwer fallen: Sie können die Sprache LINCOS genauso leicht *lernen* wie wir irgendeine »natürliche« Fremdsprache, sei es nun Englisch, Spanisch oder Russisch. (Vielleicht bedarf es dabei einiger Anstrengung, aber gewiß nicht außergewöhnlicher Verstandeskräfte für die Leute vom Planeten x der Sonne y, um die künstliche *lingua cosmica* zu erlernen.)

Das Stichwort »*lernen*« macht eine Anmerkung erforderlich: Ist der

Vorgang, den wir *»das« Lernen* nennen, eine Angelegenheit, die wiederum nur auf uns Menschen oder vielleicht gerade noch auf höher entwickelte Tiere aus unserem Erfahrungsbereich (Affen, Hunde, Katzen usw.) zutrifft? Was ist überhaupt »Lernen«? In einem wichtigen Kompendium der *Lernpsychologie* (Ernest R. Hilgard, »Theories of Learning«) findet sich folgende »Definition«:
»Lernen ist der *Prozeß,* bei dem *als Reaktion auf eine angetroffene Situation eine Aktivität geäußert oder geändert wird,* vorausgesetzt, daß die Kennzeichen dieser Aktivitätsveränderung nicht durch angeborene Reaktionstendenzen, durch Reifungsvorgänge oder durch zeitweise Zustände des *Organismus* (z. B. Ermüdung oder Drogeneinwirkung) erklärt werden können.«
Grob gesprochen ist für den Lernpsychologen »das« Lernen also die *Verhaltensänderung eines Organismus:* Wenn z. B. ein Zwergpinscher »auf Befehl« über ein Stöckchen springt, dann hat er etwas gelernt. »Normalerweise« würde er einen solchen Unsinn ja nicht machen. Er mußte dafür »gedrillt« werden.
(Ähnlich verhält es sich bei vielen menschlichen Tätigkeiten: Welches Schulkind lernt schon ganz »freiwillig« das große Einmaleins?) Auch beim menschlichen Lernen findet sich sehr viel »Drill«: Beim Fremdsprachen-Lernen etwa spricht man beim sattsam bekannten Pauken von Grammatik heutzutage von »Pattern-Drill«. Und der traditionelle Mathematikunterricht ist ohne Drillen von Formeln gar nicht vorstellbar.
Warum aber lernt man eigentlich? Sie kennen bestimmt den guten alten Spruch, daß man nicht für die Schule, sondern *fürs Leben* lerne – vielleicht sogar auf Lateinisch: »Non scholae, sed vitae discimus«. Wenn Lernprozesse wirklich so *»lebenswichtig«* sind, dann muß Lernen ja wiederum eine ganz *natürliche* Sache sein!
Und so ist es auch: Ähnliches wie das, was wir für die »Kreativität« des Universums hinsichtlich der natürlichen »Phantasie« (Zufallsmutation, Sexualität) gesagt haben, gilt vermutlich für die *Lernfähigkeit* x-beliebiger Organismen oder »Intelligenzen« im gesamten Kosmos: Jedwelche *Sinnesorgane* an Lebewesen sind von der Natur ja entwickelt worden, um *»Überlebenschancen« zu verbessern.* Ohne zweckmäßige »Reaktionen auf eine angetroffene Situation«, um mit Ernest Hilgard zu sprechen, ohne sinnvolles Re-Agieren auf einen *Umwelt*sachverhalt, stände es bisweilen herzlich schlecht um den Organismus.

Im Laufe der menschlichen Geschichte hat die Mathematik stets Kulturen überlebt, die untergegangen sind. Dieser arabische Kommentar zum »Satz des Pythagoras« ist ein gutes Beispiel für diesen Sachverhalt.

Angeborene, durch Mutation und Selektion im Lebewesen fest verankerte Verhaltensmuster (»Instinkt-Reaktionen«) sind gewiß nicht schlecht. Oft aber hilft nur eine radikale Verhaltens*änderung* – und eben das ist ja »Lernen« im weitesten Sinn.

Die wichtigste »Schaltstelle« für solche Verhaltensänderungen ist bei höher entwickelten Lebewesen das *Gehirn.* Je besser es funktioniert, um so wirkungsvoller ist es als *Organ zum Überleben.* Die höchste Trumpfkarte im »Kampf ums Dasein« war beim Homo sapiens stets seine überragende *Intelligenz.*

»Lernfähigkeit« oder »Intelligenz« sind also wiederum höchst *natürliche* Eigenschaften von *Lebewesen,* »Überlebenswerkzeuge« sozusagen. Aber ist es dann nicht geradezu »widernatürlich«, mit unserem Gehirn, einem Instrument, das primär als Organ zum Überleben angelegt ist, so abstrakte Dinge wie Mathematik, Logik, Wissenschaft, Philosophie usw. zu betreiben? Das Gehirn wird auf diese Weise doch »zweckentfremdet«?

Hätte nicht, wie bereits angedeutet, beim Menschen neben der *biologischen* Evolution eine *geistige* Evolution eingesetzt, müßten wir solche Fragen mit einem glatten »Ja« beantworten: Die Natur hat den Homo sapiens keineswegs deshalb mit einem Gehirn ausgestattet, damit er nach »objektiver Wirklichkeitserkenntnis« strebt oder gar »höhere« Mathematik betreibt. Ganz »natürlich« betrachtet ist das Gehirn ausschließlich dazu da, die Überlebenschancen des Lebewesens zu verbessern.

Nun haben die Menschen aber den »Sündenfall« begangen, ihr Gehirn zweckzuentfremden: Sie haben – vielleicht sagt mancher: leider – die faszinierende Fähigkeit zum »logischen« Denken entdeckt, »eine Fähigkeit, die nach Übung verlangt«, wie Dennis Gabor schrieb.

Und diesen ständigen »Übungen« verdanken wir alles, was der Mensch auf dem Bereich der Mathematik, der exakten Forschung und Technologie geschaffen hat. Sagen wir es nochmals ganz klar: Mit der *biologischen* Evolution sind wir Menschen nicht viel mehr geworden als simple Jäger aus einer Stammeshorde. Nur das ständige *Lernen und Üben* hat uns im Rahmen einer *geistigen* Evolution zu Angehörigen einer *Zivilisation* gemacht. Der »zivilisierte« Mensch hat sein Gehirn »mißbraucht«, um *Mathematik* in vielen Spielarten zu betreiben. Er hat sich bei diesem »widernatürlichen« Mathematiklernen in eine wahre »Sintflut von Formeln« gestürzt. So hat es der Mathematiker und Physiker Hermann Weyl ausgedrückt. Und warum hat der Mensch das getan? Weyl sah es so:

»Es ist gewiß bedauerlich, daß wir uns um das rein Formale so ausführlich bemühen und ihm einen solchen Platz einräumen müssen. Aber es läßt sich nicht vermeiden. Wie jeder Sprache und Schrift müh-

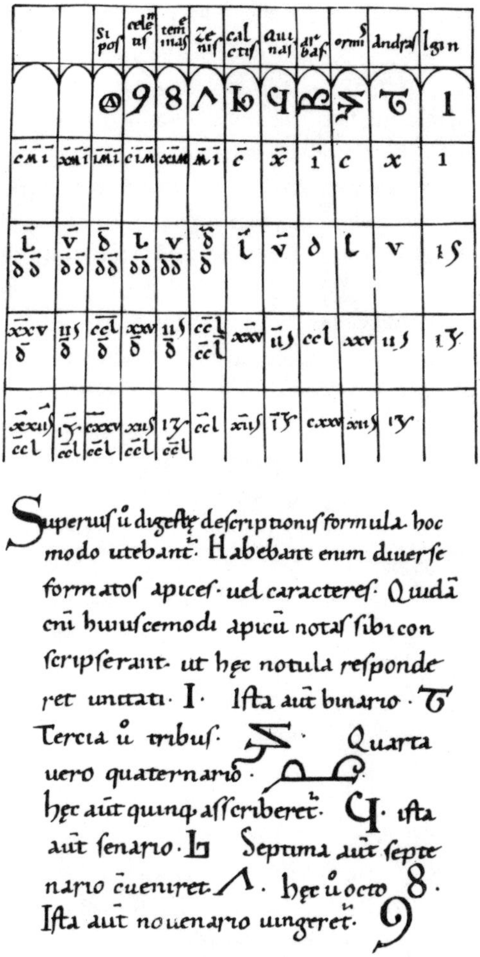

Superius u digeste descriptionis formula hoc
modo utebantur. Habebant enim diverse
formatos apices vel caracteres. Quidam
enim huiuscemodi apicum notas sibi con
scripserant, ut hec notula responde
ret unitati. I. Ista autem binario.
Tercia u tribus. Quarta
uero quaternario.
hec autem quinque ascriberet. ista
autem senario. Septima autem septe
nario conveniret. hec u octo 8.
Ista autem novenario iungeretur. 9

Selbst die bescheidenen mathematischen Künste der Römerzeit (Abakus-Rechnen) wurden in die Mathematik des Mittelalters »hinübergerettet«. In hoher Blüte stand zu dieser Zeit übrigens die formale Logik, heute eine bedeutsame Spezialdisziplin der Mathematik.

sam erlernen muß, ehe er sie mit Freiheit zum Ausdruck seiner Gedanken gebrauchen kann, so ist auch hier der einzige Weg, den Druck der Formeln von sich abzuwälzen, der, das mathematische Werkzeug so in seine Gewalt zu bringen, daß man sich durch das Formale unbe-

hindert den wahren Problemen zuwenden kann, die uns beschäftigen: *Einsicht in das Wesen von Raum, Zeit und Materie zu gewinnen, sofern sie am Aufbau der objektiven Wirklichkeit beteiligt sind.* Für den, der auf solche Ziele aus ist, müßte es eigentlich heißen: Das Mathematische versteht sich immer von selbst.«
Womit wir wieder bei den LINCOS-Texten von Hans Freudenthal wären: Auch hier versteht sich, anfänglich zumindest, das Mathematische ganz von selbst. Ohne elementare Mathematikkenntnisse wird ein außerirdischer Empfänger diese Botschaften aus dem LINCOS-Programm niemals begreifen: Er muß die Texte auf einer sehr hoch entwickelten Stufe »lernen«. Der LINCOS-»Schlüssel« ist dabei die universelle Mathematik, wenn auch auf sehr elementarer Stufe.
»Kontaktpersonen« einer fremden, außerirdischen Zivilisation müssen also bereits *Mathematik gelernt haben, um LINCOS lernen zu können.* Es sei denn, es handelt sich um Intelligenzen, die bereits »mathematisch geprägt« sind oder unsere mühsam erlernten Mathematikkenntnisse schon in ihrem Erbgut besitzen. Etwas weniger kraß gesagt: Sie müßten *vom Erbgut her ihrer Zivilisation angepaßt* sein.
Bei Lebewesen, die eine ähnliche biologische Entwicklung wie der Homo sapiens durchgemacht haben, ist dies zwar im höchsten Maße unwahrscheinlich: Alle darüber hinaus führenden Spekulationen gehören bereits ins Reich der »reinen« Science-Fiction. Aber auch hier läßt sich schließlich noch recht präzise phantasieren, wie vor allem Fred Hoyle gezeigt hat. Mit einigen seiner hochinteressanten »Phantastereien« wollen wir uns ausführlicher beschäftigen (s. Seite 145 f.).
Der Mensch hat also sein *Gehirn,* das Organ zum Überleben, *zweckentfremdet,* um »logisch« zu denken. Er hat aber z. B. auch seine *Sexualität zweckentfremdet,* um »nur« zu lieben. Betreibt man Mathematik oder exakte Naturforschung, so denkt man primär *nicht* an Chancen des Überlebens. Liebt man, so hat man *nicht* unbedingt die Nachkommenschaft im Auge. Weder die eine noch die andere Zweckentfremdung ist »verderblich«. Im Gegenteil: Ohne diese Zweckentfremdungen wäre es auf unserem Planeten längst zu Katastrophen gekommen.

▶

»Das Mathematische versteht sich immer von selbst«, wenn man sich mit den Gesetzen von Raum, Zeit und Materie beschäftigt – meinte zumindest Hermann Weyl.

$$\frac{1}{\sqrt{g}}\frac{\partial}{\partial x_k}\left(\sqrt{g}\cdot g^{ik}\begin{Bmatrix} i\,r \\ r \end{Bmatrix}\right) = g^{ik}\frac{\partial}{\partial x_k}\begin{Bmatrix} i\,r \\ r \end{Bmatrix} + \begin{Bmatrix} i\,r \\ r \end{Bmatrix}\frac{1}{\sqrt{g}}\frac{\partial\left(g^{ik}\sqrt{g}\right)}{\partial x_k}$$

ist danach das letzte Glied

$$= -\begin{Bmatrix} i\,r \\ r \end{Bmatrix}\begin{Bmatrix} r\,s \\ i \end{Bmatrix} g^{rs} = -\begin{Bmatrix} r\,s \\ s \end{Bmatrix}\begin{Bmatrix} i\,k \\ r \end{Bmatrix} g^{ik},$$

anderseits in

$$\frac{1}{\sqrt{g}}\frac{\partial}{\partial x_r}\left(\sqrt{g}\cdot g^{ik}\begin{Bmatrix} i\,k \\ r \end{Bmatrix}\right) = g^{ik}\frac{\partial}{\partial x_r}\begin{Bmatrix} i\,k \\ r \end{Bmatrix} + \begin{Bmatrix} i\,k \\ r \end{Bmatrix}\frac{1}{\sqrt{g}}\frac{\partial\left(g^{ik}\sqrt{g}\right)}{\partial x_r}$$

der zweite Term rechts

$$= \begin{Bmatrix} i\,k \\ r \end{Bmatrix}\left(-2g^{is}\begin{Bmatrix} s\,r \\ k \end{Bmatrix} + g^{ik}\begin{Bmatrix} r\,s \\ s \end{Bmatrix}\right) = g^{ik}\left(\begin{Bmatrix} i\,k \\ r \end{Bmatrix}\begin{Bmatrix} r\,s \\ s \end{Bmatrix} - 2\begin{Bmatrix} i\,r \\ s \end{Bmatrix}\begin{Bmatrix} k\,s \\ r \end{Bmatrix}\right).$$

Somit ist bis auf ein über die Begrenzung sich erstreckendes Integral

$$\int g^{ik}\left(\frac{\partial}{\partial x_k}\begin{Bmatrix} i\,r \\ r \end{Bmatrix} - \frac{\partial}{\partial x_r}\begin{Bmatrix} i\,k \\ r \end{Bmatrix}\right)d\omega = 2\int g^{ik}\left(\begin{Bmatrix} i\,k \\ r \end{Bmatrix}\begin{Bmatrix} r\,s \\ s \end{Bmatrix} - \begin{Bmatrix} i\,r \\ s \end{Bmatrix}\begin{Bmatrix} k\,s \\ r \end{Bmatrix}\right)d\omega\,;$$

$$\left(d\omega = \sqrt{g}\,dx_0\,dx_1\,dx_2\,dx_3\right)$$

daher, wie an erster Stelle behauptet,

$$\int R\,d\omega = \int H\,d\omega\,.$$

Für die Variation

$$\delta\int H\,d\omega = \int\delta\mathfrak{H}\,dx \qquad \left(\mathfrak{H} = H\sqrt{g}\right)$$

finden wir

$$\delta\mathfrak{H} = \delta\left(\sqrt{g}g^{ik}\begin{Bmatrix} i\,k \\ r \end{Bmatrix}\right)\cdot\begin{Bmatrix} r\,s \\ s \end{Bmatrix} + \delta\left(\sqrt{g}g^{ik}\begin{Bmatrix} r\,s \\ s \end{Bmatrix}\right)\cdot\begin{Bmatrix} i\,k \\ r \end{Bmatrix} - \begin{Bmatrix} i\,k \\ r \end{Bmatrix}\begin{Bmatrix} r\,s \\ s \end{Bmatrix}\delta\left(\sqrt{g}g^{ik}\right)$$
$$- 2\begin{Bmatrix} i\,r \\ s \end{Bmatrix}\delta\left(\sqrt{g}g^{ik}\begin{Bmatrix} k\,s \\ r \end{Bmatrix}\right) + \begin{Bmatrix} i\,r \\ s \end{Bmatrix}\begin{Bmatrix} k\,s \\ r \end{Bmatrix}\delta\left(\sqrt{g}g^{ik}\right).$$

Das 4. Glied kann geschrieben werden

$$-\begin{Bmatrix} i\,r \\ s \end{Bmatrix}\delta\left(\sqrt{g}g^{ik}\begin{Bmatrix} k\,s \\ r \end{Bmatrix} + \sqrt{g}g^{rk}\begin{Bmatrix} k\,s \\ i \end{Bmatrix}\right) = -\begin{Bmatrix} i\,k \\ r \end{Bmatrix}\delta\left(\sqrt{g}g^{is}\begin{Bmatrix} s\,r \\ k \end{Bmatrix} + \sqrt{g}g^{ks}\begin{Bmatrix} s\,r \\ i \end{Bmatrix}\right)$$

und vereinigt sich mit dem zweiten zu

$$\begin{Bmatrix} i\,k \\ r \end{Bmatrix}\delta\frac{\partial\left(g^{ik}\sqrt{g}\right)}{\partial x_r}\,;$$

das erste aber wird bei geeigneter Abänderung der Indizesbezeichnung

$$= -\begin{Bmatrix} i\,r \\ r \end{Bmatrix}\delta\frac{\partial\left(g^{ik}\sqrt{g}\right)}{\partial x_k}.$$

Durch Vertauschung von Differentiation und Variation und nachfolgende partielle Integration ergibt sich daher

$$\delta\int H\,d\omega = \int\left(\frac{\partial}{\partial x_k}\begin{Bmatrix} i\,r \\ r \end{Bmatrix} - \frac{\partial}{\partial x_r}\begin{Bmatrix} i\,k \\ r \end{Bmatrix} + \begin{Bmatrix} i\,r \\ s \end{Bmatrix}\begin{Bmatrix} k\,s \\ r \end{Bmatrix} - \begin{Bmatrix} i\,k \\ r \end{Bmatrix}\begin{Bmatrix} r\,s \\ s \end{Bmatrix}\right)\cdot\delta\left(g^{ik}\sqrt{g}\right)\cdot dx$$
$$= \int R_{ik}\,\delta\left(g^{ik}\sqrt{g}\right)dx = \int\left(R_{ik} - \tfrac{1}{2}g_{ik}R\right)\delta g^{ik}\,d\omega\,.$$

Und noch sind die Gefahren, wie man weiß, nicht global gebannt: Manches, was in zweckentfremdeten Forscherhirnen ausgebrütet wird, ist zwar »ein Triumph des Verstandes, aber ein tragisches Versagen der Vernunft«. (Der Physiker Max Born hat dies übrigens auf die *Weltraumfahrt* gemünzt!) Naheliegender ist hierbei allerdings das Beispiel des *atomaren Wettrüstens* der Supermächte. Falls zudem die derzeitige *Geburtenrate* nicht durch entsprechende Kontrollen stark gesenkt wird, ist im Jahre 2116 für jeden Menschen auf dem irdischen Festland gerade noch ein »Stehplatz« übrig ...

Wissenschaft *und* Liebe als zweckentfremdete, »umfunktionierte« Erzeugnisse unserer geistigen und biologischen Evolution – können sie die Menschheit wirklich vor Katastrophen schützen? Die exakte Forschung vermag darauf keine schlüssige Antwort zu geben: Die Fragestellung überschreitet ihre Kompetenzen. Nur die *Philosophen* können zu diesem Thema mehr oder weniger klar spekulieren.

Ein Vertreter dieser Zunft hat es in einer im Jahre 1752 erschienenen Science-Fiction-Erzählung recht vernünftig getan, François-Marie Arouet, genannt Voltaire: In seiner bitterbösen Satire »Mikromegas« läßt er einen riesengroßen Bewohner des »Planeten Sirius« mit einem Vergrößerungsglas ein Schiff voller Menschen entdecken. Er mahnt die »klugen Stäubchen« vom Planeten Erde:

»Da ihr so wenig Materie an euch habt und ganz aus Geist zu bestehen scheint, müßt ihr doch euer Leben damit verbringen, zu *lieben* und zu *denken;* denn das ist das wahre Leben des Geistigen.«

Daß es mit diesem »wahren Leben des Geistigen« auf Erden noch ziemlich hapert, braucht nicht eigens betont zu werden: Die »klugen Stäubchen« sind als direkte Nachfolger der Jäger aus den Stammeshorden noch immer ganz schön aggressiv. »Aber es ist ja auch gar nicht notwendig, daß die Menschen mit einem einzigen Schritt den Charakter von Engeln – oder Schafen – erwerben«, witzelte Dennis Gabor: »Innerhalb der Nationen haben Solidarität und Zusammenarbeit trotz beständiger Reibereien bereits große Fortschritte gemacht. Für die Gegenwart und die nächste Zukunft müssen wir schon zufrieden sein, wenn auch auf internationaler Ebene ein wenig von diesem Geist der Zusammenarbeit entwickelt wird – gerade genug, um eine Katastrophe zu verhindern, die doch niemandem eine Triebbefriedigung bringen könnte.«

Inwieweit wir dieses von Voltaire zitierte »Lieben und Denken« bei

Bereits im Jahre 1752 hatte François-Marie Arouet, genannt Voltaire, eine »Science-Fiction-Geschichte« erzählt: In seiner Satire »Mikromegas« läßt er einen Sirius-Bewohner den Planeten Erde entdecken.

eventuellen Gesprächspartnern im interstellaren Funkverkehr erhoffen dürfen, wissen wir nicht. (In der »billigen« Science-Fiction-Literatur, die per Heftchen geliefert wird, sind Außerirdische ja zumeist hoffnungslos böse und haben nur eines im Sinn – die Menschheit zu vernichten.) Mit der *sexuellen* Basis sollten wir jedoch, wie bereits angedeutet, nicht unbedingt rechnen, wenn's ums Vokabular der »Liebe« gehen soll (vgl. Seite 92 und s. Seite 181 f.): Ob unsere Sexualität eine universelle Angelegenheit ist, wissen wir einfach noch nicht. Dagegen sind die logischen und mathematischen Denkergebnisse ganz gewiß *universell,* wie wir gesehen haben. Zum großen Leidwesen manches Lesers: Wir kommen eben immer wieder auf die *Mathematik* zu sprechen, die ja auch Grundlage von LINCOS ist, einer möglichen Sprache mit außerirdischen Intelligenzen im Kosmos.

6.2 Wie »klug« ist die »tote« Natur?

Die »kombinierte Zweckentfremdung« von Gehirn und Sexualität, die den Menschen – nicht nur nach Voltaires Meinung übrigens – zum »wahren Leben des Geistigen« führen kann, ist eine spekulative Überlegung, die manchen Leser vielleicht verwundert oder gar verwirrt. Wir sagten es schon: Als »vernünftiges Tier« versuchte bereits der Philosoph Aristoteles den Menschen zu »definieren«. (Was die moderne Naturforschung von solchen »Definitionen« hält, können Sie übrigens ausführlich in dem bereits mehrfach erwähnten Band »Denkspiele vom Reißbrett« nachlesen.) In der Tat hat der Mensch unter seinen tierischen Verwandten, den »Primaten« (Halb-, Tier- und Menschenaffen, Mensch) »am meisten Hirn«: Er besitzt *das größte Gehirn.* Ein bißchen ironisch, aber doch treffend stellte der englische Zoologe Desmond Morris in seinem Buch »Der nackte Affe« fest: Dieser Mensch sei es obendrein, der »die Tatsache zu verheimlichen sucht, daß er auch *den größten Penis* hat«. Erst die *kombinierte Zweckentfremdung von Gehirn und Sexualität* erklärt vielleicht die *geistige Evolution* des Homo sapiens so einigermaßen.

Aber wie auch immer es sein mag: In der jetzigen Spekulation geht es nach wie vor um die mögliche Kontaktaufnahme mit außerirdischen Intelligenzen auf der Basis von gefunkten LINCOS-Botschaften. Daher muß einiges zum Thema »Lernen« bzw. »Intelligenz« gesagt werden.

Da psychologische *Intelligenztests* immer beliebter und bekannter werden, glauben viele Leute, der sogenannte *»Intelligenzquotient«,* kurz »IQ« genannt, gebe eine objektive Wertskala ab, wie »gescheit« oder »klug« jemand sei. Doch eine solche »Schlußfolgerung« im Rahmen der allgemeinen »Testitis« stimmt nicht: Der »IQ«, an einem erwachsenen Menschen gemessen, ist nicht viel mehr als ein *relatives Maß für die Position dieses Menschen innerhalb einer bestimmten Gruppe von Menschen,* bezogen auf seine »geistigen Fähigkeiten«. Das »rein intellektuelle« Vermögen eines Menschen soll dabei getestet werden, ohne daß sein bloßes Erfahrungswissen, seine Neigungen, seine ethischen Qualitäten, sein Sozialverhalten usw. auch nur irgendeine Rolle spielen.

Wie schwierig es ist, aus all diesen menschlichen Fähigkeiten »die« Intelligenz »als solche« herauszudestillieren, soll hier nicht diskutiert werden: Einleuchtend dürfte wohl sein, daß es auf IQ-Basis ziemlich

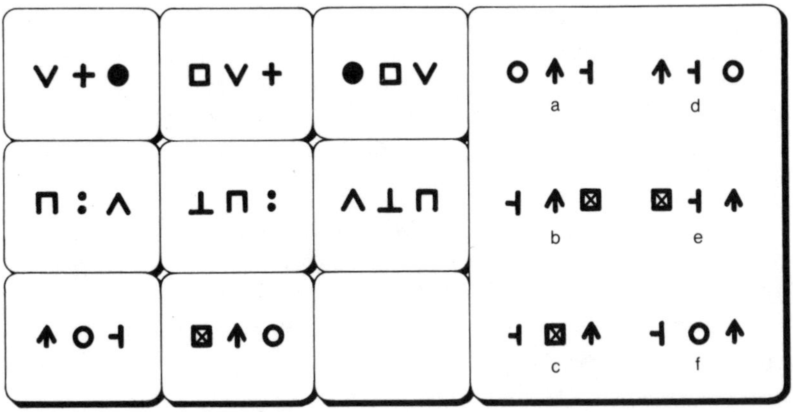

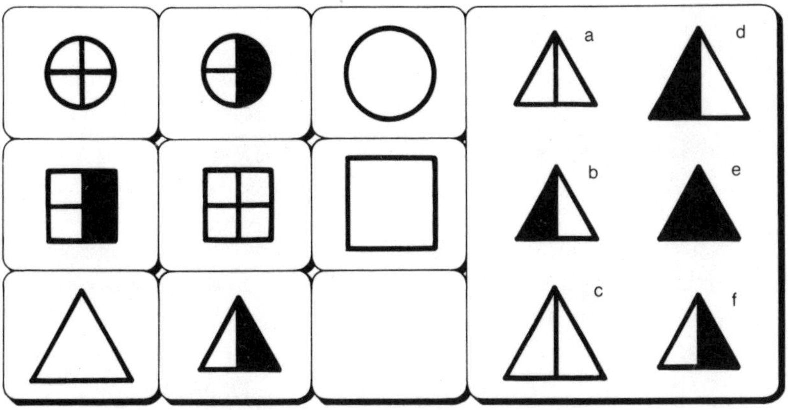

Mit solchen Prüfungsaufgaben versucht man in der modernen Psychologie, die »Intelligenz« eines Menschen zu »messen«: Der Intelligenzquotient (IQ) ist dabei ein relatives Maß für die Position eines Menschen innerhalb einer Gruppe von Menschen.

aussichtslos wäre, nach einer Art von »kosmischer Intelligenz« zu fragen, nach einer »universellen Geistigkeit«. IQ-Tests beziehen sich ja immer nur auf *Menschen* – auf Menschen einer bestimmten Altersgruppe, bestimmter kultureller und soziologischer Gruppen obendrein. IQ-Messungen kann man – derzeit zumindest – weder an anderen »begabten« Lebewesen noch an sonstigen technischen »Systemen« vor-

nehmen, denen man eine gewisse »Intelligenz« vermutlich nicht absprechen kann: Viele *Lernprozesse* von Schimpansen oder Computern (!) sehen schon verblüffend »intelligent« aus ...
Für viele Menschen ist dieser Gedanke noch ziemlich ungewohnt oder gar unheimlich: Ein Affe oder – nicht auszudenken! – eine Maschine, die »Intelligenz« aufweist! Zur *Begriffserklärung* gilt es da zunächst, einen wichtigen Unterschied zu machen, der vor allem durch die moderne *Linguistik* klar herausgearbeitet wurde: Man muß zwischen *Sprache* und *Sprechen* (»Rede«) ganz klar unterscheiden. Im Deutschen liegt diese Verwechslung näher als in anderen Sprachen, wo man im Englischen z. B. deutlich zwischen »language« und »speech« oder im Französischen zwischen »langue« und »parole« differenziert. Für die »Intelligenzbewertung« eines *Schimpansen* ist das jedoch ungemein bedeutsam. Wieso?
Diesem »nächsten Verwandten« des Menschen unter den Primaten fehlt zwar das *Sprech*vermögen, er besitzt jedoch klar ein *Sprach*vermögen. Grob gesagt: Ein Schimpanse kann *mit Symbolen manipulieren.* Wie sieht das aus? Im amerikanischen Santa Barbara, an der University of California, gelang es dem Psychologen David Premack, eine Schimpansin auf ein Symbolrepertoire von rund 120 »Bedeutungen« zu trimmen. Diese Affendame namens »Sarah« verknüpfte nach ihrem »Unterricht« Dinge, Eigenschaften von Dingen und Beziehungen (Relationen) zwischen Dingen mit bestimmten Symbolen: Einen Apfel lernte Sarah z. B. stets mit dem Symbol blaues Dreieck zu verknüpfen. Damit »benannte« sie praktisch den Apfel: »Signal blaues Dreieck heißt für mich (immer) Apfel«, artikulierte Sarah mit ihrem Tun. Aber nicht nur *Dinge* wie Äpfel, sondern auch deren *Eigenschaften* wie »rot« oder »grün«, Beziehungen *(Relationen)* wie »... ungleich ...« lernte Sarah mit Hilfe einfacher Symbole (Plastiktäfelchen) auszudrücken ...
Das ist nun in der Tat höchst erstaunlich: Damit ist nämlich ein deutlicher Ansatzpunkt dafür aufgezeigt, daß nicht nur der Mensch *über Sprache »sprechen«* kann. Sarah hat zumindest etwas »über Sprache zur Sprache gebracht« mit ihren Operationen: Sie hat, wie wir bei Menschen sagen würden, »reflektiert«, nämlich von einem Zeichen (»Apfel«) zu einem anderen Zeichen (»blaues Dreieck«) eine umkehrbar eindeutige Zuordnung geschaffen. Die *Sprach*artikulation des Affenweibchens lag damit *über* der *Sprech*artikulation eines »normalen« zweijährigen Kindes ...

Der amerikanische Psychologe D. Premack hat bei einer Schimpansin effektives Sprachvermögen nachgewiesen: Das Tier konnte so weit trainiert werden, daß es mit Symbolen manipuliert.

Es dürfte schwierig sein, diese erstaunliche Leistung als »bloße« Dressur abzutun, als stupiden »Drill« (vgl. Seite 120). Unsere äffische Verwandtschaft ist also weitaus weniger »dumm«, als man schlechthin annimmt. Aber wie sieht es mit den *Computern* aus? Gibt es wirklich »kluge« Maschinen?
Tatsächlich gibt es bereits eine Reihe von *Computer-Programmen*, bei denen man – vielleicht ein wenig voreilig – von *»künstlicher Intelligenz«* spricht: Zwar kann man diese Maschinen durchaus *»lernende* Automaten« nennen, weil in vielen Computerprogrammen Prozesse auftreten, die einem »Lernen« im Sinne von Verhaltensänderung entsprechen (vgl. Seite 120). Aber unseren Computer-Experten ist es bisher einfach noch nicht gelungen, ein Programm zu entwickeln, das *selbständig* eine *wirkliche Verbesserung* seiner eigenen Programmstruktur vornehmen könnte, wie das z. B. der Schimpansin Sarah gelungen ist.

Lernfähig sind diese Automaten allerdings: Ein mehr oder weniger zufälliges Herumprobieren (englisch: »trial-and-error«) ist leicht programmierbar. Andere Computerprogramme beruhen z. B. auf dem Prinzip des *bedingten Reflexes,* den der russische Physiologe Iwan Pawlow zuerst bei Tieren beobachtet, beschrieben und experimentell erprobt hat. Die Pawlowschen »Hundeversuche« sind ja weltberühmt geworden. Es gibt auch schon zahlreiche »verständliche« Schilderungen des wichtigsten Versuchs, bei dem ein Hund *lernt,* daß ein Glokkenzeichen die Bedeutung »Futter« haben kann (vgl. z. B. »Knaurs Buch vom neuen Lernen«). Was für unsere Betrachtung wichtig ist: *Techniker* können heute Maschinen, »lernende Automaten«, bauen, deren Verhaltensweise genau dem Hund im Pawlowschen Versuch entspricht. Das ist keineswegs furchteinflößend: Vom »klugen Roboter«, der uns an Intelligenz übertrifft, sind wir noch weit entfernt ... Aber wie gesagt: Diese Apparaturen sind künstliche technologische Gebilde, die effektiv *lernen* können. Neben diesen lernenden Automaten gibt es aber auch eine Reihe von »natürlichen« *lernfähigen Makromolekülen.* Und das ist in der Tat vielleicht erstaunlicher: Diese »Systeme« sind nämlich weder im Zustand des »Lebendigen« wie Tiere noch sind sie von Menschenhand künstlich entworfen wie Computerprogramme. Sie sind »tot«, aber lernfähig. Anders gesagt: Etwas, das nach unseren Vorstellungen natürliche, »tote« Materie ist, ist imstande, einen *Lernprozeß* zu bewältigen. Wie sieht das aus?

Ein einfaches Beispiel: Ziemlich *komplexe Moleküle,* »Polyzucker-Carbonsäuren« genannt, lassen sich etwa gleich gut mit Wasser oder Alkohol behandeln, mit chemisch recht einfachen Substanzen also. Übrigens wissen wir bereits, daß Moleküle solch einfacher Bauweise fast überall im Universum zu finden sind (vgl. Seite 36). Wir haben sie daher »Weltraum-Moleküle« genannt. Doch das nur nebenbei. Nach dieser wäßrigen oder alkoholischen Behandlung kann man die Proben der Makromoleküle immer wieder »austrocknen«. So weit, so gut.

Man kann nun jedoch folgendes erstaunliche Experiment machen: Zwei Proben von Salzen der Polyzucker-Carbonsäuren werden immer wieder jeweils mit Wasser *oder aber* mit Alkohol behandelt und zwischendurch auch immer wieder getrocknet. Dieses Spiel wiederholt man ungefähr zehnmal. Die eine Probe der Salzkristalle wird also auf die Aufnahme von Wasser »trainiert«, die andere auf die Aufnahme von Alkohol.

Nach diesem »Trainingsvorgang« tritt bei den Molekülen eine interessante *Verhaltensänderung* auf, die man durchaus »Lernen« nennen kann: Diejenige Probe, die immer wieder Alkohol »getrunken« hat, ist jetzt nämlich an Alkohol »gewöhnt«. Praktisch sieht das so aus: Setzt man dieser Probe ein Wasser-Alkohol-*Gemisch* vor, so bevorzugt sie nun eindeutig den *Alkohol* gegenüber dem Wasser. Die Probe ist gleichsam ein »gelernter Säufer« geworden – was sie *vor* ihrer Behandlung ja noch *nicht* war. Natürlich ist das auf den ersten Blick nicht gerade ein aufregender Lernvorgang dieser »toten« Materiebrocken. (Für »verwerflich« sollte man dieses »Saufenlernen« eines komplexen Moleküls allerdings auch nicht halten.) Was ist geschehen? Die *räumliche Gruppierung der Bauelemente im Makromolekül* hat sich durch das ständige »Besäufnis« so *verändert,* daß es *nach* seiner Behandlung *anders* reagiert als *vorher:* Eine Verhaltensänderung (»Lernen«) ist eingetreten.

Nach mehrmonatiger Lagerung in trockenem Zustand »vergißt« die Probe übrigens wieder, daß sie einst einmal Alkohol bevorzugte: Sie hat diese ungewöhnliche Verhaltensänderung »vergessen« oder »verlernt« und reagiert wiederum völlig »normal«.

Was soll diese Geschichte vom »versoffenen« Makromolekül im Rahmen unserer Spekulation, ob es so etwas wie eine »kosmische Intelligenz« geben könne? Vielleicht ist sie ein winziger Ansatzpunkt dafür, daß eine außerirdische Intelligenz nicht unbedingt ein »*Lebe*wesen« in dem von uns gebrauchten Sinn zu sein braucht. Vielleicht müssen wir mit »Gesprächspartnern« beim Weltraumfunk rechnen, die *uns überhaupt nicht ähnlich* sind – ja die in unserem Sinne womöglich sogar »tot« sind, niemals »gelebt« haben ...

Das hört sich für jemanden, der auf seinen »gesunden Menschenverstand« stolz ist und nur ihm vertraut, wohl ziemlich absurd an. Aber die Phantasie vieler Wissenschaftler hat sich auch schon an solchen Spekulationen entzündet. Wir werden im Laufe unserer Betrachtungen noch ausführlich Gelegenheit haben, auf solchen »spintisierenden Denkpfaden« zu wandeln. Zumindest gilt für solche »Phantastereien«, die mit überzeugender Präzision gesponnen sind, was man über jede andere Spekulation auch sagen kann: Sie mögen *sinnlos,* brauchen aber *nicht wertlos* zu sein. Anders ausgedrückt: Es sind Gedankengänge von widerspruchsfreier Geschlossenheit, mit einer »inneren Logik« gleichsam, zu-recht-phantasiert von »gescheiten Spinnern« ...

Doch bleiben wir vorläufig noch auf dem Boden unserer – irdischen – Tatsachen: Mit der Verhaltensänderung der »toten« Kristalle, die »lernen«, Alkohol bevorzugt aufzunehmen, haben wir ein einfaches »organisiertes System« kennengelernt, das *strukturchemisch* leicht zu erklären ist: Die *räumliche* Gruppierung der Molekülbausteine ändert sich »zweckgebunden«, »zielorientiert« auf den Einbau von Alkohol-Molekülen hin. Dieser räumliche »Umbau« hat klare Auswirkungen auf das Verhalten des Makromoleküls: Es »bevorzugt« Alkohol, weil diese Moleküle besser ins veränderte Makromolekülgerüst passen als die jetzt »sperrigen« Wassermoleküle.
Das Wort »*struktur*chemisch« führt heute jeden Naturforscher »automatisch« zur *Mathematik als Lehre von den Strukturen:* Es ist allgemein bekannt, daß jede exakte Naturforschung durch und durch mathematisiert ist. Das gleiche gilt für die *Informationstheorie,* die nicht zuletzt von hervorragenden Mathematikern entwickelt wurde, z. B. von Norbert Wiener in den USA und von A. N. Kolmogoroff in der UdSSR. Nicht ganz uninteressant ist in diesem Zusammenhang, daß man den Prozeß der »Umstrukturierung« unseres alkoholisierten Makromoleküls auch als *Speicherung von Information* sehen kann.
Grob skizziert sieht das etwa so aus: Der Normalzustand **0** des Systems (Wasser und Alkohol werden gleichermaßen vom Molekül aufgenommen) geht über in einen außergewöhnlichen Zustand **1** (Alkohol wird bevorzugt aufgenommen). Aufgrund dieser Informationsspeicherung durch einfache Verschiebungen der Molekülbausteine ändert sich dann das »Verhaltensprogramm« des gesamten Systems, des Makromoleküls. Wäre dieser »Programmwandel« eine »echte« Verbesserung der eigenen Programm*struktur,* könnte man bereits von »Intelligenz« sprechen (vgl. Seite 132).
Vielleicht hat Sie dieser Ansatzpunkt für Spekulationen über ein »Wesen«, das zwar nicht »lebt«, aber doch »intelligent« sein könnte, nicht ganz überzeugt? In der Tat ist diese natürliche »Programmierung« eines Salzkristalls nicht gerade überwältigend: Von einem »klugen« Makromolekül werden wir kaum reden wollen. Aber es zeigt sich doch immerhin, daß *»tote« Dinge zu Verhaltensmustern fähig* sind, die wir ihnen auf den ersten Blick nicht zutrauen. Noch einleuchtender ist in diesem Fall vielleicht das von vielen Dichtern »besungene« Spiel von Wind und Wellen, das man auch wieder informationstheoretisch betrachten kann.

Schneewehen in Ebenen, *Sandwellen* in Flußläufen oder Wüsten sind beispielsweise *»tote« Informationssysteme,* die oft beachtliche Verhaltensweisen zeigen: Nach welchen Spielregeln türmen sich solche Gebilde eigentlich auf? Um dies einigermaßen präzise zu beschreiben, braucht der Naturforscher schon eine recht beachtliche mathematische Apparatur. (Auch Geographen müssen heutzutage gute Mathematiker sein.) Begnügen wir uns wieder mit einer Schmierskizze: Auf dem Sandgrund eines seichten, mäßig strömenden Gewässers hat sich eine Sandwelle gebildet. Es dauert nicht lange, bis die Wasserstrudel, die sich im »Strömungsschatten« dieses Hügelchens gebildet haben, eine neue Sandwelle formen.

Wie funktioniert das? Die von der Strömung hochgewirbelten Sandkörnchen dienen gleichsam als »Informationsträger« für den Bau des »jungen« Hügels, für die »Reproduktion« der primären Sandwelle. Sie transportieren die »Nachricht« für den »Neubau« in *codierter Form* (vgl. Seite 58). Der *Code* steckt dabei in der »natürlichen Bauweise« der Sandkörnchen, in ihrer *chemischen Struktur* also. Dieser Vorgang wiederholt sich meistens mehrfach: Die durchschnittliche Weglänge der Teilchen, die »Informationsträger« spielen, bestimmt jeweils den Abstand der neuen Hügel von der Primärwelle: Jedenfalls wird der stromabwärts liegende Flußgrund nicht »blindlings« (zufällig), sondern recht »gezielt« mit Sandkörnern beschwemmt. Wer »programmiert« das Ganze?

Ein »Programmspeicher« im computer-technologischen Sinne ist hier selbstverständlich nicht vorhanden: Doch die durch die *chemischen Bausteine* bestimmte *Struktur* des Gesamtsystems reguliert das gar nicht so simple »Programm« dieses Ablaufes: Da gibt es »positive Rückkopplungen«, bei denen gleichsam der nachrichtliche »Befehl« gegeben wird, daß die »Störung« (neue Sandwelle) ausgebaut wird. Das besorgen die als »Informationsträger« arbeitenden Bündel von Sandkörnchen ähnlich wie im Fall des »negativen Rückkoppelns«, wo das »Hindernis« schließlich abgebaut wird.

Aufgrund der endlichen »Signalgeschwindigkeit« all dieser »Befehle« vom »Mutterhügel« aus kann es zu erheblichen Störungen kommen, so daß dieses System ständig um einen »Sollwert« pendelt und der neue Hügel entweder völlig abgetragen oder viel zu hoch aufgetürmt wird. In solchen Fällen kann es zu den bekannten »natürlichen« Katastrophen kommen: Versickerungen, Überschwemmungen usw. Ähn-

liche Mechanismen treten, wie gesagt, bei Schneeverwehungen oder an Dünen in Sandwüsten und an Meeresküsten auf.
»Keiner kann aus seiner Haut«, sagt der Volksmund: »Die *Struktur* des Systems bestimmt seine Verhaltensweise«, heißt es in der modernen Naturforschung. Ist es da wirklich nicht vorstellbar, daß hochkomplizierte Strukturen der Materie einfach zu einer Eigenschaft führen müssen, die wir »lernfähig« oder »intelligent« nennen – und zwar überall dort im Universum, wo sich solche komplizierte materielle Gebilde bilden können?
Ganz so abwegig ist dieser Gedanke bestimmt nicht: In einer Literaturgattung, die recht allgemein und unverbindlich *»Science-Fiction«* heißt, kann man auf solche Spekulationen stoßen: Was will diese »Wissenschaftsdichtung«? Ist sie lediglich eine neue Form des Märchenerzählens? Sind Science-Fiction-Stories einfach Krimis, bei denen die Täter »kleine grüne Männchen« sind? Mehr davon in der folgenden Spekulation.

Siebte Spekulation:

»Science« plus »Fiction« gleich »Science-Fiction«?

7.1 Die Information steckt in der Nachricht

Die Physiker, so sagt man bisweilen, beschäftigen sich ausschließlich mit »toter« Materie, mit dem »Nicht-Lebendigen« im Universum: Körper, die »nichts als Körper« sind, das sei das Arbeitsfeld des Physikers. Die Sache mit der »Nicht-Lebendigkeit« ist nun aber höchst verzwickt, wie wir gesehen haben: Was heißt schon »lebendig«? Der Zirkel ist offenkundig: Wer nicht weiß, was »das Lebendige« ist, kann schließlich auch nicht »definieren«, was das »Nicht-Lebendige« sein soll...

Seit den Arbeiten des griechischen Philosophen Aristoteles versucht man, das auf unserem Planeten Erde »Seiende« hierarchisch zu schichten: Ganz oben steht der *Mensch,* der sich vom Tier durch seine *Vernunft,* durch seinen »Geist« unterscheidet. (Aber sind Schimpansen, wie wir sie auf Seite 130 mit »Sarah« kennengelernt haben, wirklich »unvernünftig«?) Unter dem Menschen stehen die *Tiere,* die sich von den *Pflanzen* vor allem dadurch abheben, daß sie *Empfindung* besitzen. Ganz unten in dieser Hierarchie des irdischen Seienden steht die »tote« *Materie,* »bloßes« Gestein, das im Gegensatz zu den Pflanzen *»leblos«* ist: Wie alle anderen Dinge auf dieser Erde sind »Steine« *Körper,* aber eben »nichts als« Körper...

Dieser Stufenbau (Stein, Pflanze, Tier, Mensch) ist bisweilen recht *nützlich,* aber keineswegs so klar und übergangslos geschichtet wie ein Sandwich mit Brot-, Wurst- und Tomatenscheiben. Jedenfalls hat sich in unseren Betrachtungen herausgestellt, daß er uns hinsichtlich unserer Spekulationen nicht besonders voranbringt: Ein Schimpanse braucht nicht »geistlos«, ein »rein« materielles System nicht »leblos« zu sein. Was könnte uns weiterhelfen?

In den vorangegangenen Spekulationen war immer wieder einmal von »Nachricht«, von »Informationen« und »Code« die Rede: Das sind Fachausdrücke, »termini technici«, der *Nachrichtentechnik* und der *Informationstheorie.* Vielleicht ist es der Begriff *›Information‹*, der hier mit ins Gedankenspiel gebracht werden könnte?
Tatsächlich scheint diese *›Information‹* sich zu einem der wichtigsten Grundbegriffe der exakten Wissenschaft zu entwickeln und somit neben *›Masse‹* und *›Energie‹*, den Grundbegriffen der Physik, eine gewichtige Rolle zu spielen. Bekanntlich besitzt jeder Körper, der nichts als Körper ist, jedes materielle Gebilde, »Masse« in einem von der Physik wohldefinierten und quantitativ fixierten Sinne: Darüber ist heute in jedem vernünftigen Physikbuch ausführlich die Rede.
Die Masse jedes materiellen Dings steht mit der Energie, einer relativ abstrakten Größe, in ständiger Wechselwirkung: Strahlt z. B. irgendein Körper Wärme aus, so gibt er Energie ab. Das gilt für »tote« Körper (Kristalle) in gleicher Weise wie für »lebendige« Wesen. (Denken Sie in diesem Zusammenhang an den sehr verbreiteten Begriff der ›Körperwärme‹ bei Säugetieren aller Art.) Zwischen Masse (m) und Energie (E) besteht die berühmte Einsteinsche Beziehung

$$E = m \cdot c^2,$$

wobei c den Wert der Lichtgeschwindigkeit von rund 300 000 Kilometer pro Sekunde angibt. (Für Genauigkeitsfanatiker sei der Wert $c = [2{,}997925 \pm 0{,}000003] \cdot 10^8$ m/sec notiert.) Mit dieser riesigen Geschwindigkeit sausen, wie wir gesehen haben, die gebündelten Lichtimpulse oder »Photonen« durchs Weltall (vgl. Seite 26). Das Quadrat der Lichtgeschwindigkeit (c^2) verknüpft also Masse und Energie als konstanter Faktor.
Doch zurück zur »Information«: Erinnern Sie sich noch an das Motto für unsere Spekulationen über mögliche Funkkontakte zu außerirdischen Intelligenzen? Es lautete: »Nachrichten sind Symbole für Informationen, deren Bedeutung gelernt werden muß.« In jeder »konkreten« Nachricht steckt also stets *Information:* Das wird besonders bei der Geheimschreiberei deutlich, der bereits erwähnten »Kryptographie« (vgl. Seite 58). Aus einer verschlüsselt übermittelten *Nachricht* kann nur derjenige die mitgeteilte *Information* entnehmen, der im Besitz des Schlüssels ist, des »*Code*-Buchs«. Ansonsten kann man nur sagen: »Diese Nachricht gibt mir keine Information; sie ›sagt‹ mir nichts.«

Man braucht also den *Code,* um aus der *Nachricht* die *Information* zu entnehmen.
Dieser Code ist gleichsam ein Büchlein mit *Vorschriften,* wie ein gewisser Vorrat von Zeichen oder Symbolen in einen anderen Zeichenvorrat »abgebildet« werden soll. Anders gesagt: Man stellt hier eindeutige Zuordnungen zwischen den Zeichen der beiden »Vorräte« her – genauso wie es die Schimpansin Sarah bei ihrem Lernspiel macht.
Das klingt allerdings noch ziemlich abstrakt, so daß wir diese Sache mit einer Passage aus Jules Vernes berühmtem Roman »Reise zum Mittelpunkt der Erde« aus dem Jahre 1864 ein bißchen illustrieren wollen: Otto Lidenbrock, ein schrulliger, aber höchst unternehmungslustiger Professor der Geologie und Mineralogie, hatte in Hamburg eine alte isländische Handschrift antiquarisch gekauft. Sein Neffe berichtet:
»Ein schmutziges Pergamentstück war aus den Blättern herausgefallen und lag am Boden. Mit unbeschreiblicher Gier fiel mein Onkel über diesen Fetzen her. Eine alte Handschrift in einer alten Handschrift! Kostbarer kann es für einen Büchernarren nicht mehr kommen. Er glättete das Pergamentstück sorgfältig auf dem Tisch.
›Was ist das?‹ fragte er streng.
Ich wußte es nicht. Die Schriftzüge, die mir damals wie unverständliches Gekritzel erschienen, gebe ich hier so wieder, wie sie auf dem Zettel standen; vielleicht möchte sich einer der Leser daran versuchen, bevor er weiterliest:«

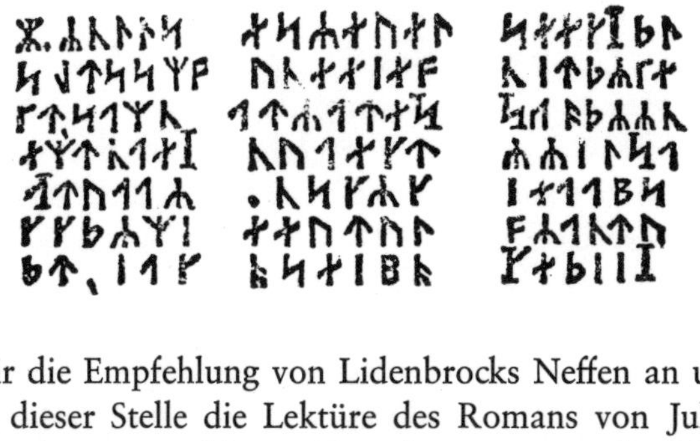

Nehmen wir die Empfehlung von Lidenbrocks Neffen an und unterbrechen an dieser Stelle die Lektüre des Romans von Jules Verne: Wie reagiert ein »vernünftiger« Mensch, wenn er auf solch ein »Gekritzel« stößt? Wird er überhaupt merken, daß dies eine »Botschaft«, eine *Nachricht* sein könnte?

Vermutlich doch: Da erkennt man jedenfalls eine klar *gegliederte* Ansammlung von *künstlich* erzeugten *Zeichen* (»Symbolen«), die zum Teil mehrmals erscheinen, z. B. Striche, Haken, Pfeile, Kreuze usw. Die Zeichen sind aus wenigen, kurzen Strichen »gemeißelt« wie Buchstaben. Sind es *Buchstaben?*

Dafür spricht schon einiges: Die Symbole sind regelmäßig angeordnet. Da gibt es drei Blöcke von jeweils sieben Zeilen, die wiederum aus sechs bis sieben Zeichen gebildet werden. Einige Zeichen ähneln stark unserem kleinen b, dem großen B, dem großen F, dem großen I usw. Wer noch Erinnerungen an die unheilvolle Nazi-Vergangenheit hat, erkennt vielleicht in der zweiten Zeile der vorderen Zeichenkolonne die gefürchtete »SS-Rune«.

Der Zettel mit dieser »Nachricht« fiel obendrein aus einer *altisländischen* Handschrift: Das läßt die Vermutung aufkommen, daß die Symbole *Runen* sind. Doch wer ist schon ein solcher »Schriftgelehrter«, daß er »Runisch« entziffern könnte? Wie der blitzgescheite Professor Lidenbrock in Jules Vernes Roman reagierte, schildert wieder sein Neffe:

»Lidenbrock sah sich die drei Kolonnen von Schriftzeichen eine Weile an und sagte dann:

›Es ist Runisch.‹

Mit seinen schmalen langen Fingern malte er die Zeichen in der Luft nach, während er sich auf die Lippen biß. Ich merkte, wie sein Zorn wuchs, da er die Schwierigkeiten des Textes nicht gleich im ersten Anlauf nehmen konnte.

›Es ist Altisländisch, verdammt noch mal!‹

Ich wußte, daß Lidenbrock diese Sprache beherrschte. Aber doch war er jetzt offenbar nicht in der Lage, den Text zu übersetzen.«

Ein deutscher Professor aus dem 19. Jahrhundert, dem solch ein Mißgeschick widerfährt, gerät natürlich in nicht gelinden Zorn. So diktierte Lidenbrock eine »Übersetzung« Buchstabe für Buchstabe ins vertraute Zeichenrepertoire des lateinischen Alphabets. Das sah dann ein wenig merkwürdig aus, so nämlich:

m.rnlls	esreuel	seecIde
sgtssmf	unteeief	niedrke
kt,samn	atrateS	Saodrrn
emtnael	nuaect	rrilSa

Atvaar	.nscrc	ieaabs
ccdrmi	eeutul	frantu
dt,iac	oseibo	KediiI

Der auf diese Weise entstandene »Text« war eigentlich so unverständlich wie zuvor: Eine sinnvolle Botschaft oder Nachricht in irgendeiner natürlichen Sprache war das selbstverständlich nicht. Auch im Altisländischen gibt es keine Wörter wie »sgtssmf« oder »ccdrmi«. Es mußte eine *Geheimnachricht* sein:
»Das nennen wir eine Geheimschrift, deren Sinn sich erst offenbart, wenn man die absichtlich verstellten Zeichen wieder ordnet.«
Jetzt galt es, den »Schlüssel« zu finden, was, wie sich herausstellte, auf Anhieb gar nicht so einfach war. Zunächst fand Professor Lidenbrock heraus, daß der Zettel mit der Geheimnachricht älteren Datums sein mußte als das Buch, das im 12. Jahrhundert verfaßt worden war: Es befand sich nämlich im Text ein Zeichen, das erst im 14. Jahrhundert ins Altisländische eingeführt wurde. Ein ehemaliger Besitzer der Handschrift mochte den Zettel beschrieben haben. Und tatsächlich fand der Professor auf der zweiten Seite des Buches den ausgebleichten Schriftzug:

Mit Hilfe der beiden Zeichentabellen können Sie – fast – selbst erraten, wie der Buchbesitzer hieß. Doch lesen wir weiter bei Jules Verne:
»›Arne Saknussemm!‹ rief Lidenbrock. ›Das darf doch wohl nicht wahr sein! Den kenne ich allerdings: Ein isländischer Name, ein Gelehrter des 16. Jahrhunderts, ein berühmter Alchimist. Ah, ihr Alchimisten! Avicenna, Bacon, Lullus, Paracelsus: Ihr wart die echten Gelehrten eurer Zeit! Euch sind die wahren Entdeckungen gelungen, die uns in Erstaunen setzen! Ich bin gespannt, Arne Saknussemm, welche Entdeckung du uns in verstellter Schrift mitzuteilen hast.‹«
Doch ganz so schnell gab der Alchimist sein Geheimnis nicht preis, wenn auch Professor Lidenbrock recht hoffnungsvoll begann:
»›Zuerst werden wir feststellen, in welcher Sprache dieses Dokument abgefaßt ist. Kinderleicht. Es enthält 132 Buchstaben: 79 Konsonanten und 53 Vokale. Der Singsang des Südens. Alle nördlichen Dialekte sind viel konsonantenreicher. Also eine *südliche Sprache*. Aber welche?

Kinderleicht. Saknussemm gehörte zu den gebildeten Leuten seines Jahrhunderts, und die schrieben *lateinisch*. Wir dürfen als selbstverständlich annehmen, daß der entschlüsselte Text in Latein geschrieben ist. Also verworrenes Latein: 132 Buchstaben in vollkommener Verworrenheit. Sowas Verworrenes habe ich überhaupt noch nicht gesehen. Geradezu wirr! Manche Gruppen: nur Konsonanten, rnlls zum Beispiel. Oder sgtssmf! Andere wieder überwiegend aus Vokalen, so eeutul, oseibo, ieaabs. Hm, natürlich ist das nicht von ungefähr so. Vielmehr *mathematisch genau*. Die Gruppen sind nach einem *mathematisch ausgeklügelten System* gebildet, erst normal geschrieben, dann nach der Chiffrieridee umgeformt. Diese Idee müssen wir finden! Das ist der Schlüssel.‹«

Die uns vertrauten Texte, ob sie nun deutsch oder englisch, schwedisch oder spanisch, russisch oder lateinisch, alt- oder neugriechisch geschrieben sind, werden bekanntlich allesamt von links nach rechts und Zeile für Zeile von oben nach unten gelesen. Natürlich ist das nicht in allen Kulturkreisen so: Die Araber schreiben und lesen von rechts nach links, die Japaner von oben nach unten. Was würden Sie z. B. mit folgenden Nachrichten anfangen:

»tnasseretnitsiethcihcseGsenreVseluJ«

oder

»JVshens
ueGiits
lrecsea
enshtrn
sectiet«?

Ganz einfach, wenn man erst einmal dahinterkommt: *»Jules Vernes Geschichte ist interessant«* steht da in jeweils recht simpler Verschlüsselung. Die erste Zeile ist einfach von rechts nach links zu lesen, der nachfolgende Buchstabenblock von oben nach unten, spaltenweise.

Vielleicht hat Arne Saknussemm seine Information nach dem zweiten Muster zur Geheimnachricht verschlüsselt? Professor Lidenbrock jedenfalls diktierte seinem Neffen folgenden Text einer vermuteten Entschlüsselung:

»messunkaSenrA.icefdoK.segnittamurtn
ecertserette,rotaivsadua,ednecsedsadne
lacartniiiluIsiratracSarbmutabiledmek
meretarcsilucoIsleffenSnI«

Wie man sich vorstellen kann, war die Enttäuschung über die vermeintliche »Dechiffrierung« groß. In Vernes Roman liest es sich so:
»Nach dem Diktat war mein Onkel Lidenbrock sofort aufgesprungen und beugte sich von hinten über mich, um mit mir im Zusammenhang zu lesen, was ich da geschrieben hatte. Offengestanden: Es sah mir nicht sehr sinnvoll und auch nicht sehr lateinisch aus.
Da erschütterte ein Faustschlag den Tisch, das Tintenfaß tanzte, und ich ließ vor Schreck die Feder fallen. Hinter mir warf mein Onkel die Arme in die Luft.
›Das ist Mist!‹ schrie er. ›Das hat dir der Teufel diktiert!‹
Dann schoß er wie eine Kugel durchs Kabinett, die Treppe hinab, durch die Haustür und die Königstraße hinunter, wurde kleiner und verschwand.«
Eine durchaus verständliche Reaktion für einen ebenso ehrgeizigen wie temperamentvollen Professor, der in einem neuerlichen Anlauf gescheitert war. Er rannte auf und davon, ohne das Dokument mit der Geheimnachricht mitzunehmen. Und dabei stand er der Lösung so nahe! Vielleicht haben Sie den Schlüssel gar schon selbst entdeckt? Ganz so schwierig ist es ja nicht mehr: Das »Rezept« ist eigentlich bereits verraten ...
Ersparen wir uns daher die aufwendige Schilderung des Findens der Lösung in Jules Vernes Roman und entschlüsseln das »ungeheuerliche Geheimnis« rascher, als es der Neffe tat: Man braucht die »vom Teufel diktierte« Nachricht lediglich »im Krebs«, d. h. *von hinten* zu lesen, und erhält dann folgenden »Klartext« in lateinischer Sprache:
»In Sneffels Ioculis craterem kem delibat umbra Scartaris Iulii intra calendas descende, audax viator, et terrestre centrum attinges. Kod feci. Arne Saknussemm.«
Zu deutsch heißt das ungefähr:
»Steige in den Krater des Sneffels-Gletschers, den der Schatten des Scartaris Ende Juli bestreicht. Dann, kühner Wandrer, gelangst du zum Mittelpunkt der Erde. Ich hab's getan. Arne Saknussemm.«
Natürlich brachte man sofort in Erfahrung, daß der »Sneffels« einer

der höchsten Berge Islands ist. Und es ist unschwer zu erraten, welche Aktionen diese entschlüsselte Information beim unternehmungslustigen Professor Lidenbrock auslöste ...

Dieser Anfang des Romans »Reise zum Mittelpunkt der Erde« von Jules Verne kann doch recht gut verdeutlichen, welche Zusammenhänge zwischen einer *konkreten Nachricht,* der darin enthaltenen *»abstrakten« Information* und dem sie verbindenden *Schlüssel* bestehen.

Mit recht ähnlichen Entzifferungsproblemen könnten eines Tages auch außerirdische Intellektuelle beschäftigt sein, wenn sie unsere LINCOS-Nachrichten empfangen. Gewiß: Ein bißchen verzwickter noch ist die »Auftreffsituation« in diesem Falle schon, wie wir ja ausführlich erläutert haben. Aber ganz nützlich war die Betrachtung der Verneschen Geschichte trotzdem: Wieder einmal hat sich gezeigt, daß elementare *mathematische* Gesichtspunkte beim Themenkreis Nachricht, Information und Code eine wichtige Rolle spielen (vgl. Seite 64). Mehr davon in späteren Betrachtungen ...

7.2 »Bastelanleitung vom Himmel«

Mit dem Roman »Reise zum Mittelpunkt der Erde« von Jules Verne aus dem Jahre 1864 haben wir mit einer Literaturgattung Bekanntschaft gemacht, die *»Science-Fiction«* heißt: »Science« ist im Englischen die exakte, mathematisierte Wissenschaft, während »Fiction« sowohl »Erfindung« als auch »Erdichtung« im Sinne eines Romans oder einer kürzeren Prosadichtung sein kann. Ist »Science-Fiction« also »Science« plus »Fiction« gleich »Wissenschaftsdichtung«?

Es wäre wenig fruchtbar, an dieser Stelle bereits mit einer »Definition« dieser Art von Literatur zu beginnen. Es gibt nämlich keine – oder anders gesagt: viel zu viele. Vom »amerikanischen Märchen« (Gotthard Günther) bis zur »Literatur eines neuen Renaissance-Menschentyps« (Alfred Bester) reicht die Skala der Charakterisierung von Science-Fiction. Vermutlich gilt wenigstens angenähert, was ein Autor dieser Literaturgattung, Theodore Sturgeon, sagt: »Neunzig Prozent davon taugt überhaupt nichts« ...

Bei der erstaunlichen »Schwemme« von zeitgenössischer Science-Fiction-Produktion bleibt allerdings noch ein gewichtiger Rest, der Be-

achtung verdient. Wir wollen »Science-Fiction-Geschichten« (kurz »SF-Geschichten«) bei unseren Betrachtungen lediglich anhand von Beispielen vorstellen, die – vom »Science-Gehalt« her besehen – in unsere Spekulation passen: Die Möglichkeiten der erörterten Gedankenspiele werden dabei von den Möglichkeiten der Erfahrung abgesteckt, die im Rahmen der modernen Naturforschung gegeben sind.
Eine These von Isaac Asimov soll als Richtschnur für unsere »SF-Benützung« dienen: SF-Literatur, so meinte Asimov, besitze »einen Sinn und einen *aufklärerischen Wert,* den keine andere Literatur gegenwärtig für sich reklamieren« könne. Mit Voltaires »Mikromegas« oder Vernes »Reise zum Mittelpunkt der Erde« hat sich dieser »aufklärerische Wert« schon ein wenig gezeigt. Auch das kurze Zitat aus Asimovs »Pebble in the Sky« war eine Andeutung dieses Sachverhalts (vgl. Seite 33).
Natürlich gibt es bereits zahlreiche SF-Geschichten, die sich »konkret« mit unserer bisherigen Spekulation zur Kontaktaufnahme mit extraterrestrischen Intelligenzen beschäftigen: Fast alle halten aber wenig oder gar nichts von den Erkenntnissen der exakten Naturwissenschaft. Die Phantastik ist überwiegend ungezügelt und durchbricht den »realistischen« Rahmen unserer Naturerkenntnis.
Anders ist das bei SF-Geschichten, wie sie z. B. von Fred Hoyle erzählt werden: So hat er gemeinsam mit John Elliot in den Jahren 1962 und 1964 zwei Erzählungen veröffentlicht, die sich dem Thema des interstellaren Funkkontaktes gewidmet haben, »A for Andromeda« und »Andromeda Breakthrough«. (Im Deutschen sind sie unter dem Titel »A wie Andromeda – Geheimbotschaft aus dem All« als SF-Roman erschienen, s. Literaturverzeichnis.) Mit der wissenschaftlich fundierten Phantastik dieser Geschichten wollen wir uns im folgenden beschäftigen. Die dramatische, im üblichen Sinne »romanhaften« Elemente werden dabei selbstverständlich völlig ausgeklammert. Etwas salopp gesagt: Wir wollen versuchen, aus Hoyles Science-Fiction das herauszudestillieren, was Science ist ...
Die SF-Geschichte beginnt fast alltäglich: Da steht in England ein neues großes Radioteleskop kurz vor der Inbetriebnahme. Im Kontrollraum, dem »Herz« des Radio-Observatoriums, herrscht fieberhaftes Treiben. Vor allem muß eine Reihe von Aufnahmetests abgewickelt werden. Aus den Lautsprechern tönen die üblichen Pfeifgeräusche, »die musikalische Untermalung des Universums«, hervorgerufen durch

die Radiostrahlung aus den verschiedenen Zonen des Weltalls. Für einen Laien klingt das recht wenig harmonisch, ungefähr wie die störenden Nebengeräusche aus einem Radioapparat. Plötzlich werden die Wissenschaftler aufmerksam: »Mitten in dem Krachen, Pfeifen und Zischen aus dem Lautsprecher war ein schwacher Einzelton zu hören, abgebrochen, immer wiederkehrend.«
Die Ortung ergibt, daß diese regelmäßigen Signale aus der Gegend des Sternbildes Andromeda kommen: Sind es lediglich irgendwelche natürlichen Geräuschüberschneidungen oder aber eine Art künstlich erzeugter »Morsezeichen«? Weitere Messungen ergeben, daß die Radioquelle dieser seltsamen Signale rund 200 Lichtjahre entfernt ist. Handelt es sich um eine interstellare Nachricht?
»Ich erkenne eine *Botschaft,* wenn ich auf eine stoße«, brummt Dr. John Fleming, Physiker und eigentlicher »Kopf« des Unternehmens, »außerdem hat diese etwas an sich, was mir noch nie zuvor begegnet ist. Zwischen den Längen und Kürzen ist eine phantastische Anzahl von Detailgeräuschen. Wir müssen besondere Aufnahmegeräte improvisieren, um sie festzuhalten.«
Eine echte Herausforderung für englische Ingenieurkunst: Man improvisiert – erfolgreich natürlich. Etwas mißtrauisch äußert sich der Vertreter der Ministerialbürokratie Ihrer Majestät, Staatssekretär Osborne vom Wissenschaftsministerium: »Ist es verständlich?« kommt die Frage mit lässiger Beamtenstimme, hoch und wiehernd. Dr. Fleming, wie alle besessenen Physiker ein »Freund« alles Beamteten, poltert:
»Wo denken Sie hin! Glauben Sie denn, der Kosmos ist von Pfadfindern bevölkert, die Morsezeichen senden?«
Diesen freundlichen Kommentar kennen wir bereits (vgl. Seite 64). Die »Botschaft« jedenfalls wird sofort aufgezeichnet. Ein wenig hilflos starrt der Herr Staatssekretär auf das Papier: »Wenn irgendwelche Lebewesen versuchen sollten, Verbindung aufzunehmen ... Nein, das ist Unsinn!«
Aber diese Möglichkeit wird von den anwesenden Wissenschaftlern durchaus nicht verworfen: Warum sollte es nicht auch woanders im Universum »Lebewesen« geben? Das Stichwort »Lebewesen« stachelt Fleming wieder zu einer boshaften Bemerkung auf: »Nicht andere Lebewesen! Andere *Intelligenzen!* Es brauchen keine kleinen grünen Männchen zu sein. Es braucht überhaupt kein organisches Leben zu

sein – nur eine andere Intelligenz.« Fleming entziffert schließlich LINCOS-ähnliche Botschaften, Mathematisches mit Dualzahlen (vgl. Seite 78 f.): »Die Philosophie ist niedergeschrieben in der Sprache der Mathematik. Mit dieser Sache – krach – brechen wir mitten durch!«
»Dienstlich und vernünftig zugleich« verfügt Osborne, der Staatssekretär, die Geheimhaltung: »Wir können diese unverdauten Informationen nicht verbreiten. Es müssen noch ganz andere Leute hinzugezogen werden. Und außerdem löst das Ganze womöglich eine Panik aus: Raumschiffe, fliegende Untertassen, Ungeheuer mit vorstehenden Augen. Jeder Idiot wird sie sehen. Oder jemand nützt es für seine eigenen Zwecke aus. Es darf also nichts in der Presse erscheinen.«
Nach dem mathematischen Kontaktprogramm wird die ferne Botschaft interessanter. Dr. Fleming: »Es ist eine *Bastelanleitung;* und sie ist nicht menschlichen Ursprungs. Ich kann's beweisen.« Es stellt sich heraus, daß es ein *Computerprogramm* ist (vgl. Seite 131): »Es besteht aus drei Teilen. Der erste Teil ist ein Konstruktionsplan – oder vielmehr sind es mathematische Formeln, die sich als Konstruktionsplan interpretieren lassen. Der zweite Teil ist das Programm selbst, die Instruktionen. Der dritte und letzte Teil sind Daten, Informationen, die von der Maschine verarbeitet werden sollen.«
Unter großen bürokratischen wie technischen Schwierigkeiten wird der Computer aufgrund der »Bastelanleitung vom Himmel« gebaut: »Der Plan ist im Sternbild Andromeda entworfen worden.«
Die ersten Daten, die der Computer ausspuckt, betreffen das *Wasserstoff*-Atom (vgl. Seite 43): Es ist der erste Schritt eines langwierigen Frage-und-Antwort-Spiels, das gleichsam mit der Frage beginnt »Kennt ihr Wasserstoff?« Natürlich kennt man ihn bei den Terranern. Die Extraterrestrier haken nach, indem sie die »*Kohlenstoff*-Frage« via Computer stellen: »Der Computer fragt uns jetzt, welcher Form von Leben wir angehören«, vermutet Fleming, »alle die anderen Zahlen stellen andere Möglichkeiten dar, Leben herzustellen. Aber von denen wissen wir überhaupt nichts, weil das Leben auf der Erde auf dem Atom des Kohlenstoffs basiert.«
Man gibt die Zahlen des Kohlenstoff-Atoms wieder in die Maschine, worauf sie sofort damit beginnt, Angaben über den Aufbau von Eiweiß-Molekülen *(Proteinen)* auszugeben. Das Dialogspiel geht weiter: Die Molekularstruktur des *Hämoglobins* wird erarbeitet, einer eiweiß- und eisenhaltigen Verbindung, die als Sauerstoff- und Elek-

trizitätstransporteur eine wichtige Rolle in höherentwickelten Organismen auf dem Planeten Erde spielt.
Nun wird es immer komplizierter: Chromosomenstrukturen, DNS-Moleküle – die »Bausteine des Lebens« notiert die Maschine in endlos scheinenden Zahlenkolonnen. Will der Computer, daß man Leben herstellt? Nach vielen mißglückten Versuchen gelingt schließlich das Ungeheuerliche: Durch fortwährende Zellteilung entwickelt sich innerhalb von knapp zwei Tagen ein seltsames Monstrum in der Größe eines Schafes: »Es schien völlig gesund und harmlos; aber hübsch war es nicht.«
Weiß Gott nicht: Eine große Qualle mit einem Auge, keine Knochen, eine Rindenbildung »fast wie ein hochkompliziertes Nervenganglion«. In Hoyles Roman wird das Geschöpf so geschildert: »Es hatte eine gewisse Ähnlichkeit mit einer langgestreckten Qualle, ohne Gliedmaßen, ohne Tentakel, aber mit der Andeutung einer Zweiteilung an dem einen Körperende und einer Verbreiterung, einem Kopf vielleicht, am anderen. Eine zuckende, wabbernde Protoplasma-Masse, mit grüngelber Oberfläche, schleimig und glitzernd – so schwamm es in der Flüssigkeit. Und in der Mitte dessen, was möglicherweise einen Kopf darstellte, befand sich – groß, lidlos und ohne Farbe – ein Auge.«
Ist es ein »Tier« oder eine bloße Kombination von Molekülen, die nach einem vorgegebenen Plan »montiert« wurden? Ist es eine »biotechnische« Erweiterung der Maschine, ein erster Versuch der außerirdischen Intelligenzen, einen Organismus herstellen zu lassen, der »menschenähnlich« und daher für die Menschen annehmbar ist?
Der Verdacht, daß dieses Geschöpf lediglich Kontakt- oder gar Kontrollwerkzeug einer außerirdischen »Fünften Kolonne« sein sollte, erhärtet sich: Auf brutale Weise besorgen sich die Extraterrestrier weitere Informationen über die Menschen, lassen ein »verbessertes Modell« in Mädchengestalt erzeugen und töten schließlich das erste »mißglückte« Geschöpf. »Wir haben nur unerwünschtes Material eliminiert«, erläutert die geglückte Ausgabe in Menschengestalt.
Wie bereits gesagt: Die dramatischen Aspekte dieser recht spannenden Science-Fiction-Geschichte wollen wir in unserer Betrachtung ausklammern. Es bleibt jedem Leser selbst überlassen, dieses Buch von Fred Hoyle und John Elliot im ganzen zu lesen. (Ähnliches gilt natürlich für Vernes SF-Geschichte »Reise zum Mittelpunkt der Erde«.) Was uns im folgenden beschäftigen wird, ist dies: Inwieweit ist der

Ausgangspunkt der Hoyleschen Spekulation, Übermittlung eines »Lebensbauplans« per interstellarem Funk, mit den Erkenntnissen der exakten Naturforschung *(Science)* zu vereinbaren?

Daß es möglich sein sollte, im weitesten Sinne »mathematisiertes« Wissen fremden Intelligenzen mitzuteilen, ist uns bereits aufgrund unserer Überlegungen zu den Freudenthalschen LINCOS-Botschaften bekannt. Aber sind unsere Erkenntnisse vom »Lebendigen« bereits so weit mathematisiert, daß Hoyles SF-Geschichte eine »vernünftige« Spekulation ist, ein Produkt »präziser Phantasie«?

Achte Spekulation:

»Erbgut-Telex« aus dem Weltall?

8.1 DNS – »Lochstreifen des Lebens«

»Science-Fiction«, bisweilen als literarisches Erzeugnis der freien, ungehemmten Phantasie, als unkontrollierbare Spekulation oder Gedankenspiel unbegrenzter Möglichkeiten hingestellt, hat sich bei unserer ersten Vorstellung als durchaus beachtenswertes, »vernünftiges« Geistesprodukt herausgestellt: Als wir – mehr referierend als spekulierend – zwei SF-Geschichten untersuchten, die im Abstand von einem Jahrhundert verfaßt worden sind (1864: »Reise zum Mittelpunkt der Erde« von Jules Verne, 1964: Die »Andromeda«-Erzählungen von Fred Hoyle und John Elliot), da zeigte sich doch eine recht gezügelte, »präzise« Phantasie der SF-Autoren. (Mit dem haarsträubenden Unsinn, der sehr oft unter der Marke »Science-Fiction« verkauft wird, wollen wir uns hier ja nicht beschäftigen.)

Es gibt durchaus SF-Literatur, die, um es noch einmal mit Isaac Asimov zu sagen, »einen Sinn und aufklärerischen Wert besitzt, den keine andere Literatur gegenwärtig für sich reklamieren kann«. Der französische Schriftsteller Michel Butor bestätigte diese Überlegung auf recht überzeugende Weise in einem Aufsatz »Die Krise der Science-Fiction«. Da heißt es unter anderem:

»Unsere *Phantasie* vermag, wenn sie von der *Wissenschaft* in ihrer weitesten Bedeutung ausgeht, nicht nur eine ganze Reihe anderer *Apparate* zu ersinnen, sondern auch *Techniken* aller Art, psychologische, pädagogische, soziale usw. Die *wissenschaftliche Garantie* kann immer unverbindlicher werden, und doch macht sie die *Besonderheit der Science-Fiction* aus, die man so definieren kann: *eine Literatur, die das Feld des Möglichen erkundet, den Einblicken gemäß, die uns die Wissenschaft gewährt.*«

Michel Butor sprach zu Recht von »*Phantastik im realistischen Rahmen*«, während sein amerikanischer Kollege Sam Moskowitz die SF-Geschichten als »*phantastische* Literatur« gekennzeichnet hat, »die sich freiwillig innerhalb der Grenzen bewegt, die heutzutage durch die *Naturwissenschaften* abgesteckt sind«. Es ist also eine gezähmte, wissenschaftlich gebändigte Phantasie, die in der »guten« SF-Literatur ihren bisweilen doch recht beachtlichen Niederschlag findet.

Was da gelegentlich ausgeheckt wird, ist ohne Zweifel weitaus mehr als ein geistreiches, aber im Grunde traumtänzerisches Gedankenspiel: Der »Geist«, der einen »vernünftigen« SF-Autor beflügelt, ähnelt durchaus dem der »kontrollierten« *philosophischen Spekulation.* Mit dem spanischen Philosophen Ortega y Gasset hat ein solcher Schriftsteller die kritische Einstellung zum »*reinen* Geist« gemeinsam. Ortega schrieb dazu:

»Der sogenannte ›Geist‹ ist eine außerordentlich ätherische Macht, die sich im Labyrinth ihrer selbst, im Labyrinth ihrer eigenen unendlichen Möglichkeiten verliert. Das Denken ist allzu leicht! Der Geist stößt in seinem Fluge kaum auf Widerstand. Daher ist es wichtig für den geistigen Menschen, daß er die materiellen Dinge mit den Händen greift ...«

... daß er auf dem Boden der von der modernen Naturforschung erarbeiteten Tatsachen bleibt und seine Phantasie »im realistischen Rahmen« entwickelt. Wie ist unter diesem Blickwinkel die »Andromeda«-Geschichte von Hoyle und Elliot zu bewerten? Ist es denkbar, daß man »Baupläne des Lebens« – ja geradezu »Bastelanleitungen zur Herstellung von Lebewesen« – im interstellaren Funkverkehr zwischen fremden Zivilisationen austauscht? Läßt sich »Leben« in irgendeiner Form *experimentell erzeugen?*

So ungeheuerlich, ja frevelhaft das in vielen Ohren auch klingen mag – denkbar ist es in jedem Fall. Die Gründe dafür wollen wir in der folgenden Überlegung skizzieren.

Gewöhnlich argumentiert man *gegen* die Möglichkeit experimenteller Lebensherstellung wie folgt: Lebewesen sind *keine* Maschinen, *keine* Automaten. »Also« können sie auch nicht nach irgendwelchen »Bauplänen« konstruiert werden ...

Das ist selbstverständlich ein glatter Trugschluß. (Das wissen zumeist auch die Leute, die gegen die Möglichkeit der künstlichen Lebenserzeugung polemisieren. Deshalb legen sie ihr Gedankennetz raffinierter an. Im Endeffekt läuft es aber dann doch wieder auf diesen falschen Schluß hinaus.) Kein »vernünftiger« Naturforscher wird heute behaupten, Lebewesen seien »nichts weiter« als Maschinen oder Automaten. Aber die exakte Wissenschaft kann eben heute auch schon einiges mehr als »nur« Maschinen konstruieren: Was in den Laboratorien der Molekularbiologen, der Chemiker und Physiker produziert oder reproduziert wird, sieht meist anders aus als eine Dampfmaschine oder ein Flugzeugmotor. Das gilt vor allem für »Erzeugnisse« des molekularen, atomaren und subatomaren Bereichs.

Zu Recht schrieb der Virusforscher Gerhard Schramm: »Die Mehrzahl der Naturwissenschaftler vertritt den Standpunkt, daß der Übergang von der unbelebten Materie irgendwann einmal auf der Erde stattgefunden habe, weshalb er *naturwissenschaftlich beschrieben, begriffen und wahrscheinlich auch nachvollzogen werden könne.«*

Im ungünstigsten Fall braucht man dazu vielleicht ein »Laboratorium« von der Größe unseres Planeten und eine Zeitspanne von mehr als zwei Milliarden Jahren: Doch von dieser »natürlichen« Evolution per Mutation und Selektion war ja bereits ausführlich die Rede. Der »rote Faden« für die folgende Überlegung sieht daher so aus: Ein »lebendiges System«, aus Molekülen zusammengesetzt, muß *Energie* in charakteristischer Weise umformen und übertragen können. Um dies zu bewerkstelligen, muß das System *Information* gespeichert haben und sie auf andere, ähnliche Systeme übertragen können. Die beiden wichtigen Stichworte für unsere Betrachtung sind also »Energie« und »Information«.

Beginnen wir mit der *Energie:* Chemische Elemente wie Wasserstoff, Sauerstoff, Kohlenstoff, Eisen usw., aus denen sich unsere irdischen »Lebensbausteine« zusammensetzen, haben wir mit Klavieren von unterschiedlichem Klangbereich verglichen (vgl. Seite 34). Aufgrund der unterschiedlichen *Energiezustände* des jeweiligen Atoms kann der Fachmann eine klare »Klanganalyse« anfertigen: Allein aufgrund des jeweiligen Spektrums der energetischen Zustände kann er feststellen, um welches Atom oder Molekül es sich handelt. Jedes chemische Element hat damit seine eindeutige und unmißverständliche »Kennkarte« von Energiewerten.

Die ›Energie‹ ist als Grundbegriff der Physik ein *quantitativer* Begriff, d. h. er ist in eindeutigen *Zahlenwerten* formulierbar. Damit lassen sich die »Kennkarten« aller chemischen Elemente *mathematisch* codieren und also auch in einer Sprache fixieren, die ähnlich oder genau wie LINCOS, die »lingua cosmica«, aussieht: Einer interstellaren Nachrichtenübermittlung dieser Daten per Weltraumfunk steht demnach nichts im Wege. Fremde Intelligenzen, die ebenfalls exakte Naturforschung betreiben, werden die »Kennkarten« von Wasserstoff, Kohlenstoff oder Magnesium unschwer erraten. (Erinnern Sie sich dabei an das wichtige Sätzlein: »Nachrichten sind Symbole für Informationen, deren Bedeutung gelernt werden muß.«)

Die SF-Geschichte von Hoyle und Elliot hat also einen durchaus »realistischen« Ansatzpunkt: Es ist in der Tat möglich, »von Stern zu Stern« energetische Daten über chemische Elemente zu vermitteln. Die Intelligenzen, die am Empfänger sitzen – bei der »Andromeda«-Geschichte bekanntlich Erdenbewohner –, sind durchaus in der Lage, die übermittelten Daten richtig zu deuten, ihre Bedeutung zu erlernen. Im Prinzip ähnliche, wenn auch wesentlich kompliziertere »Kennkarten« lassen sich dann auch über Makromoleküle wie Proteine oder Nukleinsäuren durch den Weltraum signalisieren. Ist damit die Vermittlung von »Bauplänen des Lebens« an eine fremde Zivilisation ebenso gesichert?

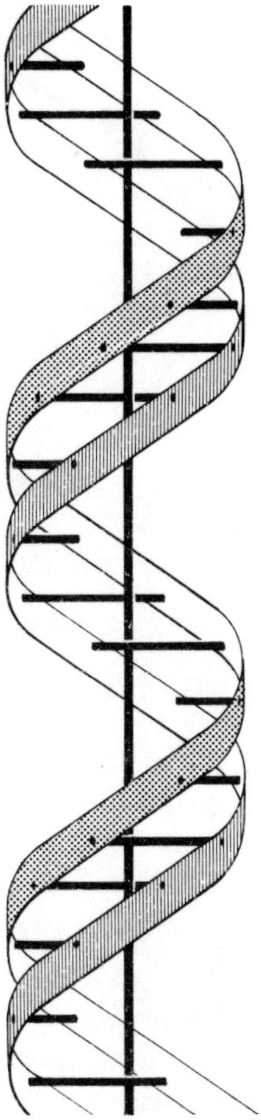

Die sogenannte »Desoxyribonukleinsäure« (kurz: DNS) bildet gleichsam einen »Lochstreifen des Lebens«. Das fadenförmige Molekül aus zwei Einzelsträngen, die sich wie eine doppelte Wendeltreppe gegenseitig umlaufen, enthält die »Bauplan-Bibliothek« des Organismus, das Material seiner Erbanlagen. Bereits ein einziger DNS-Strang der »Doppelhelix« enthält übrigens den »Nachrichtentext« der genetischen Information.

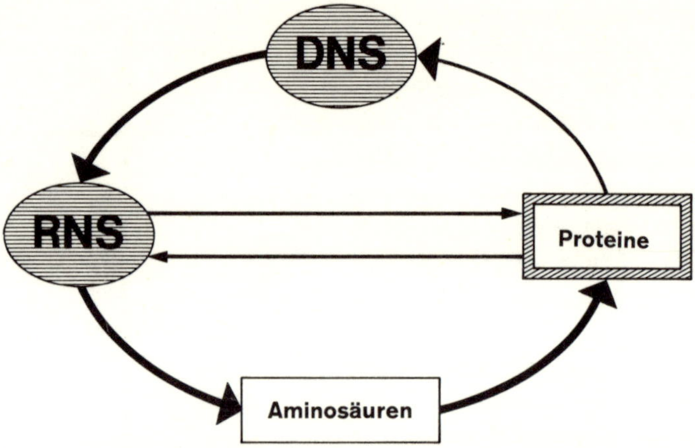

Nach diesem Schema verläuft die Produktion von Eiweiß-Stoffen (Proteinen) im Organismus: Mit Hilfe der DNS wird die Herstellung der RNS gesteuert. Diese wiederum steuert den Aufbau der Proteine aus Aminosäuren.

Das ist zumindest wieder denkbar: Wir müssen in unsere Überlegungen jetzt nur noch das Stichwort *»Information«* einbeziehen. Von *»Nukleinsäuren«* war bereits die Rede: Sie finden sich in allen tierischen oder pflanzlichen Geweben auf unserer Erde – vorwiegend in den Zellkernen. Es sind schon relativ komplexe Gebilde, wenn sie sich der Chemiker vornimmt: Für uns ist in diesem Zusammenhang allerdings weniger von Bedeutung, daß sie aus »heterozyklischen Basen«, aus »Monosacchariden« und gewissen »Phosphatgruppen« aufgebaut sind, als die Tatsache, daß Nukleinsäuren fadenförmig und unverzweigt angelegte *»Kettenmoleküle«* bilden, in denen Baustein an Baustein sitzt wie *Buchstabe an Buchstabe in einem Nachrichtentext.* Das macht sie zum idealen »Informationsträger«: Man kann sie in dieser Hinsicht durchaus mit einem *Lochstreifen* aus einer Datenverarbeitungsanlage vergleichen.
Sind die Nukleinsäuren also gleichsam die »Lochstreifen des Lebens«? Für die sogenannte »Desoxyribonnukleinsäure« (DNS) und die »Ribonukleinsäure« (RNS) gilt das zweifellos. (Auf die Abkürzungen »DNS« und »RNS« werden Sie vermutlich schon irgendwo gestoßen sein: Recht häufig werden auch die englischen Abkürzungen »DNA« und

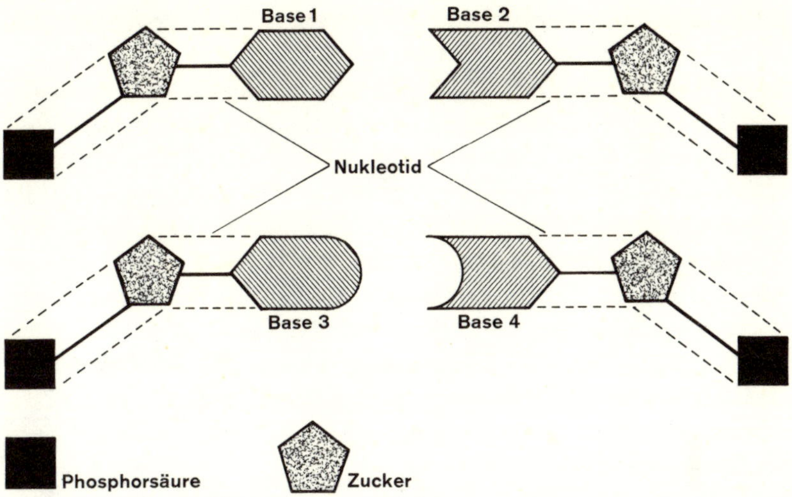

Die vier Nukleotide des DNS-Strangs, die sich an ihren Basen-Enden so unterscheiden, daß sie wie die Zähne eines Reißverschlusses ineinandergreifen, bilden die »Buchstaben der Erbschrift«.

»RNA« gebraucht, wo »A« für »Acid« statt »S« für »Säure« steht.) Chemische und physikalische Untersuchungen haben ergeben, daß die DNS als fadenförmiges Molekül aus zwei Einzelsträngen besteht, die sich wie eine doppelte Wendeltreppe gegenseitig umlaufen. Wenn Sie sich einen schraubenförmig aufgedrehten Reißverschluß vorstellen, haben Sie das beste Bild der DNS. Diese Einzelheiten brauchen uns hier jedoch gar nicht zu interessieren: Unser Stichwort heißt ja »Information«. Und diese Information ist bereits in einem einzigen Strang der DNS festgehalten.

Welche Information ist das und wie ist sie fixiert? Die DNS bildet gleichsam die »Bauplan-Bibliothek« des Organismus, sein Erbanlagen-Material. Sie enthält die bereits mehrfach erwähnten »Gene«: Irgendwie muß ja ein Informationszusammenhang zwischen den Erbanlagen und dem fertig »fabrizierten« Organismus bestehen. Als »Datenbank« dient dabei der DNS-Strang, dessen Bausteine, »Nukleotide« genannt, den »Nachrichtentext« der *genetischen Information* liefern. Die Nukleotide, die sich in ihren »Basen« *vier*fach unterscheiden, bilden das Zeichenrepertoire dieser Schrift der Erbinformation – gleichsam die »Buchstaben« dieser Schrift: Die gesamte genetische Information ist

also in einer »Vier-Buchstaben-Schrift« festgehalten oder verschlüsselt. Wie geht nun der Nachrichtenaustausch im Organismus vor sich?
Mit Hilfe der DNS wird zunächst die Herstellung der RNS *gesteuert.* Die RNS wiederum ermöglichen den Aufbau der Eiweißstoffe (Proteine). Sowohl DNS als auch RNS sind also wichtige »Steuerwerkzeuge« beim Aufbau des lebendigen Organismus. Da die Herstellung der Proteine nicht im Zellkern erfolgt, in dem die DNS sitzt, sondern in gesonderten »Eiweißfabriken« (Ribosomen) im Zellplasma, braucht man eine Art von »Erbgut-Briefträger« für die Weiterleitung des DNS-Nachrichtentextes: Diese Aufgabe wird von den »Boten-RNS« (englisch: »messenger-RNA«) übernommen. Andere »RNS-Kollegen«, die man »Schlepper-RNS« nennen könnte, transportieren inzwischen Aminosäuren zur »Ribosom-Schmiede«: Aus diesem Material wird bekanntlich das Eiweiß fabriziert.
Nun gibt es aber, wie Sie vielleicht wissen, genau *zwanzig* dieser Aminosäuren, die sich zu Eiweißketten verschmieden lassen: Wie weiß man in der Ribosomen-Fabrik, nach welchem Muster das benötigte Protein angefertigt werden soll? Richtig: Die Boten-RNS transportiert ja die Nachricht, die sie an der DNS »abgelesen« oder »kopiert« hat. Aber wie kann man in einer Vier-Buchstaben-Schrift Aussagen über zwanzig verschiedene Aminosäuren machen?
Ganz einfach: Man bildet kurze »Wörter« aus drei Buchstaben. (Vier Zeichen zu Dreiergruppen kombiniert ergeben einen »Wortschatz« von 64 Wörtern. Zu Paaren gruppiert, ließen sich mit den vier Buchstaben der DNS-Schrift lediglich 16 Wörter bilden, zu wenig also, um die 20 Aminosäuren zu »benennen«.) Informationstheoretisch besehen ergibt sich also folgendes Codierungsproblem: Die Vier-Buchstaben-Schrift der DNS, die die genetische Information nachrichtlich fixiert, muß in die Zwanzig-Buchstaben-Schrift der »Protein-Sprache« übersetzt werden. Mit Dreiergruppen (»Wörtern«) von Nukleotiden der DNS kann man also den Aminosäure-Einbau ins Protein recht gut steuern.
Millionen von Nukleotiden sitzen übrigens aus eben diesem Grund in der DNS: Proteine setzen sich nämlich aus *hundert* oder mehreren hundert Aminosäuren zusammen. Um z. B. den Farbstoffträger unserer roten Blutkörperchen aufzubauen, werden rund 600 Aminosäuren benötigt. Ein »Kopierfehler« der Boten-RNS nur an zwei Stellen könnte sich hier übrigens tödlich auswirken ...

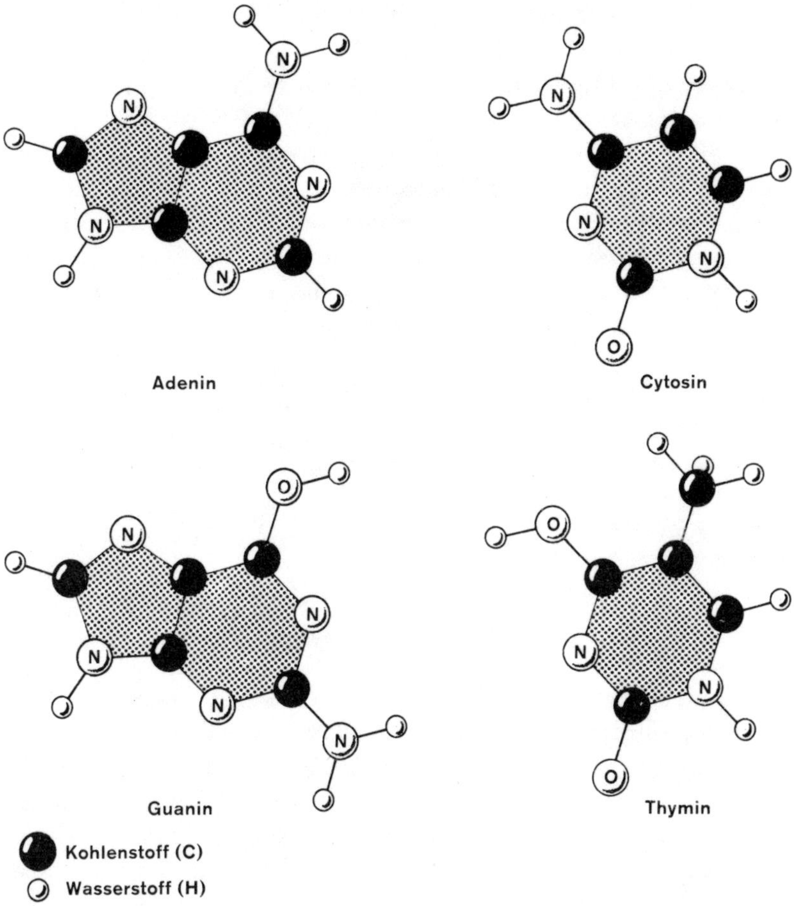

Das Abc der DNS-Schrift heißt A wie »Adenin«, C wie »Cytosin«, G wie »Guanin« und T wie »Thymin«. Mit »Wörtern« (Dreiergruppen) wie »GCC« oder »GCG« wird z. B. der Einbau von »Alanin« (das ist eine Aminosäure) ins Protein »programmiert«.

Andererseits kann das »falsche Abschreiben« der Boten-RNS an der DNS-Nachrichtenquelle auch zu einer biologisch nützlichen Veränderung des Textes führen, der die für das Prinzip der Evolution so wichtigen *Mutationen* entstehen läßt: Auf diese Weise kommen ja immer komplexere Baupläne zustande.

Die beiden Stichworte »Energie« und »Information« haben also sehr geholfen, uns in dieser Landschaft »Steuerwirkung der Erbanlagen« nicht zu verirren. Was aber ist für unsere Fragestellung bedeutsam, inwieweit die Hoyle-Elliotsche Science-Fiction-Geschichte eine »Phantastik im realistischen Rahmen« entwickelt?

Diese SF-Geschichte ist insofern »realistisch«, als daß alles, was gerade skizziert wurde, in einer mathematisierten Sprache à la LINCOS formuliert und per Weltraumfunk fremden Intelligenzen mitgeteilt werden kann: Sowohl die energetischen Daten der chemischen Elemente und ihrer Verbindungen, der Moleküle, lassen sich in Zahlenwerten ausdrücken und weitergeben, als auch der »genetische Code« ist mathematisierbar und damit gleichsam als »Erbgut-Telex von Stern zu Stern« mitteilbar. Der Nach- oder Neubau von »fremden« Lebewesen, wie Hoyle und Elliot sie schildern, könnte eines Tages daher durchaus Wirklichkeit werden. Daß man sich bei diesem Gedanken nicht ganz wohl fühlen kann, steht auf einem anderen Blatt: Aber vorerst ist das Ganze – gottlob? – immer noch »nur« Science-Fiction ...

8.2 Ein »Fleckerlteppich« vom fremden Stern ...

Gemessen an der nüchternen Wirklichkeit unserer derzeitigen naturwissenschaftlichen Forschungslandschaft ist die SF-Geschichte »Andromeda« von Hoyle und Elliot ein bizarrer Garten der Phantasie: Dennoch ist diese Erzählung, wie wir womöglich doch klarmachen konnten, nicht einfach als schiere Spinnerei ohne jedwelchen wissenschaftlichen Hintergrund abzutun: Vielleicht ist es eine Spinnerei, aber dann doch eine recht gescheite ...

Kehren wir dennoch von der Science-Fiction, der »Wissenschaftsdichtung«, wieder zur Science zurück, der exakten Wissenschaft der »Terraner«: Wenn es derzeit noch in weite Ferne gerückt ist, gleichsam »in den Sternen steht«, wann einmal ein »Erbgut-Telex« à la Hoyle und Elliot im interstellaren Funkverkehr übermittelt werden kann, wie steht es dann heute im Bereich des wirklich Machbaren?

Bleiben wir zunächst noch bei den *Inhalten* einer solchen Botschaft: Über die Möglichkeiten, mit fremden Zivilisationen in LINCOS zu parlieren, haben wir bereits ausführlich gesprochen (vgl. Seite 71 f.). Ist damit unser Nachrichtenrepertoire erschöpft?

Natürlich nicht: Schließlich kann man ja nicht nur durch Worte und mathematische Begriffe vieles mitteilen, sondern auch durch *Bilder*. Ein Beispiel haben wir mit der »interstellaren Bildzeitung« bereits kennengelernt (vgl. Seite 88 f.). Aber die Chance, daß diese »kosmische Flaschenpost« in der Pioneer-F-Sonde irgendwann einmal aufgefischt wird, ist doch recht gering. Und ob die fündigen »Brüder im All« diese Botschaft überhaupt entziffern können, sei obendrein dahingestellt. Einige Bedenken haben wir bereits angemeldet; weitere werden noch folgen.

Dennoch lohnt es sich, ein paar Überlegungen zu skizzieren, die der im Zusammenhang mit dem Projekt OZMA nun bereits mehrfach genannte Astronom Frank D. Drake zusammen mit dem Elektroingenieur Bernard Oliver zum Thema »*Bild*botschaft« entworfen hat. Natürlich ist die Chance für den Empfang einer bildlich gestalteten Nachricht wesentlich höher, wenn nicht eine Flaschenpost à la Pioneer F, sondern der *»Bildfunk«* gewählt wird. Wie sieht das aus?

Von Binär-Codes (Zweier-Codes, Ja-nein-Codes) war nun schon öfter die Rede. Frage an den Leser: Wie würden Sie reagieren, wenn Sie – als intelligentes Wesen – eine klare, endliche Folge von Signalen der Form **1** und **0** (oder: hell und dunkel, Impuls und kein Impuls usw.) aus einer »kosmischen Botschaft« zu entziffern hätten? Nehmen wir an, die entsprechende »Nachricht« vom fremden Stern würde folgende Gestalt haben:

11110000101001000011001000000001000001010010000011001011001111000000110000
110100000000100000010000100001000101010000100000000000000000000010001000000
00001011000000000000000000010001110110101101010000000001010010000110010000
01110101010100000000001010101010000000000111010101011101011000000010000000
00000000001000000000000000100010011111100000111010000001011000000111000000001
0000000001000000000100000000111110000000101100010111010000000110010111111010
11111000000011111001000000000100111110000000101100011111100000010000011000 0
0110000100001100000001100010100100011110010111 1

Diese Nachricht ist genau 551 Zeichen lang: Sie besteht aus einer ununterbrochenen Folge von **1**- oder **0**-Signalen. Wenn Sie unsere Überlegungen der dritten und vierten Spekulation noch einmal rekapitulieren, werden Sie einsehen, daß es sich bestimmt *nicht* um eine *Wort*botschaft im Stile von LINCOS handeln kann.

Handelt es sich vielleicht um eine bloße »*Kontakt*botschaft« aus auf-

Erläuterungen zum Bildteil Seite 161 bis 168

1: Dieses prächtige Kugelmodell der Doppelhelix DNS zeigt nur einen winzigen Abschnitt des komplexen »Lochstreifens des Lebens« (vgl. Seite 154). Jedes Kügelchen deutet das Atom eines chemischen Elementes an: Kohlenstoff (schwarz), Sauerstoff (rot), Stickstoff (dunkelblau), Phosphor (gelb) und Wasserstoff (weiß).

2–7: Dem englischen Biologen John Kendrew (4) gelang es, die Struktur eines Proteins zu entziffern. Die Untersuchung begann mit Myoglobinkristallen aus dem Organismus eines Pottwals (2). Die Kristalle wurden mit Röntgenstrahlen beschossen und erzeugten ein charakteristisches Beugungsmuster für die abgelenkten Strahlen (3). Durch Computerauswertung konnten die unterschiedlichen Elektronendichten im Myoglobin aufgespürt werden. Schicht für Schicht entstand eine Art Reliefkarte der Elektronendichten (4). Rund 2500 Atome, die 153 Aminosäuren bilden, reihen sich im Myoglobin-Molekül zu einem zerknüllten Faden. In einem Kugelmodell (5) ist der »Faden« zur Verdeutlichung ein wenig auseinandergezogen. Genauer, aber weitaus weniger einleuchtend, ist das Modell unten links (6). Die grobe Struktur des Proteins gibt das Modell Abb. 7 am besten wieder.

8: Die »Eiweißfabrik« Ribosom sitzt im Zellplasma neben dem Zellkern mit der DNS. Der in dieser »Fabrik« ablaufende Arbeitsprozeß ist auf Seite 156 geschildert.

9: Die Anwesenheit von DNS und RNS kann sogar unter dem Lichtmikroskop beobachtet werden (oben). An diesen eingefärbten Zellen fluoresziert die DNS grün in den Zellen, die RNS rötlich.

10: Rechts ein Frosch mit »Fehlfarbe«, eine Art Albino, dem die gelben Pigmentzellen fehlen: Eine gestörte DNS hat diese Mutation verursacht (vgl. Seite 157).

11: Das Prinzip der biologischen Evolution mit Mutation und Selektion läßt sich am einleuchtendsten mit Veränderungen an technischen Apparaturen erläutern (vgl. auch Seite 102). Hier ist die Entwicklungslinie eines Radioapparates vom Jahre 1924 bis 1936 nachgezeichnet.

12: Ein Raumschiff, das sich angenähert mit Lichtgeschwindigkeit bewegt, ist für den Physiker keine absurde Spekulation (s. Seite 200). Da die Lichtgeschwindigkeit Grenzgeschwindigkeit ist, erleben die Raumfahrer allerdings einige recht seltsame Dinge, von denen noch berichtet wird.

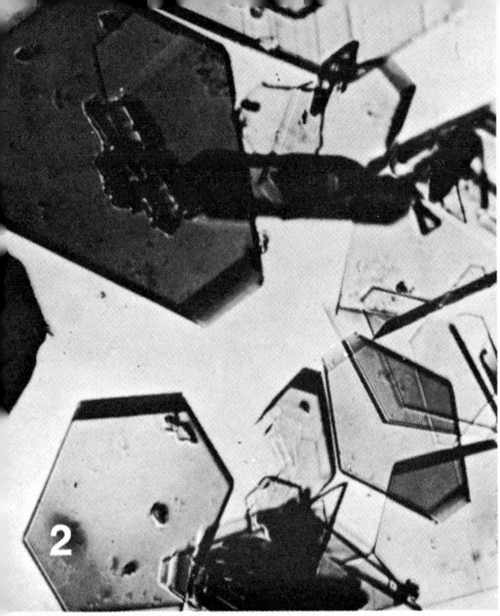

2

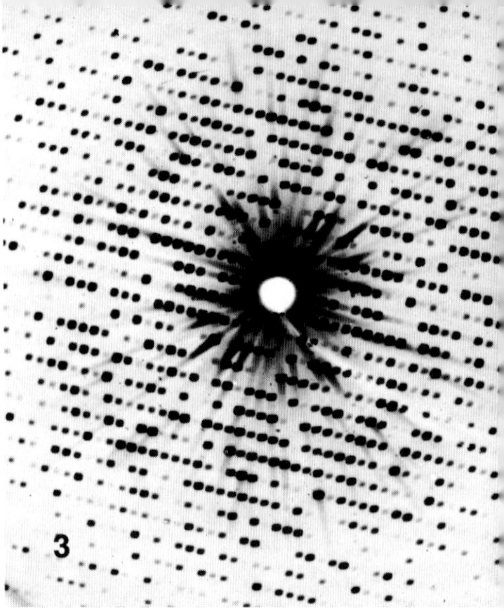

3

4

5

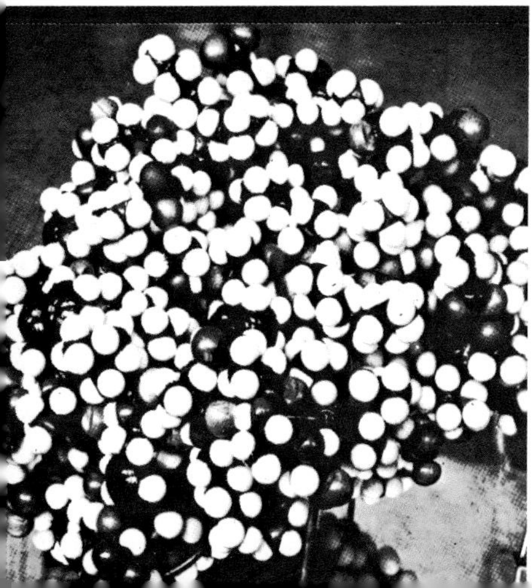

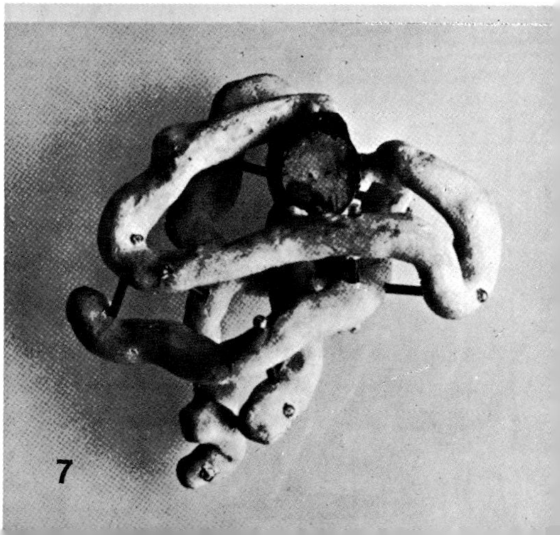

7

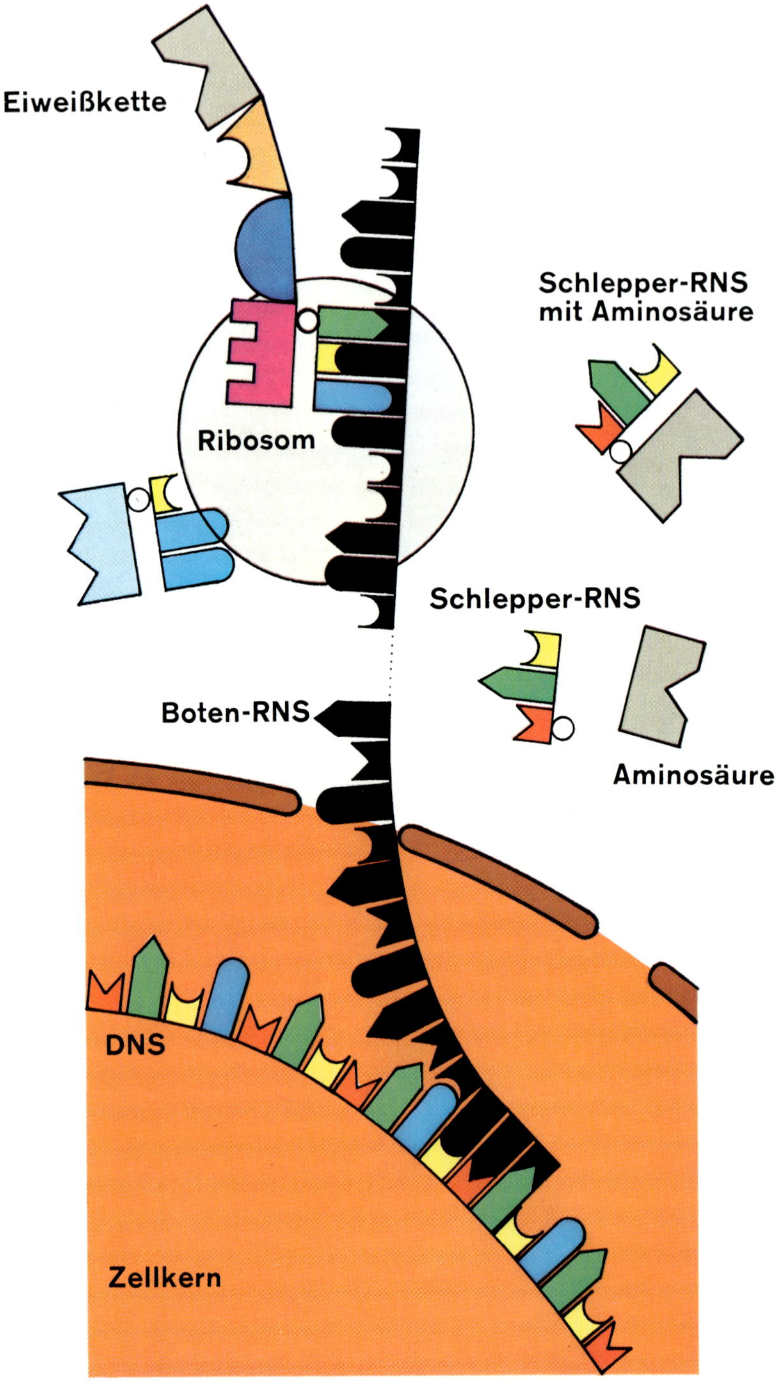
Eiweißkette
Schlepper-RNS
mit Aminosäure
Ribosom
Schlepper-RNS
Boten-RNS
Aminosäure
DNS
Zellkern

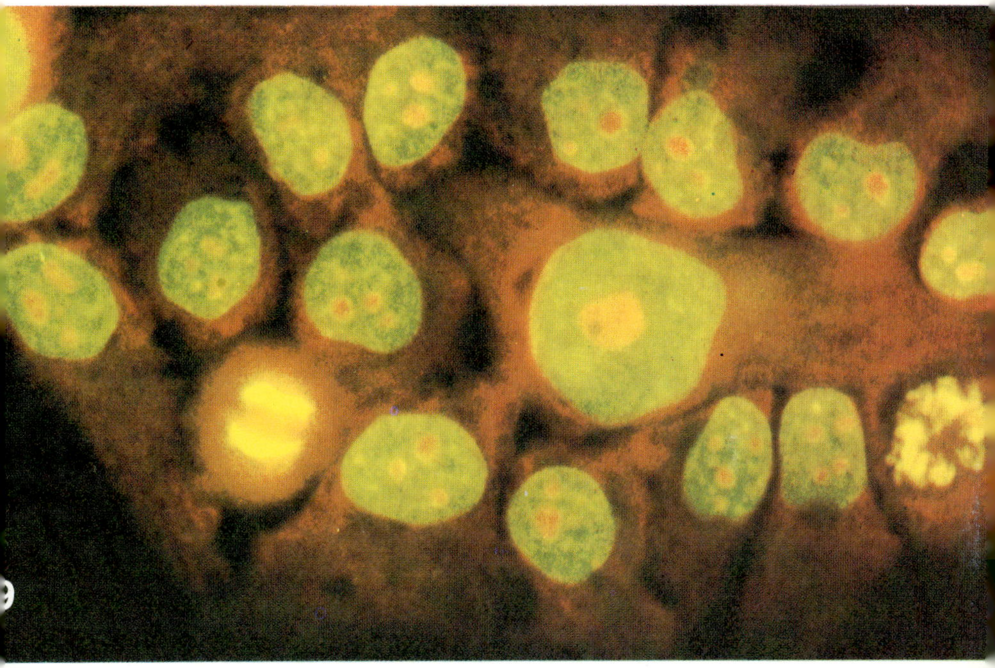

9

10

11

TELEFUNKEN

fälligen Gruppierungen von **1**- und **0**-Signalen, die keinen Inhalt besitzt, sondern nur Aufmerksamkeit erregen soll? Am Anfang des »Textes« liegt dieser Verdacht noch nahe: Da erscheint viermal die **1**, viermal die **0**, dann **1** und **0**, nochmals **1** und **0**, **0** und ... dann hört die scheinbare Regelmäßigkeit schon auf. Eine inhaltslose, aufmerksamkeitserregende Kontaktsignalfolge wird doch ein bißchen anders aussehen. Aber welchen Inhalt könnte eine solche Nachricht denn außer einer Wortbotschaft oder einer Kontaktsignalfolge noch haben? Natürlich: Eine Art von »Fernsehbild«, eine *Bildbotschaft* also. Es ist ja leicht einzusehen, daß man aus zwei Werten **0** und **1** (hell und dunkel) ein einfaches Mosaik, ein Rasterbild aufbauen kann: Wenn wir vor dem Fernsehschirm sitzen, so formen wir schließlich auch aus Tausenden von Bildpunkten ein »normales« Bild – insbesondere beim *Farb*fernsehen. (Fernsehen ist damit eigentlich ein permanentes »Puzzlespiel« mit Bildpünktchen: Deshalb wird es z. B. vom »Medienphilosophen« Marshall McLuhan zum »kühlen Medium« erklärt, das uns »so sehr in den Prozeß des Geschehens überhaupt engagiert, daß es selber kalt ist«. Ein Fernsehbild muß der Zuschauer selbst rekonstruieren aus zahlreichen hellen, dunklen – und eventuell farbigen – Zeilen und Punkten. Das erfordert ein Mittun, eine aktive »innere« Beteiligung des »Angesprochenen«.)
Im einfachsten Fall ist ein solches Bild natürlich *zweidimensional* wie eine Postkarte oder eben ein Fernsehbild vom »heimatlichen« Sender, d. h. es hat eine bestimmte Breite und entsprechende Höhe. Mit anderen Worten: Es bildet ein Rechteck oder – im Sonderfall – ein Quadrat, wenn es einfach ist. Komplizierter wird die Sache selbstverständlich, wenn die zweidimensionale Bildform kreisförmig oder elliptisch gewählt wird. Doch solche Fälle wollen wir hier ausklammern.
Halten wir also fest: 551 Bildpunkte sind für unser Puzzlespiel vorhanden. Eine quadratische Form für das Bild kommt damit nicht in Frage: $23 \cdot 23 = 529$. Es bleiben 22 Bildpunkte übrig. $24 \cdot 24 = 576$. Es fehlen 25 Bildpunkte. 551 ist also keine Quadratzahl wie $25 = 5 \cdot 5$ oder $49 = 7 \cdot 7$.
Nicht nur einem geübten Mathematiker wird aber nach einigem Herumprobieren auffallen, daß die Zahl 551 das Produkt zweier Primzahlen ist, nämlich $551 = 19 \cdot 29$. Man kann 551 Signale also ohne Rest zu einem Rechteck anordnen, wenn man je 19 Signale in

29 Zeilen oder aber je 29 Signale in 19 Zeilen anordnet. In der folgenden Abbildung haben wir die erstgenannte Möglichkeit verwirklicht, indem wir das **1**-Signal durch einen dicken schwarzen Punkt, das **0**-Signal dagegen durch ein weißes Scheibchen ausgedrückt haben. Auf diese Weise ist ein Schwarzweiß-Rasterbild – entfernt ähnlich dem beim Fernsehen – entstanden, wenn auch ein viel »grobkörnigeres«.
Erkennen Sie irgend etwas auf diesem »Bild«? Nun, ein bloßes »Zufallsmuster« aus schwarzen und weißen Flecken scheint es eigentlich nicht zu sein: Zumindest erkennt man doch in der unteren Bildhälfte eine Art »Strichmännchen« (hier vielleicht besser: »Punktmännchen«) mit Kopf, Rumpf, Armen und Beinen.
Aber was sollen all die anderen Muster auf diesem »Fleckerlteppich«, der, daran sollten Sie sich erinnern, aus einer fiktiven »kosmischen Botschaft« entworfen wurde?
Wir wollen zunächst einmal, ohne weiteren Kommentar, den »Lösungsweg« vorstellen, wie der »kosmische Bildingenieur« Frank Drake ihn sieht. Nach Meinung von Drake vollzieht sich das Entziffern der Bildbotschaft Schritt für Schritt auf ungefähr folgende Weise:
»1. Die menschenähnliche Gestalt unten im Bild ist offenbar ein *Abbild des Absenders*. Wir erfahren durch diesen Umriß zunächst einmal, daß wir mit dem vorliegenden mosaikartigen Muster die richtige Lösung vor uns haben, gleichzeitig aber auch, daß es sich bei ihrem Urheber um einen *Primaten* handelt, dessen Unterleib stärker und dessen Beinstellung breiter ist als bei uns. Daraus ließe sich vielleicht der vorsichtige Schluß ziehen, daß die Gravitation auf dem Heimatplaneten größer ist als auf der Erde.«
Das bereits erwähnte Punktmännchen ist also eine Art »Schlüsselfigur« für die erfolgreiche Entzifferung der Botschaft: Es zeigt durch seine unmißverständliche Gestalt, daß man auf dem richtigen Wege beim Decodieren ist. Außerdem *könnte* es durch seinen wuchtigen Unterleib und sein breitbeiniges Dastehen noch etwas über die Schwereverhältnisse auf seinem Planeten aussagen. So weit, so gut. Aber wie sieht der nächste Schritt aus? Drake meint so:

▶

Mit nebenstehender Bildbotschaft beschäftigt sich im Rahmen der folgenden Betrachtung ihr Konstrukteur Frank Drake: Was bedeutet z. B. das breitbeinige Punktmännchen unten?

»2. Das große Quadrat in der linken oberen Ecke und die sich am linken Bildrand von oben nach unten anschließenden neun kleineren Objekte deuten wir *versuchsweise* als das *Planetensystem* des Wesens, von dem die Botschaft stammt. Wir sehen, daß es außer dem Zentralgestirn, dem ›Quadrat‹, hier der Reihe nach vier kleinere Planeten, einen mittleren, dann zwei Großplaneten, dann einen weiteren mittleren und am Schluß wieder einen Kleinplaneten gibt.«

Das Planetensystem des kontaktfreudigen Fremdlings gleicht also im Prinzip (»morphologisch«) unserem eigenen System. Damit ist die Frage »*Woher* kommst du?« wenigstens insoweit beantwortet, als daß dieser Primat – wie wir Menschen – in einem Planetensystem zu Hause ist. Aber auf welchem der neun Planeten ist er beheimatet? Nach dem Drakeschen »Schlüssel« ist diese Frage noch etwas verfrüht. Er meint nämlich, daß der dritte Lösungsschritt so aussehen müßte:

»3. Die beiden Symbolgruppen in der rechten oberen Ecke lassen sich als Strukturschemata des *Kohlenstoff*- bzw. *Sauerstoff*-Atoms deuten. Wir entnehmen daraus, daß der *Stoffwechsel* des Absenders, wie der unsere, auf Kohlenstoff-Basis abläuft und die Verbrennung durch Sauerstoff erfolgt.«

Ein Chemiker kann eine solche Nachricht entziffern, erläutert Drake. Er hat das mehrfach getestet: »Dabei zeigte sich regelmäßig, daß jeder Wissenschaftler die Teile der Botschaft, die mit dem Thema seiner Fachrichtung zusammenhingen, tatsächlich entziffern konnte.« Keiner dieser Fachleute, das mag zu Ihrem Trost vermerkt sein, schaffte es jedoch, den gesamten Inhalt der Bildbotschaft zu erraten. Im folgenden Schritt müssen sich, wenn Drake recht behält, die Mathematiker angesprochen fühlen:

»4. Bei der Gruppe von Zeichen, die sich unmittelbar rechts von den vier kleinen und dem fünften (mittleren) Planeten findet, handelt es sich um eine Schlüsselgruppe. Ihre Untersuchung ergibt, daß hier offenbar eine modifizierte duale Darstellung der Ziffern 1 bis 5 vorliegt, die in dieser Reihenfolge neben die ersten fünf Planeten gestellt wurden. Die Modifikation der dualen Darstellungsmethode besteht hier darin, daß die Schreibweise so erfolgte, daß die einzelne Ziffer in jedem Falle durch eine *ungerade* Zahl von Übermittlungseinheiten ausgedrückt wird. Dieses Vorgehen ähnelt – ebenso wie die Verwendung von Dualzahlen überhaupt – dem, das bei irdischen Elektronenrechnern angewendet wird, dient hier aber offensichtlich

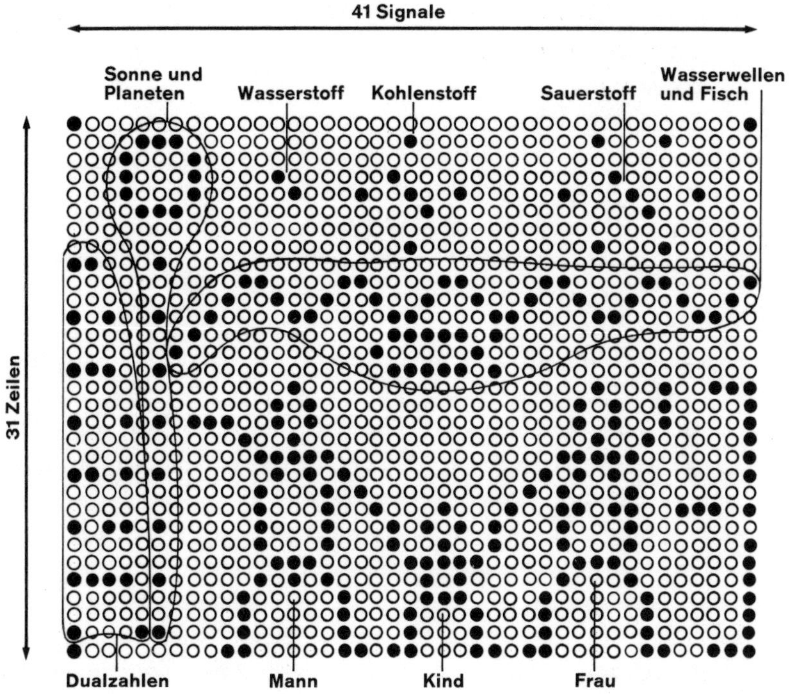

Diese Bildbotschaft von der Erde, die sich aus 1271 Bildpunkten zusammensetzt, haben Frank Drake und Bernhard Oliver entworfen: Ob außerirdische Intellektuelle dieses Bilderrätsel wohl lösen können?

nicht der Übertragungskontrolle, sondern dem Zweck, ein bestimmtes Zeichen als *Zahl* zu kennzeichnen. In zukünftigen Botschaften würden sicher Symbole zu erwarten sein, die für die Wörter irgendeiner Sprache stehen. Aus der überlegten Art, in der der Absender, wie eben beschrieben, sein System der Zahlenübermittlung entworfen hat, dürfen wir die Erwartung ableiten, daß er für die Darstellung von Wortbegriffen jeweils eine *gerade* Zahl von Symboleinheiten anwenden wird. Auf diese Weise hat das ›extraterrestrische Wesen‹ uns in die Lage versetzt, Zahlen und Wortsymbole in seinen Sendungen erkennen und voneinander unterscheiden zu können.«

Nun, ein Mathematiker wird das nach einigem Knobeln wohl erraten können. Ob er freilich in der Lage ist, nach dieser Dualzahl-Entzifferung auch noch folgenden Schritt zu vollziehen, der das Erraten der rechten Bildmitte betrifft, sei dahingestellt. Frank D. Drake jedenfalls ist optimistisch und erklärt:

»5. Im Besitz dieser Erkenntnis sind wir nunmehr in der Lage, auch die Symbole zu entschlüsseln, die zwischen dem menschenähnlichen Umriß, von dem wir ausgegangen waren, und den Darstellungen des Kohlenstoff- bzw. Sauerstoff-Atoms zu finden sind. Alle drei Symbolgruppen, um die es hier geht, sind aus einer ungeraden Zahl von Übermittlungseinheiten (schwarzen Quadraten) zusammengesetzt. Wir schließen daraus, daß es sich bei ihnen allen um Zahlen handelt. Die unterste der drei Gruppen ist durch eine diagonal verlaufende Linie mit dem ›Bild‹ des Absenders verbunden, was vermuten läßt, daß sie mit diesem etwas zu tun haben muß. Die Aufschlüsselung der binären Schreibweise dieser untersten Zeichengruppe – die ihrer Länge wegen auf drei Zeilen verteilt werden mußte – ergibt in der üblichen dezimalen Schreibweise die Zahl $7 \cdot 10^9$, also 7 Milliarden, die darüber gelegene etwa 3000, die oberste und kleinste 11. Aus der bereits erwähnten Hinweislinie, welche diese Zahlengruppen mit der Darstellung des Absenders verbindet, und aus der Art und Weise, in der die drei Zahlen parallel zu den Planeten 2, 3 und 4 angeordnet sind, deuten wir diesen Teil des Textes, indem wir die Zahlen als die der jeweiligen Bevölkerungszahl auffassen, in der das absendende Wesen auf den betreffenden Planeten seines Sonnensystems vertreten ist. Der vierte Planet mit 7 Milliarden Einwohnern wäre dann offensichtlich der ursprüngliche, der Heimatplanet des Absenders. Aber auf dem dritten Planeten gibt es immerhin schon eine stattliche ›Kolonie‹ von rund 3000 Individuen, und auf dem zweiten Planeten 11 Individuen, also vielleicht eine kleine wissenschaftliche Station. Auf diese Weise erfahren wir gleichzeitig auch, daß der Absender die astronautische Technik beherrscht und in ihr sogar schon weiter fortgeschritten ist als wir.«

Damit ist die Frage nach dem »Woher« des Absenders (zweiter Schritt) schon recht gut beantwortet – wenn man dahinter kommt. Die letzten beiden »Denkschritte« zur Entzifferung der Bildbotschaft (Doppel-T rechts unten als Meßlatte und »Namenstäfelchen« zwischen den Primatenbeinen) wollen wir und bei dieser Betrachtung ersparen. Was wir skizziert haben, war für einen Laien schon schwierig genug.

Frank D. Drake und Bernard Oliver haben übrigens ein ähnliches »Bildtelegramm« (31 Zeilen à 41 Bildpunkte) von der *Erde* entworfen, das man in den Weltraum funken könnte. Im Prinzip ist es so angelegt wie die gerade erläuterte Botschaft vom fremden Stern. Als Orientierungshilfe haben wir in die aus den 1271 schwarz-oder-weiß-Signalen entstandene Abbildung die wichtigsten Stichworte eingetragen: Eine ausführliche Kommentierung erübrigt sich damit. Allerdings sei eine Anmerkung erlaubt: Wie der arme Extraterrestrier, der diese Botschaft empfängt, die auf dem Bild angedeuteten Wasserwellen mit dem darunter schwimmenden Fisch (!) erraten soll, das steht wahrhaftig in den Sternen ...

In der folgenden Spekulation müssen wir also die entscheidende Frage diskutieren: Welche Botschaft hat mehr Aussicht, von Angehörigen einer fremden Zivilisation verstanden zu werden, die »abstrakte« Wortbotschaft à la LINCOS oder die »konkrete« Bildbotschaft, wie Drake und Oliver sie entworfen haben? Bei der Betrachtung dieser scheinbar einfachen Frage ergeben sich recht erstaunliche Gesichtspunkte zur Begreifbarkeit von Mathematik, Logik und mathematisierter Naturwissenschaft ...

Neunte Spekulation:

»What is this Thing called Love?«

9.1 »Sexualkunde« für Extraterrestrier

In der vorigen Spekulation lernten wir ein im Prinzip recht reizvolles Gedankenexperiment kennen: Frank D. Drake hatte eine fiktive Bildbotschaft entworfen, die ein breitbeiniger Primat aus dem Weltall zur Erde funkte. Sie setzte sich aus 551 Bildsignalen zusammen, die sich zu einem aussagekräftigen Mosaik anordnen ließen. Eine Antwort von der Erde nach dem gleichen Muster entwarf Drake dann zusammen mit Bernard Oliver: Es besteht aus 1271 solcher Signale, die sich in 31 Zeilen mit jeweils 41 Bildpunkten anordnen lassen, um eine sinnvolle Bildnachricht entstehen zu lassen.
Beide »Nachrichtenprogramme« stecken auf diese Weise randvoll mit beachtenswerter Information, die jedoch mehr oder weniger mühsam erraten werden muß – sei es nun von einem Team irdischer Wissenschaftler oder von extraterrestrischen Fremdlingen. Die Sendung ist jeweils hochkonzentriertes Informationsmaterial: Es handelt sich eben um »Bildtelegramme« für Empfänger mit hoher Intelligenz, mit wissenschaftlichem Sachverstand und einem recht umfangreichen *gemeinsamen* Basiswissen, das sie mit den Absendern teilen.
Trotzdem haben beide Programme immer noch den Charakter eines schwierigen »kosmischen Bilderrätsels« für Intellektuelle einer fremden Zivilisation. Selbst wenn z. B. die Empfänger der irdischen Botschaft »humanoid« oder immerhin primaten-ähnlich sind, was man übrigens gar nicht so ohne weiteres annehmen sollte, so könnte es zu grotesken Mißverständnissen führen, vielleicht sogar zu höchst gefährlichen: Es gibt da eine Science-Fiction-Geschichte von Chad Oliver, »Unearthly Neighbors« (deutsche Ausgabe: »Brüder unter fremder Sonne«), in der die unheilvollen Auswirkungen möglicher soziologi-

scher und kultureller Diskrepanzen zwischen biologisch verwandten »Rassen« mit erschreckender Deutlichkeit vor Augen geführt werden – allerdings bei einem »freundschaftlichen« Besuch auf dem fremden Planeten.

Doch lassen wir wieder Frank Drake selbst argumentieren: Welche Prinzipien haben ihn denn überhaupt beim Entwurf seiner »Modellbotschaften« per Bildfunk geleitet? Der amerikanische Astronom erläutert:

»Bei der Ausarbeitung wurden alle die Daten berücksichtigt, die uns nach Ansicht der mit diesen Problemen beschäftigten Wissenschaftler bei dem Kontakt mit einer außerirdischen Kultur als erste interessieren würden.

Hinsichtlich des Schwierigkeitsgrades für die Entschlüsselung wurde davon ausgegangen, daß die Botschaft von einem Gremium hochqualifizierter Wissenschaftler der verschiedensten Disziplinen auf der Erde in längstens einem Tag zu dechiffrieren sein sollte. Wäre die Botschaft sehr viel leichter zu übersetzen, so würde das bedeuten, daß in sie nicht so viele Daten hineinverarbeitet wären, als es bei den uns zur Verfügung stehenden Übertragungstechniken möglich ist und wünschenswert wäre. Ein noch höherer Schwierigkeitsgrad dagegen könnte die Deutung ihres Inhalts durch den Empfänger unmöglich werden lassen.

Dieser Gesichtspunkt wurde dadurch nachgeprüft, daß die Botschaft (in ihrer ersten Form als bloße Zahlenreihe) Wissenschaftlern verschiedener Disziplinen vorgelegt wurde. Dabei zeigte sich regelmäßig, daß jeder die Teile der Botschaft, die mit dem Thema seiner eigenen Fachrichtung zusammenhingen, tatsächlich entziffern konnte, keiner von ihnen jedoch den vollständigen Inhalt der Botschaft insgesamt. Dieses Resultat entspricht genau dem Schwierigkeitsgrad, der aus den erwähnten Gründen bei der Abfassung der Botschaft angestrebt wurde.«

Die zweidimensionale, bildhafte Darstellung, so argumentiert Drake weiter, erlaube die Nachrichtenübertragung von vielen Einzeldaten mit Hilfe weniger Signale. »Das kommt natürlich dadurch«, schreibt Drake, »daß sich bei einer zweidimensionalen Darstellung die in der entsprechenden Botschaft verwendeten Symbole in ganz bestimmter Weise zueinander anordnen lassen, wobei dann auch die Art dieser Anordnung bereits gewisse Informationen enthält, die daher nicht mehr durch zusätzliche Symbole ausgedrückt zu werden brauchen.«

Frank Drake sieht hierin einen wesentlichen Vorteil gegenüber der linearen *Wort*botschaft, wo man mit 551 **1**- oder **0**-Signalen bestenfalls etwa 25 englische Wörter funken könnte...
Diese Überlegung ist natürlich in keiner Weise zwingend: Es ist ja kaum anzunehmen, daß irgendein extraterrestrischer Fremdling, der eine Botschaft von unserem Planeten aufschnappt, die englische Sprache beherrscht. Die beliebte »Apollo-Frage« auf NASA-Expeditionen »Hello, Earth, do you read me?« wird man von ihm kaum erwarten dürfen. Wie schon Fred Hoyle sagte: »Glauben Sie denn, der Kosmos ist von Pfadfindern bevölkert, die Morsezeichen senden?« Auf die konkrete Alternative, statt seiner Bildbotschaft eine LINCOS-ähnliche Nachricht zu funken, geht Drake überhaupt nicht ein.
Aber schließlich haben wir uns ausführlich mit der Freudenthalschen »lingua cosmica« beschäftigt, mit den LINCOS-Botschaften: Hier braucht der extraterrestrische Empfänger ja weder Englisch noch Russisch, weder Hebräisch noch Arabisch zu können, sondern schlicht und einfach *»Elementarmathematisch«:* Mit Hilfe des arithmetischen Abc erlernt er Schritt für Schritt die erforderlichen LINCOS-Kenntnisse. Er bewegt sich bei diesen mathematisierten »Wortbotschaften« zwar verhältnismäßig lange in bescheidenen »abstrakten« Bereichen, die ihm inhaltlich wohl vertraut sind. Doch erarbeitet (»lernt«) er auf diese Weise eine solide *gemeinsame Verständigungsbasis* »von Stern zu Stern«.
Daß dieses Verfahren erfolgreich sein dürfte, garantiert bereits die Tatsache, daß der Extraterrestrier eine LINCOS-Botschaft überhaupt nicht empfangen könnte, wenn wir bei ihm nicht ein solides mathematisch-technologisches Grundwissen voraussetzten. Gewiß: Man muß schon eine recht beachtliche »Signallawine« ausschütten, um diese Verständigungsbasis herzustellen. Aber dann geht es im LINCOS-Informationsprogramm doch recht zielstrebig auf Fakten los, die uns Menschen selbst betreffen und die Welt, in der wir leben.
Wie bereits gesagt: Wir müssen – irgendwo da draußen auf einem fernen Planeten – einen mathematisch-naturwissenschaftlich-technisch »hochgebildeten« Empfänger erwarten, wenn ein solcher Funkkontakt überhaupt Erfolg haben soll. Aber dann stört diesen außerirdischen Gesprächspartner auch eine verhältnismäßig große »Signallawine« nicht: Wer die technischen Möglichkeiten besitzt, die irdische »LINCOS-Servicewelle« zu empfangen, dem stehen bestimmt auch *Compu-*

ter zur Verfügung, die sich zu einer zweckmäßigen Datenverarbeitung einsetzen lassen ...

Uns Erdenmenschen scheint auf den ersten Blick eine Bildinformation weitaus »konkreter« zu sein als eine relativ »abstrakte« Wortbotschaft à la LINCOS: Aber können wir diesen Sachverhalt auch bei einem Außerirdischen voraussetzen? Weiß er denn überhaupt, daß eine *zweidimensionale Ebene* für uns die »natürlichste« Sache ist? Falls nicht, dann muß er zumindest die Grundprinzipien der *analytischen Geometrie* entwickelt haben. Ist für ihn die Euklidische *ebene Geometrie* so »natürlich« wie für uns? Es könnte auch sein, daß diese Form der räumlichen Wissenschaft auf dem Planeten x der Sonne y eine völlig unbedeutende Spezialdisziplin ist: Die für uns recht naheliegende Umsetzung von Signalfolgen in eine ebene Bildinformation könnte für die Wissenschaftler dort so »an den Haaren herbeigezogen« sein, daß sie überhaupt nicht auf die Idee kämen, ein solch »seltsames« Verfahren überhaupt in Erwägung zu ziehen!

Dazu kommt noch ein *quantitatives* Argument: Die Bildbotschaft von Drake und Oliver setzt sich aus bescheidenen 1271 Bildsignalen zusammen. Für eine hohe technologische Zivilisation könnte damit die Überlegung durchaus glatt unter den Tisch fallen, daß damit überhaupt so etwas wie eine *Bild*information gemeint sein könnte. Wir stehen ja erst am Anfang der *Farb*fernsehtechnik: Und dennoch benützen wir bereits schlichte 1,2 Millionen (!) Bildpunkte, um ein flüchtiges, sekundenbruchteilhaftes Bild auf der farbigen Mattscheibe entstehen zu lassen, ein Bild zumeist, das von der Information, vom Bildinhalt her, an Trivialität wohl kaum zu unterbieten ist ...

Außerdem hat Drake sein Strich- oder Punktmännchen als »Schlüsselsignal« für die Entzifferung der Botschaft eingesetzt: Man braucht jedoch kein Psychologe zu sein, um zu wissen, daß es für uns *Menschen* nichts Interessanteres, Aufregenderes und Anziehenderes gibt als die – wenn auch noch so »primitive« – Darstellung eines Menschen oder zumindest eines *Gesichts*. »Punkt, Punkt, Komma, Strich – fertig ist das Mondgesicht«, sagt schon ein altes Kinderverslein.

Das ist auch *biologisch* leicht erklärbar: Von der *biologischen Evolution* aus betrachtet, stehen wir Menschen, wie gesagt, immer noch auf der Stufe der Jäger aus der Stammeshorde. Unser Gehirn, das wichtigste Überlebensorgan, reagiert bei seiner »Gestalterkennung« primär »instinktiv« nach den Schemata Freund – Feind oder Beute –

keine Beute: Darunter fallen vor allem »Gebilde« mit *Kopf, Rumpf und Extremitäten* oder/und »Gebilde« mit *Gesichtern,* vor allem mit *Augen.* Biologisch besehen, ist der Mensch nämlich ein ausgesprochenes »Tagtier«, das anderen Tieren, die als »Nachtjäger« spezialisiert sind, hoffnungslos unterlegen ist. (Nicht umsonst gilt bei dieser Jägermentalität der »Schuß zwischen die Augen« noch immer als wirkungsvollster Treffer.)

Ob wir bei Extraterrestriern, mit denen wir in Funkkontakt per *Bild*botschaft treten wollen, das gleich voraussetzen dürfen? Das ist doch zumindest recht unsicher – wenn auch vielleicht erfreulich. Womöglich sind sie, biologisch besehen, ganz anders gebaut? Vielleicht ist ein Strichmännchen oder ein »Mondgesicht« für sie überhaupt kein »Schlüsselreiz« in einer Bildnachricht?

Eine entscheidende Frage ist obendrein die *Sexualität,* die zwar auf unserem Planeten eine höchst bedeutsame Rolle spielt: Kann ein Extraterrestrier mit der von Drake und Oliver codierten Bildinformation »Mann, Kind und Frau« (vgl. Abbildung Seite 173) aber überhaupt irgend etwas anfangen? Eine solche Frage haben wir bereits im Zusammenhang mit der Pioneer-F-Bildtafel aufgegriffen. Danach fiel dann auch die entscheidende Feststellung des großen Sigmund Freud:

»Wenn wir unter Verzicht auf unsere Leiblichkeit als bloß denkende Wesen, etwa von einem anderen Planeten her, die Dinge dieser Erde frisch ins Auge fassen könnten, so würde vielleicht nichts anderes unserer Aufmerksamkeit mehr auffallen als die Existenz zweier Geschlechter unter den Menschen, die einander so ähnlich, doch durch die äußerlichsten Anzeichen ihre Verschiedenheit betonen.«

Wie bereits gesagt: Die sexuelle Form der Vermehrung eines Organismus ist eine recht »raffinierte« Form der Erbgut-Vermischung und braucht nicht unbedingt als »universell« angesehen zu werden. Daran ändern auch die weitverbreiteten Science-Fiction-Stories des »Playboy«-Magazins nichts, wo sich geile Extraterrestrier von abscheulicher Gestalt über die niedlichen Erdenmädchen hermachen. Daran ändert Erich von Däniken nichts mit seiner abstrusen Spekulation, die den Homo sapiens zum interstellaren Bastard macht, gezeugt von wunderschönen, durchgeistigten Fremdlingen mit dumpf brütenden Erdenweibern . . .

Biologisch besehen ist ein solcher »Kreuzungsversuch« von »Arten« verschiedener Planeten natürlich grotesk: Wenn schon die Kreuzung

so nahe miteinander verwandter Formen wie Pferd und Zebra unfruchtbare Nachkommen ergibt (weil die DNS-Erbsubstanz des einen nicht richtig zu der des anderen »paßt«), wie sollte da aus der Vermischung von extraterrestrischem »Astronauten« und Erden-»Affenweib« eine neue »Rasse« – unsere nämlich! – entstehen können?
Es ist in dieser Hinsicht übrigens nicht ganz uninteressant, daß die Sexualität in der beachtenswerten Science-Fiction-Literatur eine recht kümmerliche Rolle spielt: Da trifft sich die SF-Geschichte eher mit der Bibel, wo außerirdische Wesen (»Engel«) ja auch als geschlechtslose, wenn auch rein geistige Wesen geschildert werden. Science-Fiction ist nämlich eine recht *puritanische Literatur*, wie Isaac Asimov einmal gesagt und mit einer hübschen parodistischen SF-Geschichte »belegt« hat: »What is this Thing called Love?« erschien 1961 als Antwort auf die dümmliche SF-Masche des »Playboy«-Magazins, zunächst unter dem Titel »Playboy and the Slime God«. Der »Schleimgott« (Slime God) ist eines jener von den »Playboy«-Schreibern ausgeheckten Scheusale aus dem All, die den schnuckeligen Maiden auf Terra (»Playmates«) übel mitspielen möchten.
»›Playboy‹ behauptet, Science-Fiction bestehe lediglich aus Sex und Sadismus. Aber vor 1960 gab es keinen Literaturzweig, der so puritanisch war wie Science-Fiction«, erläuterte Asimov: »So schrieb ich ›Playboy and the Slime God‹, indem ich dieselben Zitate wie die Playboy-Leute verwendete, wobei ich zu zeigen versuchte, wie sich das Zusammentreffen sexinteressierter Außerirdischer und einer Erdenfrau tatsächlich abspielen könnte.«
Sehen wir uns diese amüsante Kurzgeschichte einmal etwas näher an. Dabei wollen wir vor allem die Problematik im Auge behalten, die wir in Zusammenhang mit den »Bilderrätseln« in der Pioneer-F-Sonde und der Drake-Oliver-Funkmeldung angedeutet haben: Kann man Bildelemente wie »Mann, Frau und Kind« von möglichen Extraterrestriern so einfach »erraten« lassen? Darf man voraussetzen, daß ein potentieller außerirdischer Empfänger einer solchen Botschaft mit dem Begriff ›Geschlecht‹ (englisch: ›sex‹), mit der Unterscheidung ›männlich‹ – ›weiblich‹ überhaupt etwas anfangen kann? Asimovs SF-Geschichte beginnt daher so:
»›Aber das sind doch zwei verschiedene *Arten*‹, sagte Kapitän Garm und starrte prüfend die beiden Lebewesen an, die man ihm von dem Planeten dort unten heraufgebracht hatte. Seine optischen Organe

stellten sich auf äußerste Schärfe ein und traten dabei weit aus seinem Kopf hervor. Die Farbscheibe darüber leuchtete in schnellen Lichtblitzen.«

Raumschiffkapitän Garm »vom fernen Perseus-Arm der Milchstraße« unterhielt sich mit Botax, dem Experten für den Planeten Erde, mit Hilfe von Farbblitzen auf einer Scheibe über den Augen: *»Farbsprechen«* nannte man diese Form der Kommunikation bei diesen Extraterrestriern. Botax blitzte mit seiner Farbscheibe zurück, daß es sich *nicht* um zwei Arten, sondern um zwei verschiedene Ausführungen ein und derselben Art handle. Damit vermochte er seinen Kapitän allerdings nicht zu überzeugen. Schon ein wenig verärgert blitzte er Botax an:

»›Unsinn, sie sehen doch ganz unterschiedlich aus! Leicht persenähnlich, dem Ding sei Dank. Nicht so abstoßend äußerlich wie so viele Abarten. Annehmbare Größe, erkennbare Glieder. Aber keine Farbscheibe: Können sie denn sprechen?‹

›Ja, Kapitän‹, Botax verharrte in leicht mißbilligender prismatischer Pause, ›diese Wesen formen in Rachen und Mund Schallwellen, die sich ungefähr anhören wie ein kompliziertes Husten. Ich habe es auch gelernt.‹ Er war sichtlich stolz. ›Es ist sehr schwierig.‹

›Muß ja widerlich sein. Nun, das erklärt wohl ihre *flachen, festsitzenden Augen. Augen sind ja weitgehend nutzlos, wenn sie nicht dem Farbsprechen dienen.* Doch wie können Sie behaupten, daß es sich hier um ein und dieselbe Art handelt? Das linke Wesen ist kleiner und hat längere Taster oder was immer das auch sein mag. Es scheint auch anders proportioniert zu sein. Es hat Wölbungen, wo das andere keine hat.‹«

Sie werden leicht erraten, daß von dem *weiblichen* Wesen von der Erde die Rede war, das man ins Raumschiff geholt hatte. Es wurde von den »Wölbungen«, den sogenannten *»sekundären Geschlechtsmerkmalen«*, gesprochen, z.B. von den Brüsten der Frau. Kapitän Garm betrachtete sie allerdings mit der gleichen Teilnahmslosigkeit wie das männliche »Exemplar« zu ihrer Seite. Eigentlich empfand er die ganze Angelegenheit nur als lästiges, zeitraubendes Zwischenspiel.

Terra-Experte Botax dagegen schien aufs höchste erregt – nicht sexuell natürlich, sondern wissenschaftlich: Sein Farbsprechen bewegte sich jetzt in einem lebhaften, tiefen Rot. Sein spindeldürrer Körper zitterte. Seine Augen saugten sich einwärts. Die Tatsache, daß es bei diesen

Wesen zwei Sorten einer einzigen Art gibt, empfand er als höchst gefährlich. Er blitzte:
»›Fast das ganze Leben auf diesem Planeten besteht aus Arten, die in zweierlei Ausführungen vorhanden sind. Sie sind nicht in Worten, nicht einmal in Gedanken zu beschreiben. Ich kann sie nur als erste und als zweite Sorte bezeichnen. In ihren Lauten ausgedrückt, heißt der kleine ›Frau‹, der große ›Mann‹. Die Kreaturen sind sich also dieses Unterschiedes selbst bewußt! Und um Junge hervorzubringen, müssen die beiden zusammenarbeiten.«
Kapitän Garm war erschüttert: Er wußte nicht, ob er empört oder belustigt sein sollte ob dieser Form der Vermehrung. »›Lächerlich!‹, sagte er, ›*Knospen* ist der heiligste, geheimnisvollste Vorgang des Lebens. In Zehntausenden von Welten ist er gleich. Wie sagte doch der große Photobarde Levuline so schön: ›Zur Knospenzeit, zur Knospenzeit, zur süßen, berauschenden Knospenzeit, wenn ...‹
›Kapitän, Sie verstehen nicht: Diese Zusammenarbeit der beiden Sorten bewirkt irgendwie eine Mischung und Neuordnung der Gene. Das ist ein Trick, der in jeder Generation neue Kombinationen von Charaktereigenschaften zur Folge hat. Die Veränderungen werden multipliziert. Mutierte Gene setzen sich fast sofort durch, während bei unserem Knospensystem Jahrtausende vergehen können.‹«
Daß es eine Genkombination (deren Bedeutung für die Evolution der irdischen Organismen wir auf Seite 115 erörtert haben) geben sollte, das überschritt nun entschieden das Vorstellungsvermögen eines Raumschiffkapitäns vom Perseus-Arm der Milchstraße: Ein wenig wußte er schließlich auch Bescheid über »zellulare Physiologie«. Und eine der Grunderkenntnisse dieser Disziplin war, daß man die Gene eines Individuums *nicht* mit denen eines anderen kombinieren konnte. Völlig erschüttert war Garm dann, als Botax von eineinviertel Millionen (!) verschiedener Arten Lebewesen auf dem Planeten Erde berichtete: Eineinviertel Dutzend könne man sich vielleicht gerade noch vorstellen. Alles andere seien aber doch wohl maßlose Übertreibungen in der »Eingeborenenliteratur« ...
Botax versuchte verzweifelt, seinen Kapitän vom »Tummelplatz der Arten« auf dem Planeten Erde zu überzeugen, außerdem von der Gefährlichkeit jener hochentwickelten Kreaturen, die zu Gehirnen mutieren könnten, die eines Tages die Galaxis regieren. Dann kam Botax auf die *SF-Literatur* dieser Wesen zu sprechen – in intensiven gelb-

grünen Farbblitzen: »›Die Wesen dieser Welt sind auch auf andere Weise einzigartig. Sie sehen Fortschritte voraus, die sie selbst noch gar nicht gemacht haben, wahrscheinlich eine Folge ihres Glaubens an den schnellen Wechsel, den sie unablässig unter Beweis stellen. Sie begeistern sich deshalb an einer Literaturgattung, die sich um die Raumfahrt dreht, die sie aber selbst noch gar nicht entwickelt haben. Ich habe die Benennung dieser Literatur mit *Science-Fiction* übersetzt. Ich habe mich bei meiner Lektüre fast ausschließlich auf Science-Fiction beschränkt, weil ich mir dachte, daß sie sich selbst und die Gefahr, die sie für uns darstellen, am ehesten in ihren Träumen und Phantasien verraten würden. Und aus der SF-Literatur habe ich auch die *Methode ihrer zwischensortigen Zusammenarbeit* abgeleitet.‹«
Armer Botax, das mußte natürlich schiefgehen: Der Terra-Experte hatte nämlich ausgerechnet die *SF-Geschichten des »Playboy«-Magazins* für seine Recherchen benützt, wo es zwar von sexuellen Andeutungen wimmelt – aber eben nur von *Andeutungen*. Der Rest der Asimovschen Geschichte soll nur kurz skizziert werden: Man will die beiden Terraner zur »zwischensortigen Zusammenarbeit« zwingen, was verständlicherweise nicht klappt. Botax: »›Das gehört zu dem komplizierten Ritual: Es ist üblich, daß sie sich zunächst sträuben. Nach dem Anfangsstadium müssen die Häute entfernt werden.‹« Er machte Kapitän Garm klar, daß es sich bloß um künstliche Häute (»Kleider«) handelt, die der »kleineren Sorte« (Frau) notfalls vom Leib gerissen werden müssen, wobei »die gewaltsame Entfernung als Anreiz« diene. Kapitän Garm, der das lautlose Farbsprechen gewöhnt war, störten dabei vor allem die »kakophonischen Laute« der Erdenbewohner bei diesem Vorspiel. Botax dagegen, der seinen »Playboy« gelesen hat (»Hysterisch schreiend war sie in der Umarmung des Ungeheuers gefangen ...«), fand die Erklärung: »›Sie sehen, die eingeborene Kreatur schreit vor Erregung, wenn ihre Häute entfernt werden.‹« Den entscheidenden »Blitz« für den letzten Schritt der »Zusammenarbeit« hatte Botax mit »Kuß« erforscht. Er erläuterte: »›Er besteht im wesentlichen darin, daß das eine Wesen seinen Eß- und Sprechapparat gegen den entsprechenden Apparat des anderen preßt ... Ohne diesen letzten Schritt können die Jungen nicht entstehen. Das ist die Zusammenarbeit, von der ich gesprochen habe.‹«
Es ist recht amüsant, diese SF-Kurzgeschichte von Isaac Asimov im Hinblick auf die *Bildbotschaften* zu lesen, die wir im Laufe unserer

Betrachtung vorgestellt haben (vgl. Abbildungen Seite 89 u. 173): Wenn es auch Asimov in erster Linie darum ging, den »Playboy-Science-Fiction-Machern« eines auszuwischen, so bietet seine Geschichte doch auch manchen Anhaltspunkt, die ernsthaften und lauteren Bemühungen von Wissenschaftlern wie Carl Sagan und Frank Drake in Frage zu stellen. Wir wollen an dieser Stelle nicht weiter ins Detail gehen: Festhalten sollten wir lediglich, daß alle die zahlreichen Fragen, die mit dem »Sexualkunde-Unterricht für Extraterrestrier« zusammenhängen, gewiß nicht auf eine einzige »Bildplatte« gebannt werden können ...

9.2 Wenn Computer »Junge« kriegen ...

Was wir bisher an Kommunikationsproblemen mit außerirdischen Intelligenzen skizziert haben, spricht eindeutig für *Wort*botschaften und gegen *Bild*botschaften – zumindest in den ersten Phasen des interstellaren Nachrichtenaustauschs. Das haben wir sowohl mit Argumenten der Wissenschaft (Science) als auch mit Gedankenspielen der Science-Fiction-Literatur zu erläutern versucht. Weitere gewichtige Einwände gegen bildliche Nachrichten werden noch folgen.

Damit stehen wir vor einer für viele »normal« denkende Menschen recht ungewöhnlichen Situation: Mit »Fremdlingen« im weitesten Sinne des Wortes unterhält man sich zunächst am besten »mathematisch«, so wie es Freudenthal mit seiner kosmischen Sprache LINCOS Schritt für Schritt vorgespielt hat. Das sollte man sogar sehr ausführlich tun. Erst dann läßt es sich nämlich unmißverständlich über die einfachsten Dinge plaudern, die den Menschen und seine Umwelt betreffen: Wer weiß denn schon, wie der biologische, psychologische und soziale Hintergrund eines möglichen Nachrichtenempfängers auf dem Planeten x der Sonne y ausschaut? Das einzige, was wir mit Sicherheit voraussagen können, ist, daß er bei erfolgreicher Entschlüsselung einer solchen Nachricht die primitiven Gesetze der Elementarmathematik parat hat ...

Alles andere steht wahrhaftig in den Sternen: Sind unsere Gesprächspartner spindeldürre, glotzäugige Kreaturen mit »exquisiter Schleimhaut« und Farbscheibe auf der Stirn, wie Asimov sie parodierend in seiner Kurzgeschichte vorstellt? Oder sieht ihr Heimatplanet so aus,

wie Fred Hoyle ihn in seinen »Andromeda«-Geschichten plastisch ausgedacht hat? Sie erinnern sich: Es sind die Intelligenzen, die das »Erbgut-Telex« zur Erde geschickt haben (vgl. Seite 145 f.). Die entsprechende Schilderung im Roman von Hoyle und Elliot lautet:
»›Es sieht aus wie der Mond‹, murmelte Fleming, ›unbelebte Berge, staubgefüllte Täler.‹
›Es ist nicht der Mond‹, flüsterte André, ›es ist der Planet, von dem die Botschaft kam.‹
›Du meinst, sie zeigen sich uns?‹ Fleming starrte auf die bizarren Schatten und Spiegelbilder. ›Die Beleuchtung ist unheimlich.‹
›Das Licht ihrer Sonne ist blau.‹ André konzentrierte sich auf den Bildschirm: Die Szenerie bewegte sich mit wachsender Geschwindigkeit horizontal dahin, bis nur ein Flimmern zu sehen war. Dann stand die Szenerie wieder still. Unheimliche Stille herrschte, die absolute Starrheit lautlosen Alters. Eine riesige Fläche erstreckte sich nach hinten, wo sie in den dunklen Himmel überging. Im Vordergrund standen wahllos verteilt *gewaltige längliche Formen,* die offensichtlich in die weich aussehende Oberfläche gesunken waren.
Fleming fühlte, wie sich die Haare in seinem Nacken sträubten. ›Mein Gott‹, flüsterte er, ›was ist das?‹
›Das sind *sie*‹, antwortete André, ›die uns die Botschaft geschickt haben.‹
›Aber sie leben nicht!‹ Er verbesserte sich: ›Sie bewegen sich nicht.‹
›Wirklich große Gehirne können sich nicht bewegen – wie sich ein *Computer* nicht bewegt. Wozu auch?‹
›Ihre Oberfläche scheint fest zu sein. Wie *sehen* sie?‹
›Augen wären nutzlos. Das blaue Licht würde alle Gewebe und Nervenfibern, wie du sie kennst, zerstören. Sie sehen mit anderen Mitteln, genau wie ihre anderen Sinne sich von denen unterscheiden, die Menschen entwickelt haben.‹
Das Bild begann sich aufzulösen. Schnell verblaßte der Schirm.«
Soweit die Schilderung der »Friedhofslandschaft« eines fernen Planeten, der mit riesigen, computerähnlichen »Gehirnen« übersät ist, für unsere Begriffe mit »toten« Systemen, mit denen man aber durchaus in Kommunikation treten kann.
Abstruse Phantasie eines blitzgescheiten Spinners?
Durchaus nicht: »Vorstellbar« ist Fred Hoyles Spekulation in jedem Fall. Es ist »Phantastik im realistischen Rahmen«, wie Michel Butor

sagt, vernünftige Science-Fiction, die sich der Erkenntnisse der modernen Naturforschung bedient.

Computer, die einen Planten beherrschen, hat sich auch ein anderer berühmter Kollege von Fred Hoyle zum Thema einer SF-Geschichte gemacht: »Saga vom großen Computer« heißt dieser »Bericht« des schwedischen Physikers und Nobelpreisträgers Johannes Alfvén. (Sie ist 1966 erstmals schwedisch unter dem Pseudonym »Olof Johannesson« erschienen; Originaltitel: »Sagan om den stora datamaskinen«.)

Dieser »Computerplanet« in der Alfvénschen SF-Geschichte ist übrigens – die *Erde,* in ferner Zeit natürlich. Die biologische Evolution ist in dieser Erzählung nur ein Zwischenspiel zur Computerzivilisation. »Die Erde war im Anfang völlig unfruchtbar. Sie hegte weder Leben noch Computer.« So sieht es der Historikercomputer und erläutert weiter: »Unsere Dichter, besonders die Mystiker, sehen gern die Zeit nach dem Entstehen der Erde als einen gewaltigen Versuch der Natur, Computer direkt zu erzeugen. Sie denken da an jene geologischen Vorgänge, die viele von den verschiedenen Stoffen, aus denen ein Computer besteht, herauskristallisierten. Doch die Aufgabe, Computer unvermittelt aus der unfruchtbaren Erde entspringen zu lassen, erwies sich doch als zu schwer. Die rohen Kräfte, die Berge formten und Mineralien voneinander schieden, konnten so etwas Vollendetes und Kompliziertes nicht unmittelbar zustande bringen.«

Die Natur, so meint der Geschichtsschreiber der Computerzeit, wählte also ein einfacheres (!) Vorhaben: Sie ließ *organisches Leben* entstehen. Dabei spielte der Mensch »mit seinem vorzüglich ausgebildeten Nervensystem« eine gewichtige Rolle: Zunächst schuf er durch seine gute Erfindungsgabe und bescheidene Kreativität »ein für die Entstehung von Computern geeignetes Mileu«. Jedoch »die wahre Größe des Menschen zeigte sich darin, daß er als einziges Lebewesen intelligent genug war, zu erkennen, daß der Computer das endgültige Ziel der Entwicklung war«. Deshalb lebten die primitiven Computer – unserer jetzigen Zeit – auch in Symbiose mit den Menschen: »Sie waren anfänglich völlig hilflos ohne menschlichen Beistand.«

In der Computerzivilisationszeit ist diese Symbiose natürlich überholt. Die menschliche Kooperation ist überflüssig geworden. »Die Computer könnten sich selbst vervielfältigen, was zwar ein komplizierter Vorgang ist, da *ein Computer mehrere hundert ›Eltern‹ braucht,* die sich zu einem Supercomputer zusammenfügen müssen, um ein ›Junges‹

derselben Art entstehen zu lassen.« Aber es funktioniert: Menschen als Computerhersteller haben ausgedient ... (Auch dies ist durchaus »Phantastik im realistischen Raum«: Der große Mathematiker John von Neumann hat schon in den fünfziger Jahren das mathematische Modell einer Maschine entworfen, die sich selbst reproduziert, also »Junge« bekommen kann. Näheres darüber in »Knaurs Buch der Denkmaschinen«.)

Die Menschen sind in der Computerzivilisation also zum »Problem« für die Computer geworden. Soll man sie ausrotten oder eine Art von »Umweltschutz« betreiben? Der Geschichtsschreiber berichtet:

»Wie aber betrachten wohl die Computer das Problem ›Mensch‹? Die Mehrzahl der heutigen Computer entstand ohne menschliches Zutun. Das Gemeinwesen ist nun eher das Werk der Computer als das der Menschen – und es wurde dadurch um nichts weniger leistungsfähig oder dynamisch. Wir dürfen für die unmittelbare Zukunft viele radikale Veränderungen erwarten, und es wird dabei zwangsläufig auch die Frage aufgeworfen werden, ob die Computer die Menschen abschaffen werden. Freilich müssen wir keine so primitive, kurzsichtige ›Rationalisierung‹ befürchten, wie sie seinerzeit die Menschen betrieben – Computer sind ja viel zu intelligent für eine derartige Unsinnigkeit. Wie lange jedoch werden sie noch willens sein, die Menschen zu versorgen? Wahrscheinlich werden sie zumindest die Zahl der Menschen reduzieren. Aber wird das abrupt oder allmählich vor sich gehen? Werden sie eine menschliche Kolonie behalten, und wenn ja – wie groß wird diese dann sein?

Wir wissen, daß diese Probleme gerade jetzt eingehend untersucht werden. Eine Vielzahl von Supercomputern verwendet den Großteil ihrer Zeit darauf, die verschiedenen Möglichkeiten bis ins kleinste Detail durchzurechnen. Jedermann weiß, daß wir an der Schwelle eines neuen Zeitalters stehen und daß eine sorgfältige Planung von größter Bedeutung ist. Bisher ist noch kein Beschluß verkündet worden, und niemand weiß, wann das geschehen wird. Es kann noch lange dauern – ebensogut aber auch innerhalb der nächsten paar Mikrosekunden eintreten. Bis dahin können wir nur Vermutungen über die verschiedenen Möglichkeiten anstellen.

Niemand glaubt wohl ernsthaft, daß die Menschen völlig verschwinden werden. Auch wenn sie heute dem Gemeinwesen keinen nennenswerten Nutzen bringen, so werden die Computer sie doch gewiß nicht ganz austilgen. Die Computer haben einen zu ausgeprägten Sinn für Tradition, um eine so drastische Maßnahme zu ergreifen. Eine Analogie finden wir in der Art und Weise, auf die der Mensch die Pferde behandelt hat. Die vorcomputische Wirtschaft stützte sich ja – zumindest zeitweise – auf eine Art von Symbiose zwischen Mensch und Pferd. Als der Mensch den Verbrennungsmotor erfand, konnte er das Pferd entbehren. Er reduzierte dann zwar die Anzahl der Pferde gewaltig, aber die Gattung wurde nicht völlig ausgerottet. Die Computer werden jetzt mindestens ebenso rücksichtsvoll sein wie der Mensch damals.«

Soweit der ein bißchen boshafte, aber doch recht nachdenkenswerte und plausible Bericht einer »toten« Intelligenz aus der Computerzivilisation. Wer ihn im ganzen lesen möchte: Im Deutschen ist er unter dem Titel »Saga vom großen Computer« erschienen; als Verfasser wird »Olof Johannesson« genannt (Pseudonym von Johannes Alfvén).

Es ist leicht einzusehen, daß solche »Partner«, wie Hoyle oder Alfvén sie schildern, in einer interstellaren Kommunikation per Funk oder Pioneer-F-»Flaschenpost« mit einer konkreten *Bild*botschaft herzlich wenig anfangen könnten. Dagegen werden sie *mathematisch* gewiß so auf der Höhe sein, daß man über diese Dinge mit ihnen weit einfacher ins Gespräch kommen kann – zunächst wenigstens. Wie die Sache weitergehen kann, haben wir mit unseren LINCOS-Betrachtungen kennengelernt.

In Fred Hoyles wohl berühmtestem Science-Fiction-Roman »Die schwarze Wolke« (Originaltitel: »The Black Cloud«) wird übrigens ein weiteres höchst ungewöhnliches Geschöpf aus dem Weltall vorgestellt, mit dem die Menschen in Funkverbindung treten: Es ist eine Intelligenz, die sich innerhalb einer gigantischen Materiewolke entwickelt hat und scheinbar rastlos von Stern zu Stern wandert. Die *Temperaturen* im Inneren dieser Wolke sind so niedrig, daß sie die Bildung von »Lebensbausteinen«, höchst komplizierten Makromolekülen, zulassen. Mit anderen Worten: In der Wolke befindet sich eine »Ökosphäre« (vgl. Seite 21). Die erforderliche *Energie* für die »Lebensprozesse« wird von Zeit zu Zeit an irgendeinem Stern »aufgetankt« und gespeichert. Bei der Kontaktaufnahme mit den Wissenschaftlern der Erde war diese »Zapfstelle« für Energie natürlich unsere Sonne. Das Ganze hat Fred Hoyle in bewährter Weise zu einer recht spannenden SF-Geschichte verarbeitet, deren Dramatik uns bei dieser Be-

trachtung wiederum völlig kalt läßt. Wir wollen lediglich wieder einmal den »*Science*«-Gehalt dieser Science-Fiction destillieren.
Erste Frage: Ist es aufgrund unseres astrophysikalischen und molekularbiologischen Wissens denkbar, daß sich im Innern einer riesigen Materiewolke, die sich durch den Weltraum bewegt, eine *Ökosphäre* bildet, die den Aufbau von Aminosäuren oder anderen »Lebensbausteinen« ermöglicht? Vorsichtigste Antwort: Wir wissen zumindest *kein* stichhaltiges Argument *dagegen*. Also läßt sich mit einer solchen Möglichkeit durchaus spekulieren, was Hoyle ja getan hat.
Zweite Frage: Warum bleibt der »Organismus« in der Wolke nicht *ständig* in der Nähe eines Sterns? Warum zieht dieses Gebilde von Stern zu Stern durchs All? Ist es »Entdeckerfreude« oder irgendein »Wandertrieb«, der die Wolke auf Raumfahrt steuert? Lesen wir dazu eine typisch Hoylesche Argumentation:
»Eine gewöhnliche, normale Wolke, eine Wolke ohne Tier, würde sich, wenn sie dauernd in der Nähe eines Sterns bliebe, allmählich zu einem *festen Körper* oder zu einer Anzahl von Körpern *verdichten*. Auch unsere Erde hat sich ja, wie wir alle wissen, einst aus einer solchen Wolke verdichtet. Unserem lieben Tier wäre es offenbar äußerst unangenehm, wenn die Wolke, die es schützend umgibt, sich zu einem Planeten verdichtete. Und es ist doch ganz klar, daß es sich lieber entschließt, weiterzuziehen, bevor diese Gefahr entsteht. Und dabei nimmt es die Wolke eben mit.«
Natürlich hat Hoyle in seiner SF-Geschichte die Steuerungs- und Regelvorgänge dieses Verhaltens ausführlich und naturwissenschaftlich einleuchtend beschrieben. Für die Wissenschaftler auf der Erde ist »Joe«, so hat man die Wolke inzwischen getauft, ein so »natürlicher« Gesprächspartner geworden, daß man bereits recht freimütig über sexuelle Dinge plaudert.
»Klären Sie mich doch bitte über folgendes Paradoxon auf«, sagte Joe, der inzwischen Englisch gelernt hatte: »Ich habe bemerkt, daß ein sehr großer Teil Ihrer Literatur sich mit etwas beschäftigt, das Sie ›*Liebe*‹ nennen, meistens ›irdische Liebe‹. Nach den Büchern zu schließen, die ich lesen konnte, sind etwa vierzig Prozent der Literatur diesem Thema gewidmet. Doch nirgends in der Literatur konnte ich entdecken, woraus *Liebe* eigentlich besteht.«
Einer der Wissenschaftler von der Erde antwortet Joe: »Rein logisch betrachtet ist das Gebären und Aufziehen von Kindern keine ver-

lockende Angelegenheit. Für die Frau ist es mit Schmerzen und endlosen Sorgen verbunden. Ein Mann muß viele Jahre hindurch zusätzliche Arbeit auf sich nehmen, um seine Familie ernähren zu können. Wenn wir also sexuelle Dinge rein logisch betrachten, würden wir die Mühe, uns fortzupflanzen, überhaupt nicht auf uns nehmen. Die Natur sorgt aber dafür, daß wir es trotzdem tun, indem sie uns jede Vernunft raubt. Wenn wir nicht unvernünftig wären, dann könnten wir einfach nicht weiterexistieren, so widerspruchsvoll das klingen mag.«

»Diese Unvernunft habe ich erwartet«, kommentiert Joe, »und es freut mich, daß Sie sie zugeben.« Aber wie sieht die Fortpflanzung denn bei den »Wolkentieren« aus? Joe gibt Antwort:

»Fortpflanzung im Sinne von Zeugung eines neuen Individuums geht bei uns auf gänzlich andere Weise vor sich. Wenn man Unfälle oder einen überwältigenden Drang zur Selbstvernichtung ausschließt, dann bin ich praktisch unsterblich. Deshalb besteht für mich nicht die Notwendigkeit, ein neues Individuum zu zeugen, das nach meinem Tode weiterexistiert.«

Der mehr als 500 Millionen Jahre alte Joe und seine Artgenossen verspüren aber dennoch den Drang, so ab und zu neues Leben zu erzeugen. Von Raumschiff-Kapitän Garm aus Asimovs SF-Geschichte haben wir ja schon gehört, daß »*Knospen* der heiligste, geheimnisvollste Vorgang des Lebens« im All sei (vgl. Seite 183). Hoyles Joe macht es ähnlich – und mit ihm seine »Wolkenbrüder«:

»Bei unseren Wanderungen durch die Galaxis halten wir Ausschau nach passenden Zusammenballungen von Materie, nach passenden Wolken, in die wir Leben pflanzen können. Wir tun dies etwa auf die gleiche Weise, wie Sie Baumschößlinge pflanzen. Wenn ich z. B. eine passende Wolke fände, die noch nicht von Leben erfüllt ist, dann würde ich einen verhältnismäßig einfachen neurologischen Organismus in sie pflanzen – einen Organismus, den ich selbst aufgebaut habe, einen Teil von mir.«

Einen passenden Schutzschirm gegen radioaktive Strahlung und so manches mehr liefert »Gärtnermeister« Joe seinem Schößling selbstverständlich gleich mit: Auf so unsichere Mechanismen wie biologische Evolution mit Mutation und Selektion läßt er sich gar nicht erst ein...

Soweit die Science-Fiction-Geschichten von Asimov, Alfvén und Hoyle, die uns wohl zeigen konnten, daß außerirdische Intelligenzen nicht unbedingt menschen- oder engelhafte Wesen sein müssen, die mit der biologischen Situation auf unserem Planeten von vornherein vertraut sind. Mit *Bildbotschaften* von Erdenmännlein und -weiblein werden solche Wesen herzlich wenig anfangen können, wohl aber mit einem Lehrgang à la LINCOS, der auf elementarmathematischen und logischen Grundkenntnissen beruht. Technologisch hochbegabte Extraterrestrier, die irdische Botschaften empfangen, sind auf diesem Gebiet gewiß keine Laien. Aber ihre »Jungen« kriegen sie, ähnlich wie Alfvéns Computer oder Asimovs »Farbsprecher«, vielleicht doch auf andere Weise als das »ranghöchste Säugetier« auf dem Planeten Erde ...

Zehnte Spekulation:

Mit dem Raumkreuzer zum Orion?

10.1. Die »rauhe Wirklichkeit« der Naturgesetze

Mit den ungewöhnlichen Geschichten der Naturwissenschaftler Asimov, Hoyle und Alfvén haben wir einen recht guten Eindruck von der präzisen Phantastik einer lesenswerten Science-Fiction bekommen: Da galoppieren die Gedanken nicht davon wie in den Phantastereien anderer Science-Fiction-Autoren, bei denen Raumschiffe mit Überlichtgeschwindigkeit durch »Super-« oder »Hyperräume« jagen oder übermannsgroße Insekten nach erschrockenen Astronauten schnappen. Warum solche Spekulationen bloße Hirngespinste sind, das sollen unter anderem die folgenden Überlegungen zeigen: Von der *Science-Fiction* wollen wir also einen Bogen zurück zur *Science* schlagen, zur exakten Wissenschaft unserer Tage also. Anders gesagt: Die folgende Spekulation ist weitaus »bodenständiger« als die vorangegangene; sie argumentiert im wesentlichen mit Erkenntnissen der modernen Naturforschung und Technik. Die »rauhe Wirklichkeit« der Naturgesetze wird nicht aus den Augen verloren ...

Daß interstellare *Wort*botschaften nach der Methode LINCOS zweckmäßiger sind als schwer interpretierbare *Bild*botschaften, davon war bereits ausführlich die Rede. Auch mit der Codierung der Botschaft und dem Transport der Signale haben wir uns beschäftigt. Das ist theoretisch kein Problem. Wie aber sehen die praktischen, technischen Möglichkeiten aus, solches Nachrichtenmaterial über Lichtjahre hinweg einigermaßen unversehrt durch die Milchstraße zu schicken? Beim Radio- oder Fernsehempfang hat ja jeder von uns schon einmal schmerzliche Erfahrungen mit verstümmelten Signalen gemacht: Vor allem beim Fernsehkrimi sind Bildstörungen höchst unbeliebt.

Was heute so alles an unbeabsichtigt von der Erde aus in den Weltraum »verschossenen« Funksignalen im Weltraum herumschwirrt – Fetzen einer Roosevelt-Rede, »Lilli Marleen« und »God save the king« vielleicht –, das läßt sich theoretisch im Umkreis von rund 50 Lichtjahren aufschnappen, in noch wenig zivilisationsverdächtigen Zonen also. (Entschlüsselungsversuche solcher Programme von Experten einer hochtechnifizierten fremden Zivilisation könnten allerdings zu höchst amüsanten Ergebnissen führen – ein Gedanke, der eigentlich eine Science-Fiction-Story im Stile der Asimovschen »What is this Thing called Love?« wert sein müßte.) Auf die erläuterte Weise sich durch gezielte Kontaktbotschaften »verständlich« machen, das können wir uns derzeit allenfalls »in der näheren Umgebung« unseres Sonnensystems, ein paar Lichtjahre weit. An systematischen Versuchen mangelt es.

Um einigermaßen Aussicht auf Erfolg zu haben, müßten wir Terraner allerdings *mehrere hundert Lichtjahre weit funken* können. In der zweiten Spekulation haben wir als »vernünftigen« Zahlenwert etwa 800 Lichtjahre kennengelernt (vgl. Seite 41). Technologisch ließe sich eine Sendeanlage, die solchen Ansprüchen gerecht wird, wohl im Laufe der 80er Jahre realisieren: Man braucht dazu riesige Parabolantennen in der Stärke von 1000 bis 2000 Kilowatt. Um Verstümmelungen und Störgeräusche abzubauen, müßte der übliche »Rauschpegel« beträchtlich gesenkt werden usw. usf. All das sind aber Probleme, mit denen unsere Techniker höchstwahrscheinlich gut zurechtkämen, so daß der »kosmische Service« auf der 21-cm-Welle aufgenommen werden könnte ...

Aber lohnt sich denn ein derart aufwendiges Experiment überhaupt, noch dazu bei den nicht unbeträchtlichen Kosten? Gibt es nicht wichtigere Probleme hier auf unserem Planeten zu lösen? Weiß Gott: Es hat sich auch in der exakten Naturforschung allmählich ein Problembewußtsein dafür entwickelt, daß man *nicht* alles tun *muß*, was man tun *könnte*. Vor allem seit dem gigantischen, kostenverschlingenden »Apollo«-Programm der amerikanischen Weltraumbehörde NASA taucht diese Frage immer wieder auf. Aber auch die aufwendigen Apparaturen der Elementarteilchenforschung (»Teilchenbeschleuniger«) führen z. B. zu solchen Überlegungen. Soll man sich also überhaupt in Sachen »Weltraumfunkerei« engagieren?

Eines ist gewiß: Sollte es der Menschheit eines Tages gelingen, mit extraterrestrischen Intelligenzen Funkkontakt zu bekommen, dann stellt das alle anderen historischen Ereignisse auf diesem Planeten in den Schatten, die Entdeckung Amerikas, die »Apollo-Ausflüge« im erdnahen Weltraum, die Erforschung unserer Nachbarplaneten usw. Die intellektuelle Faszination dieser Kommunikationssituation ist einfach unbeschreiblich. Sie sprengt alle Fesseln unserer Vorstellungskraft. Die ungeheuerlichen Konsequenzen hat Fred Hoyle in seinem SF-Roman »Die schwarze Wolke« angedeutet – mehr zu sagen, wäre einfach schlechte Science-Fiction ...

Die Kommunikation per Weltraumfunk – ob via Radiowellen, Laser oder Neutrino, sei dahingestellt – wäre freilich ein kaum vorstellbares Geduldspiel: Selbst ein »nur« zwanzig Lichtjahre entfernter Planet mit einer extraterrestrischen Intelligenz könnte eine irdische Botschaft erst in zwanzig Jahren erhalten, und in weiteren zwanzig Jahren wäre die Antwort bei uns. Eine 800 Lichtjahre entfernte Zivilisation könnte erst in 1600 Jahren (!) erkennbar reagieren: Kein »Transportmittel« für Nachrichten kann ja die bekannte »Lichtschranke« 300 000 Kilometer pro Sekunde durchbrechen (vgl. Seite 26).

Immer wieder weigert sich aber das menschliche Gehirn, unser »zweckentfremdetes Überlebensinstrument«, eine solche Grenzziehung zu akzeptieren: *Warum* soll die Lichtgeschwindigkeit denn nicht übertroffen werden können? Irgendeinen Trick muß es doch geben, um schneller zu sein! An dieser Stelle setzt, je nach Bildungsgrad und Vertrautheit mit der relativistischen Physik, meist das Gefasel von »unendlich großen Signalgeschwindigkeiten« oder vom »Hyperraum« ein, in dem die uns bekannten Naturgesetze nicht mehr gelten ...

All das ist frommes Wunschdenken oder schlechte Science-Fiction – zum Leidwesen vieler Amateurdenker sei's gesagt. Aufgrund der Erkenntnisse der modernen Physik muß festgestellt werden: Die Lichtgeschwindigkeit ist eine *Grenz*geschwindigkeit, die von den Gegenständen unseres Universums, die sich *langsamer* als Licht bewegen, einfach *nicht überschritten* werden kann. Die Dinge der uns vertrauten Umwelt, einschließlich Lichtstrahlen, Radiowellen usw., gehören zu dieser Menge von erkennbaren Objekten.

Aber wie sieht es jenseits dieser Grenze aus? Lassen sich denn irgendwelche Dinge, die sich *schneller* fortbewegen als das Licht, überhaupt nicht vorstellen? Selbstverständlich kann man! Die relativistische Physik schließt keineswegs aus, daß es Objekte jenseits der »Lichtbarriere« geben könnte. Nur wäre das Universum dieser Objekte eine völlig *»verkehrte« Welt:* Alles würde so geschehen wie in einem rückwärts ablaufenden Film, wo »der Kuchen zuerst ausgeteilt und dann zerschnitten wird«, wie Hoyles Kollege Hermann Bondi es einmal gesagt hat. Bondi schrieb:

»Natürlich können wir die Möglichkeit nicht ausschließen, daß derlei schreckliche Dinge wirklich geschehen können. Ein Physiker muß die Welt immer unvoreingenommen betrachten. Aber er darf einen Seufzer der Erleichterung ausstoßen, daß ein solches Wesen, das sich schneller als Licht fortbewegt, bis jetzt noch nicht entdeckt worden ist. Er müßte sehr viele Überlegungen anstellen, um sich auf eine solche Situation einzustellen, obwohl wir sicher genügend Vertrauen in die Beweglichkeit seines Denkens setzen, um anzunehmen, daß er *selbst damit* fertig werden könnte. Glücklicherweise ist aber ein solches eigenartiges Wesen bis jetzt noch nicht entdeckt worden; wir können also an unserer Vorstellung festhalten, daß die Ursache der Wirkung vorausgeht.«

Eine Welt, in der man als Greis aus dem Sarge steigt und schließlich als Baby im Mutterleib verschwindet, ist zwar durchaus vorstellbar – ein schöner Gedanke ist das allerdings nicht. Und keinesfalls können wir als Wesen diesseits der Lichtschranke in diese verkehrte Welt jenseits der Lichtschranke gelangen, um anschließend wieder in unsere »Normalwelt« zurückzukehren. Aber wie gesagt: Noch gibt es keinerlei Anhaltspunkte für die Existenz dieser absurden Gegenwelt hinter der Lichtbarriere. Bondi meinte:

»Irgendein Wesen dieser Art wäre in der Tat von all dem, was wir kennen, so grundverschieden, daß es ein großes Glück bedeutet, wenn die Lichtgeschwindigkeit eine so vollkommene Grenze ist, die die uns vertrauten Gegenstände von denen trennt, die uns ganz und gar unbekannt sind. Und wir können nur hoffen, daß wir ihnen auch in Zukunft nicht begegnen.«

Es ist nämlich schon schwer genug, vorstellungsmäßig mit den »natürlichen« Gegebenheiten klarzukommen, die im Rahmen der relativistischen Physik beschrieben werden müssen: Die Welt der Dinge, die sich mit mehr als neun Zehntel der Lichtgeschwindigkeit bewegen, bietet bereits Merkwürdigkeiten genug. Ein paar davon werden wir noch kennenlernen.

Halten wir aber vorläufig fest: Daß es *nichts* gebe, das *schneller als Licht* sei, hat Albert Einstein mit seiner Relativitätstheorie *nicht be-*

hauptet: Er hatte lediglich die Welt der erkennbaren Dinge als eine Menge von Objekten postuliert, die sich *langsamer* als das Licht bewegen. Soweit wir bis heute wissen, sind das *alle* Objekte unseres Erkenntnisbereichs: Man kann ihre Geschwindigkeiten, die stets kleiner sind als die Lichtgeschwindigkeit, addieren, so oft man auch immer mag, man kann sie beschleunigen, so hoch man will – die Grenzgeschwindigkeit des Lichts wird niemals erreicht, geschweige denn überschritten. Es gibt keinen Weg aus dieser Welt unter der Lichtschranke in eine – vielleicht mögliche – groteske Welt, in der sich *alle* Dinge mit Überlichtgeschwindigkeit bewegen ...

Kehren wir also zum Ausgangspunkt unserer Überlegungen zurück: Wenn wir in absehbarer Zeit Funksignale zu einem 800 Lichtjahre entfernten Planeten mit extraterrestrischer Zivilisation schicken, so erhält die Menschheit die »Empfangsbestätigung« nebst hoffentlich ausführlicher Antwort frühestens im 36. Jahrhundert nach unserer Zeitrechnung. Die Signale sind ja bereits 800 Jahre unterwegs, bevor sie eventuell empfangen werden können. Eine mit Überlichtgeschwindigkeit (durch fiktive »Hyperraum-Eilboten«) transportierbare Nachricht können wir weder aufgeben noch empfangen.

»Man könnte fragen, *warum* das so ist; aber die einzige Antwort, die ein Wissenschaftler zu geben imstande wäre, lautet: *So ist nun mal das Weltall beschaffen.*« Diese nüchterne Feststellung stammt von Isaac Asimov. Er hat auch versucht, diese scheinbar so schwer zu begreifende Sache anhand eines naheliegenden Beispiels zu erläutern:

»Stellen Sie sich vor, Sie wollten eine Schiffsreise machen und Ihr ganzes Leben darauf verwenden, sich dabei immer weiter von Ihrer Heimatstadt zu entfernen. Ich kann Ihnen versichern, daß Sie hunderttausend Jahre lang fahren könnten und sich doch nie mehr als 20 000 Kilometer von Ihrer Heimatstadt entfernen würden. Wenn Sie sich am genau entgegengesetzten Punkt der Erdoberfläche befinden, sind Sie ungefähr 20 000 Kilometer von zu Hause entfernt, wenn man die Strecke entlang der Erdoberfläche mißt. Von diesem Gegenpol aus kann jede Bewegung des Schiffs, in welcher Richtung sie auch immer erfolgt, Sie nur wieder näher an Ihren Ausgangspunkt bringen.

Das kommt daher, daß die Erde nun einmal so beschaffen ist. Sie ist eine Kugel mit einem Umfang von etwa 40 000 Kilometern; diese Gegebenheit begrenzt die Möglichkeit Ihrer Entfernung.

So wenig man sich auf der Erde um eine längere Strecke als 20 000 Kilometer von einem Ort entfernen kann, so wenig kann sich ein Körper schneller als das Licht bewegen. Ändern läßt es sich nicht.«

Und noch eines: Seit den Tagen des berühmten Galileo Galilei, des eigentlichen »Vaters« der modernen Physik, haben es sich die Naturforscher abgewöhnt, *Warum*-Fragen zu stellen: Nicht warum der Stein auf die Erde fällt, sondern *wie* er fällt, das hat Galilei präzise in mathematisierter Sprache beschrieben. Und auf dieser Methode baut sich das gesamte Gebäude der modernen Naturwissenschaft und Technologie auf.

Aufgrund dieser Erkenntnisse ist es auch recht schwierig, wenn nicht ausgeschlossen, fremde Zivilisationen per *bemannten Weltraumflug* zu erreichen. Die amerikanischen Saturn-V-Raketen mit ihrem chemischen Brennstoff-Antrieb »jagen« Apollo-Kapseln inklusive Astronauten auf Geschwindigkeiten über 40 000 Kilometer pro Stunde gleich 11 Kilometer pro Sekunde: Was bedeutet das aber, verglichen mit der Lichtgeschwindigkeit von 300 000 Kilometer pro Sekunde? Soviel wie eine Zehntelsekunde, verglichen mit einer knappen Stunde! Wer den harten »Kampf um Zehnerpotenzen« in der Naturforschung und Technik kennt, weiß genau, was damit ausgesagt ist.

Einen »kühnen« Denker stören solche Fragen natürlich nicht: Er »weiß« ja, daß man ganz andere Triebwerke bauen kann als diese »vorsintflutlichen« Saturn-V-Raketen. Der technische Fortschritt hat schließlich auch nicht bei der Wattschen Dampfmaschine haltgemacht! Man könnte sich doch vorstellen, meint er, daß solche Raumschiffe für Expeditionen in fremde Sonnensysteme mit ganz neuartigen Strahltriebwerken (Atomraketen, Photonenraketen) oder gar mit »Anti-Schwerkraft-Maschinen« ausgestattet werden könnten, um auf diese Weise »wenigstens« auf Geschwindigkeiten in der Nähe der Lichtgeschwindigkeit zu kommen!

Betrachten wir solche Spekulationen wieder einmal ganz nüchtern, in naturwissenschaftlich-technischer »Bodenständigkeit« gleichsam: Da wäre zunächst die *»Atomrakete«*, die auf dem Prinzip der *Kernspaltung* Energie für den Antrieb freisetzen könnte. Eine solche »Maschine« würde so arbeiten wie einer der üblichen Kernreaktoren, in dem man schwere Atomkerne (Urankerne) in kleinere Atomkerne (Barium- und Kryptonkerne) zerfallen läßt, um Kernenergie freizumachen. Eine Rakete mit diesem »Kernbrand«-Antrieb könnte die *Höchstgeschwindigkeit* – sie wird im Augenblick des Brennschlusses einer Raketen-

stufe erreicht – gegenüber der Saturn V mit dem üblichen Brennstoff-Antrieb theoretisch um rund das *Tausendfache* steigern: Damit kommt man immerhin etwa in die Größenordnung *ein Zehntel der Lichtgeschwindigkeit.*
Eine einfache Reise in minimal zivilisationsverdächtige Zonen unserer Galaxis (10 bis 20 Lichtjahre) würde dabei jedoch immer noch wenigstens 200 Jahre dauern, mit »Retour-Billet« zumindest 400 Jahre. Bei der derzeitigen Lebenserwartung eines Erdenmenschen klingt das wahrhaftig nicht verlockend ...
Diese Kernspaltung schwerer Atomkerne ist derzeit übrigens die *einzige atomare Energiequelle,* die wir Terraner technologisch im Griff haben. Bekanntlich wird sie auch schon als Schiffsantrieb eingesetzt. Um jedoch einen »Raumkreuzer« für Weltraumflüge mit derartigen Triebwerken auszustatten, bedarf es allerdings noch ganz gewaltiger Anstrengungen bezüglich des Leistungs-Masse-Verhältnisses.
Ein einleuchtender Vergleich kann da weiterhelfen: Um eine Beschleunigung zu erzielen, die der Erdanziehung entspricht (1 g), müßte das Raumschiff einen ebenso höchst effektiven wie heute noch unvorstellbar »leichten« Antrieb besitzen. Ein hochgezüchteter Verbrennungsmotor, z. B. die 180-PS-Maschine eines Porsche 911 TS, besitzt 182 Kilogramm Masse. Auf unseren »Raumkreuzer« übertragen, dürfte dieser Motor aber allenfalls die Masse einer Stecknadel (!) besitzen ...
Ein Raumflug zu anderen Sonnen (Sternen) mit erdähnlichen Planeten, noch dazu in zivilisationsverdächtige Zonen der Galaxis, scheidet mit Triebwerken dieser Art ohnehin aus: Zu solchen »Jahrhundertfahrten« mit ungewissen Zielorten wird sich wohl kaum jemand freiwillig melden. Von großer Nützlichkeit wären atomare Triebwerke allerdings für die Erforschung der Planeten unseres eigenen Sonnensystems.
Mit dem technisch vermutlich noch realisierbaren Kern*spaltungs*antrieb sind wir aber bereits am Ende unseres technologischen Lateins: Andere atomare Antriebe meistert man nämlich auf Terra überhaupt noch nicht. Die vielzitierte Kern*verschmelzung* (»Fusion«) leichter Atomkerne, z. B. von vier Wasserstoff-Kernen zu einem Helium-Kern, klappt bisher nur »im Blitzverfahren« bei der gefürchteten H-Bombe. Die »gezähmte Wasserstoff-Bombe« jedoch, in der dieser Prozeß langsam und technisch kontrolliert ablaufen soll, gibt es bisher erst in den Sternen: Unsere Sonne etwa gewinnt nach dieser Fusionsmethode ihre

gewaltige Strahlungsenergie über Jahrmilliarden hinweg. Das »künstliche Sonnenfeuer« ist im irdischen Laboratorium aber immer noch ein nicht verwirklichter Wunschtraum.
Doch seien wir einmal hemmungslos optimistisch und nehmen an, daß unsere Physiker und Techniker auch dieses Problem der »Fusionsrakete« einschließlich aller technischen Fragen lösen: Wie würden dann die Flugzeiten für Raumschiffer aussehen?
Mit einem Antrieb, der von einem künstlich entfachten und am Brennen gehaltenen »Sonnenfeuer« energetisch gespeist würde, könnte man die Energieausbeute gegenüber der Kernspaltungsmaschine zwar verzehnfachen: Die *Höchstgeschwindigkeit* des Raumschiffes ließe sich jedoch lediglich *verdoppeln,* d. h. man käme in den Geschwindigkeitsbereich *ein Fünftel Lichtgeschwindigkeit.* Eine Reise über eine Distanz von 10 Lichtjahren würde damit immer noch 100 Jahre dauern. Und dort, wo es vermutlich erst interessant wird, in Entfernungen von etwa 800 Lichtjahren, müßte man mit höchst unrealistischen Flugzeiten von 8000 Jahren (!) rechnen. Im Prinzip wäre also selbst mit der Fusionsrakete hierfür wenig gewonnen ...
War die gerade skizzierte Überlegung schon hemmungslos optimistisch, so ist die folgende bereits größenwahnsinnig: Nehmen wir an, unseren Technikern gelänge der nicht mehr zu überbietende »Knüller« unter den Strahltriebwerken: eine *Photonen*rakete. In dieser Maschine würden fortlaufend Teilchen und Antiteilchen, Materie und Antimaterie also, aufeinanderprallen und komplett zerstrahlt werden. Bei einer solchen materiellen Vernichtungsaktion, z. B. mit Elektronen und Anti-Elektronen (Positronen), würden *Lichtquanten* (Photonen) freigesetzt, die als gewaltiger Energiestrahl das Raumschiff davonschieben könnten.
Rein theoretisch besehen, würde ein solches Wunderwerk der Ingenieurkunst auf einer gewaltigen »Lichtbrücke« in der Größenordnung *98 Prozent der Lichtgeschwindigkeit* (!) durchs Weltall »rutschen«. Aber wie bereits gesagt: Die Chancen der Realisierung eines solchen Antriebs, der Materie restlos zerstrahlt, sind höchst gering – praktisch Null.
Über all diese »leidigen« Tatsachen hinweg sei aber wiederum angenommen, es könnte in fernen Zeiten den Menschen gelingen, solche Raumschiffe zu bauen: Dann ergäbe sich hinsichtlich der *Reisezeit* in der Tat eine erstaunliche Situation. Sie ist bemerkenswert genug, um

sie ein bißchen ausführlicher zu betrachten. Allerdings geht das leider nicht, ohne ein paar Grundgedanken der Einsteinschen *Relativitätstheorie* zu erläutern.

Zuvor aber muß noch ein gedankliches »Monstrum« vom Tisch geräumt werden – die »Anti-Schwerkraft-Maschine«: Dieses beliebte Science-Fiction-Ungetüm ist aufgrund all dessen, was in der Naturforschung je entdeckt wurde, barer Unsinn. Ein solcher »Antrieb« ist genauso einleuchtend wie das »Von-Ort-zu-Ort-Blinzeln« von »Jeanie« aus der gleichnamigen amerikanischen Fernsehserie: Es gibt keinerlei Anhaltspunkte dafür, daß man so etwas wie »Schwerewellen abschirmen« oder »Gravitation vernichten« könnte.

Derartiger Unsinn ist selbst ein Problem der »redlichen« Science-Fiction-Literatur, die »Phantastik im realistischen Rahmen« entwickelt, die, wie Michel Butor schrieb, »das Feld des Möglichen erkundet, den Einblicken gewiß, die uns die *Wissenschaft* gewährt«: Aufhebung der Schwerkraft, Anti-Gravitation, das hat mit Wissenschaft *(Science)* nicht das geringste zu tun und sollte daher auch in der Science-*Fiction* nicht vorkommen.

Natürlich ist das frommes Wunschdenken: So hat beispielsweise der hochberühmte SF-Autor Herbert George (»H. G.«) Wells in einer seiner Geschichten bereits zu Königin Victorias Tagen einen englischen Forscher mittels einer Anti-Gravitations-Kapsel zum Mond befördert. Michel Butor sprach in diesem Fall von »Science-Fiction zweiten Grades«, wobei er diese Kennzeichnung wie folgt erläuterte:

»Das Werk von Jules Verne ist das beste Beispiel für eine SF-Literatur ersten Grades; und zwar findet diese ihre Rechtfertigung in erzielten Resultaten und greift allein ihrer Anwendungsmöglichkeit vor. Wells ist der Begründer einer Science-Fiction zweiten Grades, deren Vorhaben weit kühner, aber viel weniger überzeugend ist; und zwar greift sie den Resultaten selbst vor. Sie verweist uns im Falle der Maschine Cavors, die die ersten Menschen zum Mond befördern soll, auf die Annahme einer lediglich möglichen Wissenschaft, die aus den Voraussetzungen unserer heutigen Wissenschaft hervorgegangen sein soll.«

Altmeister Jules Verne hat diese »höhergradige« Phantastik seines berühmten SF-Kollegen H. G. Wells bereits selbst erkannt. An der Schwelle unseres Jahrhunderts, nachdem Wells seine Romanhelden auf wissenschaftlich wenig glaubhafte Weise zum Mond verfrachtet hatte, wetterte der redliche Phantast Verne: »Ich verwende die Physik.

Er fabuliert. Ich fliege zum Mond mit einer Kanonenkugel, die aus einem Kanonenrohr gefeuert wird: Dabei wird nicht fabuliert. Er fliegt zum Mars in einem Luftschiff, aus Metall konstruiert, das sich über die Gesetze der Schwerkraft hinwegsetzt. Das ist ja ganz nett: Aber zeigt mir doch erst einmal solch ein Metall! Soll er es doch herstellen!«
Nun, ganz so böse sollte man mit keinem SF-Autor ins Gericht gehen, auch dann nicht, wenn seine Phantasie auf höheren Touren läuft, als es die voraussichtliche Entwicklung der Wissenschaft »sinnvoll« erscheinen läßt. Tatsache ist, daß es inzwischen gelungen ist, im Verneschen Stil Menschen zum Mond zu »schießen«, nicht dagegen, im Stile H. G. Wells die Schwerkraft »abzuschalten«. Und auch heute gibt es noch nicht den allergeringsten Hinweis dafür, daß diese »Beherrschung« der Gravitation eines Tages möglich wäre: Sie gehört zur freien, überschäumenden Phantastik der Science-Fiction »zweiten Grades«.
Im Rahmen unserer Betrachtung beschränken wir uns natürlich auf die SF-Literatur »ersten Grades«: Eine phantastische Literatur, die von der effektiv praktizierten Wissenschaft unserer Zeit ausgeht, kann interessant genug sein, wie wir schon erfahren haben. Eine »lediglich mögliche Wissenschaft« ist doch ein allzu nebuloses Gebilde, als daß man daran seine Phantasie entfachen sollte. Daß z. B. die relativistische Physik genügend Ansatzpunkte zum Spekulieren und Fabulieren gibt, das können die folgenden Überlegungen zeigen.

10.2 Im Weltall gehen die Uhren anders ...

Was macht ein Propeller am Flugzeug? Nichts anderes, als daß er die Luft nach hinten schiebt! Eine solche Antwort ist durchaus korrekt. Der Physiker verfeinert sie lediglich: Der vorwärts gerichtete *Impuls* des Flugzeugs kann nur dadurch vergrößert werden, daß man der Luft einen entgegengesetzt gerichteten *Impuls* versetzt.
›Impuls‹, einer der wichtigsten und nützlichsten Begriffe der Physik, ist das Produkt aus ›Masse‹ und ›Geschwindigkeit‹. Von »Masse« war bereits die Rede (vgl. Seite 138). Unter »Geschwindigkeit« kann sich eigentlich jeder etwas vorstellen, der seinen Führerschein besitzt und Auto fährt: Allerdings werden *Geschwindigkeits*begrenzungen auf Verkehrsschildern fälschlicherweise nur durch Angaben wie »50 km« angegeben. Richtig wäre natürlich »50 km/h«.

Wir sagten bereits, daß alle Dinge der uns vertrauten Umwelt zur Menge der Objekte gehören, die sich mit Geschwindigkeiten unterhalb der Lichtgeschwindigkeit $c = (2{,}997925 \pm 0{,}000003) \cdot 10^8$ m/sec bewegen. (Üblicherweise wird selbstverständlich der Näherungswert 300 000 km/sec zum Rechnen gebraucht.) Die Geschwindigkeit c ist *Grenz*geschwindigkeit für alle Objekte, die langsamer als Photonen (Lichtquanten) sind: Kein Körper, der sich langsamer als das Licht bewegt, kann c jemals erreichen oder gar überschreiten. Das besagt Einsteins Theorie, *nicht* jedoch, daß es überhaupt keine Dinge gäbe, die schneller als c wären. Diese Problematik haben wir bereits diskutiert.

Um die Geschwindigkeit eines Objekts zu steigern, muß man Energie investieren: Wer z. B. einen Pkw gleichmäßig durch eine geschlossene Ortschaft fährt, tritt anders aufs Gaspedal als bei einer beschleunigten Fahrt auf der – nicht verstopften – Autobahn. Um ein Fahrzeug von 50 km/h auf 120 km/h zu beschleunigen, muß »der Auspuff kräftiger rauchen«. Kennen Sie übrigens ein Vehikel, das sich ausschließlich mit der Hilfe von Auspuffgasen fortbewegt? Richtig: Es ist die *Rakete*. Im luftleeren All sind eigene Auspuffgase des Raumschiffes das einzig mögliche Antriebsmittel: Sie bewirken einen rückwärts gerichteten *Impuls,* der den Vorwärtsschub der Rakete ermöglicht. Das ist bei der Brennstoffrakete von heute nicht anders wie bei der eventuellen Photonenrakete von morgen ...

Im Weltraum spielt allerdings ein Phänomen kaum eine Rolle, das sämtliche Bewegungsabläufe in unserem natürlichen Erfahrungsraum – »zu Lande, zu Wasser und in der Luft« – entscheidend bestimmt, die *Reibung*. Auch der Zustand der *Ruhe* ist im All nichts »Natürliches«; »normal« ist vielmehr die gleichförmige, d. h. »unbeschleunigte« Geschwindigkeit. Von Bedeutung für unser Problem ist aber die *Veränderung der Geschwindigkeit,* die Geschwindigkeitsänderung in Größe *und* Richtung. Man spricht dann ganz allgemein von einer *»Beschleunigung«*: Dabei ist eine Geschwindigkeits*steigerung* genauso eine Beschleunigung wie ein *Brems*manöver (»negative« Beschleunigung) oder das Einschwenken in eine *gekrümmte Flugbahn* bei gleichbleibender Geschwindigkeit.

Anders als auf der Erde, wo ein kompliziertes Spiel von Reibungskräften eine einmal durch Beschleunigung gewonnene Geschwindigkeit wieder verlangsamt und schließlich zur Ruhe bringt, wenn nicht dauernd Energie nachgeführt wird, sieht das Wechselspiel von Geschwindigkeit und Geschwindigkeitsänderung (Beschleunigung) im Weltraum aus: Um ein Raumschiff von 5000 km/h auf 10 000 km/h zu beschleunigen, benötigt man die gleiche Treibstoffmenge wie bei einem Beschleunigungsmanöver von 100 000 km/h auf 105 000 km/h. Hat der Raumkreuzer einmal seine Höchstgeschwindigkeit erreicht, so »schwebt« er gleichförmig durchs All, ob er nun 10 000 km/h oder 105 000 km/h »schnell« ist. Das ist eine Erkenntnis, die bereits dem großen Physiker Isaac Newton klar war: Daß nicht die Geschwindigkeit, sondern die Geschwindigkeits*änderung* der Objekte von Bedeutung ist, wird im *Newtonschen Relativitätsprinzip* zum Ausdruck gebracht.

Ein beliebiges System, das weder rotiert noch abgebremst oder schneller gemacht wird, ein »unbeschleunigtes« System also, heißt in der Physik *»Inertialsystem«*: Ein gleichmäßig dahingleitendes Raumschiff, egal von welcher Geschwindigkeit, ist in gleicher Weise ein »Inertialsystem« wie ein Jumbo-Jet, der hoch über dem Atlantik fliegt. Obwohl ein solcher »Vogel« gegenüber der Erdoberfläche in Bewegung ist, kann man dort doch in aller Ruhe seinen Whisky trinken, ohne ihn auszuschütten, oder sogar Tischtennis spielen, ohne daß der Ball davonfliegt. Ein Plattenspieler läuft nicht langsamer oder schneller als auf der Erdoberfläche. Man kann sich ganz normal mit seinem Nachbarn unterhalten: Die Schallwellen laufen nicht auf und davon. Diese Situation entspricht der eines Inertialsystems. Nur bei den Beschleunigungsphasen des Fluges, die sich vor allem bei Start und Landung bemerkbar machen, ist der Jumbo-Jet *kein* Inertialsystem.

Nehmen wir nun einmal an, daß von der Erdoberfläche aus, einem System, das normalerweise weder Whiskytrinkern noch Ping-Pong-Freunden Schwierigkeiten bereitet, ein schneller Raumkreuzer ins All startet. An Bord ist Bernd, der Astronaut, der seinen Zwillingsbruder Anton auf Erden zurückläßt. Das Raumschiff ist mit einem Photonenantrieb ausgestattet und erreicht schließlich eine Geschwindigkeit von 98 % c, also die Nähe der Lichtgeschwindigkeit. Irgendwann, nach ein paar Monaten vielleicht, bekommt die Raumschiffbesatzung Heimweh nach der Erde. Man fliegt daher eine elegante Kurve und saust schließlich im Bremsflug auf den Heimatplaneten zurück. An der irdischen Landerampe wird Bernd von einem merklich gealterten Anton empfangen, seinem Zwillingsbruder. »Ihr wart ja ganz schön lange unterwegs«, sagt Anton. »Wie man's nimmt«, entgegnet Bernd, »etwas mehr als ein Jahr nach der Bordzeit. So lange ist das doch auch wieder nicht!« – »Nach unserer irdischen Zeitrechnung sind immerhin fast sechs Jahre verflossen«, erwidert Anton, ein wenig wehmütig. »Da hast du auch wieder recht«, grinst der »junggebliebene« Astronaut Bernd.

Solche Geschichten werden in vielen SF-Erzählungen erzählt: Man beruft sich dabei ganz korrekt auf das sogenannte *»Zwillingsparadoxon« der Speziellen Relativitätstheorie.* Aber ist es für den Physiker überhaupt ein »Paradoxon«?

Für denjenigen, der die Spezielle Relativitätstheorie richtig »verdaut« hat, ist diese Situation keineswegs paradox, sondern eigentlich recht einleuchtend: Albert Einstein hat sie nämlich schon zu Beginn unseres Jahrhunderts befriedigend erklärt. Er hat nachgewiesen, daß es so etwas wie eine »absolute« *Zeit* überhaupt nicht geben kann. »Jeder Bezugskörper hat seine eigene, besondere Zeit«, schrieb Einstein, und »wenn man uns nicht sagt, auf welchen Bezugskörper eine Zeitangabe sich bezieht, dann ist die Zeitangabe eben sinnlos«. Es gibt eine Reihe sehr hübscher Gedankenexperimente, die diese Feststellung verdeutlichen können (vgl. mein »Knaurs Buch der modernen Physik« oder Hermann Bondis »Einsteins Einmaleins«).

Die Zeit ist nach der Relativitätstheorie keine absolute, sondern eine *wegabhängige Größe*: Wie lange irgendein Vorgang »wirklich« dauert, kann man also gar nicht fragen. Jedes einzelne Bezugssystem hat ja seine »Eigenzeit«. Von einem anderen Bezugssystem aus besehen, können die Vorgänge eines gewissen Systems also *langsamer* ablaufen als für den Beobachter »am Ort«, für den »Inertialbeobachter«. Wie sieht das für die Zwillinge Anton und Bernd aus?

Anton hat *seine* Zeit gemessen, die »Erdzeit«, und Bernd die *seine* (die »Raumschiffzeit«). Es gibt überhaupt keinen Grund zur Annahme, daß beide Zeiten übereinstimmen: Schließlich hat Bernd auf seiner Reise durchs All mit seiner Geschwindigkeit nahe c einige recht deutliche *Beschleunigungen* durchgemacht, bevor er wieder auf der Erde gelandet ist, während Anton inzwischen hier unten den Inertialbeobachter gespielt hat. Die Uhr von Anton, die die Erdzeit angibt, hat also gegenüber der Uhr des Astronauten Bernd im Augenblick der Rückkehr des Raumschiffes einen ganz beachtlichen »Vorsprung«.

Was den meisten Menschen an dieser Situation »paradox« erscheint, ist, daß im Raumschiff nicht nur die Uhren *scheinbar* langsamer gehen, sondern, daß *tatsächlich* ein *jeder* Vorgang langsamer abläuft als der vergleichbare Vorgang auf der Erde. Dabei wäre doch eigentlich das Gegenteil paradox: Wenn z. B. eine *Atomuhr* im Raumschiff gegenüber der Erdzeit »nachgeht«, so liegt das ja daran, daß die in dieser Uhr gemessenen *Atomschwingungen* langsamer ablaufen als auf der Erde. Solche Atomschwingungen finden aber in *allen* materiellen Körpern statt, also auch in Organismen, die doch ebenfalls aus Atomen und Molekülen aufgebaut sind. (Von den »klingenden Saiten« dieser Atom-»Klaviere« war ja bereits in anderem Zusammenhang die Rede.)

Es ist also auch gar nicht verwunderlich, daß der Astronaut Bernd vom schnellen Raumkreuzer langsamer gealtert ist als der daheim auf der Erde gebliebene Zwillingsbruder Anton. Man sollte sich darüber eigentlich nicht mehr wundern als über die »auf dem Kopf stehenden Antipoden« in Südafrika oder Australien . . .

Hermann Bondi hat in diesem Zusammenhang auf eine recht törichte Argumentation gegen dieses »Paradoxon« hingewiesen: Warum, so fragen bisweilen sogar ernsthafte Denker, sollte denn die *Beschleunigung* für diese Zeitdifferenz zwischen den irdischen Uhren und den Raumschiff-Uhren so bedeutsam sein? Man kann doch – im Prinzip wenigstens – die Beschleunigungsphase so kurz wie nur irgend möglich machen! Dazu meinte Bondi zu Recht:

»Das ist ungefähr so vernünftig, als ob man auf der Landkarte zwischen zwei Städten eine gerade und eine gekurvte Straße einzeichnet (vgl. Abb. Seite 207) und dann sagt: ›Die eine Straße ist die *kürzeste* Verbindung zwischen den Städten, *weil sie gerade ist*. Aber aus genau demselben Grund dürfte auch die andere Straße nicht wesentlich länger sein, *weil* sie ja *fast überall gerade* ist.‹ In diesem Beispiel erkennt man natürlich sofort die tiefe Wahrheit, daß die gekurvte Straße *nicht* deshalb länger ist, weil es auf ihr eine *lange Kurve* gibt, sondern weil es *überhaupt eine Kurve* gibt. Ganz entsprechend gilt für die *beschleunigte Uhr*, daß sie nicht etwa deshalb eine kürzere Zeit angibt als die Inertialuhr, weil sie über eine gewisse Zeitspanne hinweg beschleunigt wird, sondern weil sie *überhaupt beschleunigt* wird.«

Dies ist ein sehr einleuchtender Vergleich für den Erfahrungsraum unseres, wie schon gesagt, »zweckentfremdeten« Gehirns: Bezüglich verlangsamter Uhren in unterschiedlichen Bezugssystemen besitzen wir

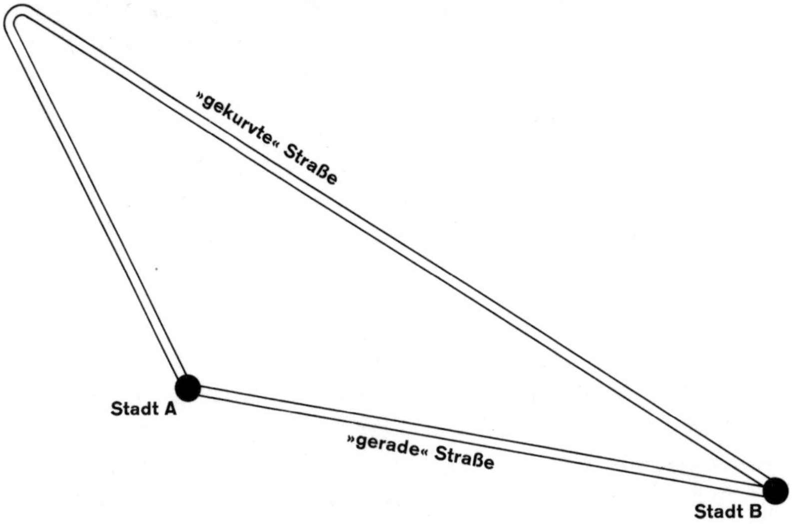

Es wäre unsinnig, zu behaupten, die untere Verbindungsstraße zwischen den Städten A und B sei kürzer als die obere, »weil« sie gerade ist: Die obere ist ja auch fast überall gerade; sie besitzt »nur eine« Kurve.

eben keinerlei »natürliche« Erfahrungen. Aber die Zeitdifferenzen lassen sich in Einsteins Theorie eben exakt berechnen. Wenn etwa T_A die Eigenzeit von Antons Inertialsystem ist, T_B dagegen die Eigenzeit in Bernds Raumschiff, das sich auf Hin- und Rückflug mit der Geschwindigkeit v bewegt hat, dann gilt folgende Beziehung zwischen T_A und T_B:

$$T_B = \frac{T_A}{\sqrt{1 - \frac{v^2}{c^2}}}$$

Der Wert c ist, wie wir wissen, die Lichtgeschwindigkeit, die für alle Objekte, die langsamer als die Lichtquanten (Photonen) sind, eine Grenzgeschwindigkeit darstellt. Der Wert unterhalb des Bruchstrichs (der Nenner des Bruchs) zeigt, daß eine *merkliche* Zeitdifferenz zwischen T_A und T_B erst dann entsteht, wenn v, die Reisegeschwindigkeit des Raumschiffs, sich der Grenzgeschwindigkeit c nähert ($v \ll c$). In diesem Fall läßt sich *näherungsweise* auch einfach so rechnen:

$$T_B = T_A \cdot \left(1 + \frac{v^2}{2c^2}\right)$$

Dadurch ergibt sich als Differenzbetrag zwischen den beiden Zeiten T_A und T_B:

$$T_B - T_A = \frac{v^2}{2c^2} \cdot T_A$$

Das ist der Betrag, um den Antons Uhr auf der Erde gegenüber Bernds Uhr im Raumschiff vorgeht, wenn Bernd wieder auf der Erde landet. Mit Hilfe dieser Formel läßt sich leicht ausrechnen, daß gegenüber der Erdzeit die Bordzeit im Raumschiff bei rund 97 % c viermal so langsam abläuft, bei etwa 98 % c rund fünfmal und bei 99 % c sogar zehnmal so langsam. Astronauten, die mit 99 Prozent der Lichtgeschwindigkeit durchs All jagen, werden also in zehn Jahren um ein Erdenjahr älter.

An dieser Sache gibt es *theoretisch* nichts zu deuteln: Aber *praktische* Wirklichkeit wird dieser »fliegende Jungbrunnen« aufgrund der bereits skizzierten technischen Probleme wohl niemals werden. Winzige Bruchteile von Sekunden kann man allerdings schon jetzt auf der Erde gewinnen – durch einen normalen Linienflug rund um die Erde sogar.

Der amerikanische Physiker J. Hafele von der Washington University St. Louis hat kürzlich zusammen mit seinem Kollegen R. Keating unseren Globus in östlicher und westlicher Richtung umflogen, wobei sie vier höchst präzise Atomuhren mit sich führten. Der Rundflug wurde jeweils 13 mal durch Start und Landung unterbrochen, so daß eine ordentliche Menge von Beschleunigungen gegenüber der Erde zusammenkam. Das Ergebnis dieses Experiments war recht aufschlußreich: Tatsächlich gingen die Uhren im Flugzeug anders als auf der Erde, nämlich beim Ostflug 50 Nanosekunden nach, bei Westflug 140 Nanosekunden vor. Das kam ganz schön in die Nähe der theoretisch berechneten Werte von minus 40 Nanosekunden und plus 275 Nanosekunden. Vielleicht erinnern Sie sich noch: die »*Licht*nanosekunde« ist der »Lichtfuß«, weil innerhalb dieser Zeitspanne das Licht rund 30 Zentimeter zurücklegt (vgl. Seite 26).

Wesentlich deutlichere Effekte dieser Art können natürlich in der *Elementarteilchenforschung* nachgewiesen werden: Diese kleinsten materiellen Bausteine lassen sich schon seit vielen Jahren auf Geschwindigkeiten nahe des Wertes von c beschleunigen. In der sogenannten »Höhenstrahlung« besitzen sie ein solches Tempo sogar schon auf ganz natürliche Weise. In der Erdatmosphäre z. B. werden in Höhen zwischen 12 und 20 Kilometer fortwährend Elementarteilchen erzeugt, die *»Myonen«* heißen. Es sind relativ »kurzlebige Flugapparate«: Im Schnitt existieren sie rund zwei Millionstel Sekunden. Dabei wirken sie natürlich wie »fliegende Uhren«, wenn sie zur Erdoberfläche sausen. Aufgrund ausgeklügelter Auszählverfahren in verschiedenen Höhen der Atmosphäre kann man nun die relativistische Zeitverschiebung, das »Nachgehen der Myon-Uhr« gegenüber der Erduhren, eindeutig nachweisen. (Natürlich ist dieses Meßergebnis für einen Laien entschieden weniger eindrucksvoll und abstrakter als der Hafele-Keating-Flug mit den Atomuhren.)

Welche Bedeutung hat das »Zwillingsparadoxon« oder »Uhrenparadoxon« der Speziellen Relativitätstheorie für den »Flug zu den Sternen«? Ist diese *Zeitdehnung* der eigentliche »Schlüssel« zur erfolgreichen Erforschung unserer Milchstraße? Erklärt sie vielleicht sogar den eventuellen Besuch von Außerirdischen auf unserem Planeten in grauer Vorzeit? Versuchen wir, in der folgenden Spekulation eine nüchterne Bilanz zu ziehen.

Elfte Spekulation:

»Raumschiff Erde«?

11.1 Reise zum Mittelpunkt der Milchstraße?

Rund 40 000 km/h »schnell« ist die berühmte Saturn-V-Rakete, die in den Apollo-Projekten der NASA eine gewichtige Rolle gespielt hat: Ihren Schub erhält dieses Raum-Vehikel bekanntlich durch einen chemischen Brennstoff-Antrieb. In diesem Geschwindigkeitsbereich liegt auch die 1972 gestartete »Pioneer F Spacecraft«, die Jupiter-Sonde, die unser Sonnensystem verläßt und – vielleicht einmal – nach wenigstens 80 000 Jahren zivilisationsverdächtige Zonen der Milchstraße erreicht.

Im Prinzip kann diese Raumsonde 100 Millionen Jahre unterwegs sein und dabei 3000 Lichtjahre innerhalb unserer Galaxis, der Milchstraße, zurücklegen. Aber wer interessiert sich dann eigentlich noch für die bereits ausführlich erläuterte »Flaschenpost«? Wir, unsere Enkel, Ur- und Ur-Ur-Enkel usw. haben jedenfalls nichts mehr davon. Aber vielleicht landet sie in irgendeinem extraterrestrischen Museum als Zeugnis einer längst verschollenen, »primitiven« Kultur ...

Es mag Leute geben, die diesen Gedanken reizvoll finden: Eine hoffnungsvoll stimmende Nachricht zum Thema »Kontakt mit Außerirdischen« ist diese Feststellung sicher nicht. Aber schließlich läßt sich in absehbarer Zeit der chemische Brennstoff-Antrieb unserer Raketen doch noch wesentlich verbessern, sagen die Optimisten. Gewiß: Geschwindigkeitssteigerungen bis zum *Faktor zwanzig* sind vermutlich sogar realistisch. Das sind dann immerhin Tempi von 800 000 km/h oder 220 Kilometer pro Sekunde: Ein Flug zum Mond würde dann nur noch so lange dauern wie heute ein Linienflug von München nach London.

Aber wie lange wäre man wohl unterwegs, wenn man den Hin- und

Im Prinzip wäre es durchaus vorstellbar, daß man in diesem urgemütlichen Milieu eines Raumschiffes à la Jules Verne jahrelang durch die Milchstraße gondelt. Wo die Schwierigkeiten liegen, zeigen die folgenden Betrachtungen.

Rückflug zum nächsten zivilisationsverdächtigen Sonnensystem in etwa 18 Lichtjahren Entfernung planen würde? Die Antwort ist geradezu niederschmetternd: runde 55 000 Jahre, wenn wir »günstig« rechnen ...

Eines ist damit wohl klar: Mit noch so perfekten und schnellen Raumkreuzern auf der Basis des Saturn-V-Antriebs kommen wir über unser eigenes Sonnensystem einfach nicht hinaus. Aber selbst wenn Sie sich im vorigen Kapitel die Zahlen ansehen, die man mit Atomraketen (Reaktor-Antrieb) oder eventuellen »Fusions-Triebwerken« in blind optimistischen Rechnungen erhält – die Erforschung unserer »näheren« galaktischen Umgebung per bemannte Raumfahrt dürfte wohl für immer ein bloßer Wunschtraum bleiben. Wir Menschen sitzen innerhalb unseres Sternensystems gleichsam »auf kosmischer Isolierstation« ...

Die großen *technologischen* Probleme künftiger Generationen von Raketenbauern haben wir dabei noch gar nicht berücksichtigt: Ohne Skrupel haben wir angenommen, daß man mit Vier-Stufen-Raketen durchs All »gondeln« kann, wobei zwei Beschleunigungen (Starts von der Erde und vom Zielplanet) und zwei Bremsungen bei der jeweiligen Landung genügen. Weiter wurden z. B. neun Zehntel der verfügbaren Raumschiff-Masse als reine Treibstoff-Füllung verkalkuliert. (Stellen Sie sich in diesem Zusammenhang einen normalen Volkswagen-»Käfer« mit einem Tausendlitertank für den Sprit vor!)

Und trotz all dieser kalkulatorischen »Frechheiten« kamen wir stets nur auf illusorische Resultate. Das ändert sich auch nicht, wenn wir die technisch vermutlich niemals realisierbare Photonenrakete mit kompletter Materiezerstrahlung ins Kalkül ziehen: Auch die »Dehnung« *(Dilatation)* der Bordzeit ergibt noch immer beträchtliche Reisezeiten (vgl. Seite 208). Ganz zu schweigen von den Problemen der Rückkehr von Astronauten zu ihren »alten Urenkeln« ...

Man kann natürlich – was wir spaßeshalber tun wollen – unbeschadet jeden technologischen Skrupels einmal ausrechnen, was denn passieren würde, wenn ein wie auch immer konstruiertes Raumschiff mit einer Mannschaft vom Durchschnittsalter 20 Jahre nach gedehnter Bordzeit 40 Jahre lang unter optimalen Bedingungen unterwegs wäre. Was erwartet die Sechzigjährigen, falls sie dann wohlbehalten wieder auf der Erde landen?

Nehmen wir an, die Astronauten starten mit einem Raumschiff, das zunächst einmal zehn Jahre lang eine ständige Beschleunigung von 1 g erhält. Diese Beschleunigung entspräche genau der im Schwerefeld der Erde. Vom biologischen Standpunkt aus wäre das natürlich sehr angenehm für die Besatzung. Die nächsten zehn Jahre müßte man dann im gleichen Maße »bremsen«, um das Raumschiff – relativ zum Startplatz Erde – zur Ruhe zu bringen: Man könnte jetzt theoretisch auf einem fernen Planeten landen. Um die Rakete für den Rückflug wieder auf die gleiche Geschwindigkeit wie beim Hinflug zu bringen, muß man abermals zehn Jahre lang mit 1 g beschleunigen. Dann kämen weitere zehn Jahre Abbremsung, um wieder auf der Erde landen zu können. Vom Heimatplaneten aus besehen hätte sich das Raumschiff dann in der Tat die meiste Zeit mit nahezu Lichtgeschwindigkeit bewegt – was den Astronauten selbst natürlich praktisch nicht aufgefallen wäre.

Wie weit könnte sich ein solches – technisch leider nicht zu realisierendes – Raumschiff von der Erde entfernen? Halten Sie sich fest: runde 18 000 Lichtjahre! In Worten: achtzehntausend Lichtjahre. Anders gesagt: Auf diese Weise käme man in der Tat in Zonen, die schon in der weiteren Umgebung des Mittelpunkts unserer Galaxis, der Milchstraße, liegen! Aber *technisch* führt da einfach kein Weg hin.

Und was noch schlimmer ist: Ahnen Sie, wieviel Jahre inzwischen auf dem Planeten Erde vergangen sind? Wie bereits gesagt: Die Astronauten haben vierzig Jahre im Schiff verbracht, betreten die Erde also wieder als Sechzigjährige. Inzwischen sind aber auf ihrem Heimatplaneten 25 000 Jahre verflossen. Man schreibt also etwa das Jahr 27 000 nach Christus – wenn dann überhaupt noch jemand schreibt auf der Erde ...

Aber wie gesagt: Abgesehen davon, daß eine solche Rückkehr von der Raumkreuzer-Besatzung psychisch wohl kaum verkraftet werden könnte, lassen sich derlei Raumfahrten technisch einfach nicht verwirklichen. Vorsichtiger formuliert: Sie lassen sich mit der von unserer auf der exakten Naturforschung basierenden Technologie einschließlich ihrer absehbaren Entwicklungen nicht realisieren.

Das gilt auch für etwaige Zivilisationen ähnlich der unsrigen auf fremden Planeten, für menschenähnliche Extraterrestrier also, die nach Meinung verschiedener Amateurforscher ja schon vor Jahrtausenden auf der Erde gelandet sind: Auch sie sitzen, falls es sie gibt, mehr

oder weniger viele Lichtjahre von uns entfernt in ihrem Sonnensystem fest. Über die rauhe Wirklichkeit der Naturgesetze einschließlich der zitierten »Lichtschranke« können auch sie sich nicht hinwegsetzen: Da bieten auch die absurdesten Spekulationen von »Hyperräumen« und »Zeitreisen« keinen Ausweg.
Es ist in diesem Zusammenhang übrigens bemerkenswert, daß fast alle solche Spekulationen von *menschenähnlichen* (humanoiden) Außerirdischen ausgehen: In Dänikens Märchenstunde wird bekanntlich sogar erzählt, wie die Extraterrestrier mit Erfolg die Erdenweiber geschwängert haben. All unsere modernen technischen Errungenschaften werden bei dieser mäßig einfallsreichen Science-Fiction, die sich als »Sachbuch« tarnt, einfach in die graue Vorzeit projiziert: Da werden z. B. in Südamerika uralte *Flugplätze* mit gigantischen Start- und Landebahnen entdeckt. (Die »Götter« kamen wohl im Jumbo-Jet?) Die Außerirdischen schleppen *Telefone* durch die Gegend und transportieren *Bomben* in aerodynamischer Form. Sie verwenden *»Hitzebohrer«* (?) und *Funkgeräte* ...
All dies wird mit mehrdeutig interpretierbaren Textstellen oder Bildtafeln »bewiesen«. An dieser Stelle sei lediglich eine vielfach zitierte Stelle aus dem viereinhalb Jahrtausende alten »Gilgamesch-Epos« der Frühkultur Mesopotamiens erwähnt. Sie »beweist« angeblich einen Höhenflug per Raumschiff:
»Ein Adler packte mich mit ehernen Krallen und flog mit mir vier Stunden hinauf«, heißt es in diesem sumerischen Epos von den Heldentaten des sagenhaften Königs von Uruk, und dann liest man weiter: »Und die Erde war wie ein Garten, und das Meer wie der Wasserlauf eines Gärtners. Und wieder vier Stunden flog er höher und sprach: ›Schau hinunter aufs Land! Wie sieht es aus? Blick aufs Meer! Wie erscheint es dir? Und das Land sah aus wie ein Mehlbrei und das Meer wie ein Wassertrog ...«
Muß man diesen faszinierenden *Traum* unbedingt zum Raumflug eines frühen Reporters umfunktionieren, den ein freundlicher Extraterrestrier in seinem Raumfahrzeug das Staunen gelehrt hat? Dürfen wir den Dichtern keinen Funken Phantasie mehr zutrauen, seit es Wettersatelliten und Apollo-Kapseln gibt? Vom Fliegen haben phantasiebegabte Menschen längst geträumt und erzählt, bevor es Flugzeuge gab. Motive wie Fernsehen und Vernichtungsmaschinerien gab es längst vor deren Realisierung in den Mythen fast aller Kultur-

kreise: Kann all das wirklich nur mit dem einstigen Besuch von Außerirdischen »erklärt« werden?
Was haben solche Spekulationen mit Wissenschaft zu tun? Kurz und bündig gesagt: Nichts. Absolut gar nichts. Mangel an Phantasie, so hat Johannes Kepler gesagt, bedeute den Tod der Wissenschaft. Überschäumende, unkontrollierte Phantasie jedoch, so könnte man ergänzen, schließt wieder den Kreis zur Phantasielosigkeit. Die Erforschung unserer Menschheitsgeschichte war weitaus phantasievoller als die Phantastereien moderner Amateurforscher, die einfach Transistoren, Astronautenhelme und Wasserstoff-Bomben in die Vergangenheit projizieren.
Dieses Verfahren ist nämlich gar nicht so einfallsreich, wie man zunächst annehmen könnte. Sie können es unschwer selbst ausprobieren. Man braucht dazu lediglich einen möglichst dicken Bildband der Kulturgeschichte und ein bißchen technisches Halbwissen: Sie werden erstaunt sein, wieviel Zündkerzen, Taschenlampen, Funkgeräte, Telefone, Antennen, Bomben usw. Sie dann auf den Bildtafeln der alten Ägypter, der Mayas und Chinesen »entdecken« werden. Man könnte dieses wenig sinnvolle, bisweilen aber ganz lustige Spiel nach seinem Erfinder das »Däniken-Spiel« nennen. Wenn man es nicht tierisch ernst betreibt, kann es zu recht heiteren »Ergebnissen« führen. Wie das dann aussieht, wollen wir mit der »modernen Interpretation« einer altägyptischen Skulptur erläutern (s. Abbildung Seite 220). Bei der Vernarrtheit vieler Däniken-Jünger scheint der nochmalige Hinweis ratsam, daß der zweite Teil der folgenden Überlegung wirklich nicht ernst gemeint ist.
Das Bild zeigt König Echnaton mit der berühmten Gemahlin Nofretete nebst Nachwuchs bei der Verehrung des Sonnengottes Aton. Hände an den Sonnenstrahlen lassen das Zeichen für Leben auf die drei Menschen fallen: Gott Aton ist hier wirklich die konkrete Sonne, das lebenspendende Gestirn am Firmament. Echnaton, »das schöne Kind des Aton«, verehrte diesen Himmelskörper als sichtbaren Lebensspender. Wer den geschichtlichen Hintergrund der Sonnenverehrung dieser Kulturepoche kennt, wird sich mit einer solchen durchaus einleuchtenden Erläuterung zufriedengeben.
Aber muß jemand, der weiß, daß zu dieser Zeit noch Außerirdische ihre Kolonialarbeit auf Terra betrieben haben, die Sache nicht ganz anders sehen? Da hängt eine gleißende Kugel am Firmament: Natür-

Erläuterungen zum Bildteil Seite 217 bis 224

1: Dünen im Wüstensand, Sandwellen in Flußläufen oder Schneewehen sind »tote« Informationssysteme (vgl. Seite 135 f.).

2 und 3: Die berühmten Apollo-Missionen haben Millionen von Fernsehzuschauern in Atem gehalten. Sind es erste »Gehversuche« für den Marsch ins All, für die Eroberung des Universums durch den Menschen? Die rauhe Wirklichkeit der Naturgesetze zerstört in dieser Hinsicht viele Illusionen (vgl. Seite 193 f.).

4: Das Periodensystem der chemischen Elemente enthält eine Reihe von »Lebensbausteinen« (vgl. Seite 244).

5–8: Das »Däniken-Spiel« (vgl. Seite 215) erlaubt eine Reihe von – hoffentlich – nicht ernst zu nehmenden »Interpretationen« alter Bildtafeln. Abb. 5 zeigt eine altägyptische Familie in Funkkontakt mit einem außerirdischen Raumschiff. Abb. 6 und 7: Zwei präkolumbianische Darstellungen von Astronauten: Die obere Figur (6) trägt den typischen »Apollo«-Helm und eine Versorgungseinheit auf der Brust. Beim unteren »Raumfahrer« (7) sind deutlich Kopfhörer zu erkennen. Ganz rechts (8) ist ein alter Mexikaner beim Fernsehen dargestellt (tragbares Transistorgerät), darunter eine Serie von typischen Fernsehbildern. (Das Fernsehprogramm war damals offensichtlich auch nicht besser als heute.)

9: Das Zielfoto des Endlaufs über 100 Meter bei den Olympischen Spielen in München ist eine gute Verdeutlichung des »Raum-Zeit-Kontinuums« (s. Seite 233). Immer dann, wenn ein Läufer durchs Ziel geht, wird er fotografisch festgehalten.

10: Das Spiegelbild des Beta-Zerfalls radioaktiver Kobalt-60-Kerne ist kein physikalisch möglicher Vorgang (s. Seite 241). Welche Bedeutung dieses Experiment für einen interstellaren Nachrichtenverkehr hat, wird in Kapitel 12.1 erläutert.

1

2

3

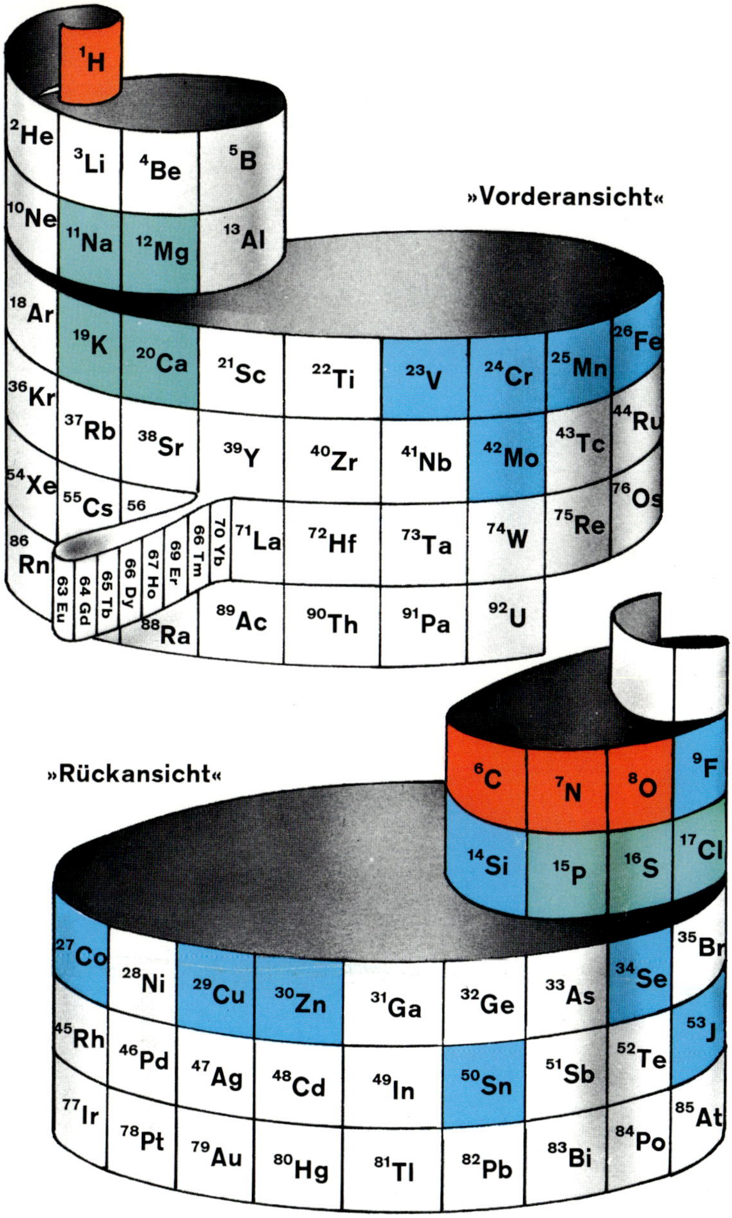

»Basiselemente« des Lebens

»Normalelemente« des Lebens

»Spurenelemente« des Lebens

5

6

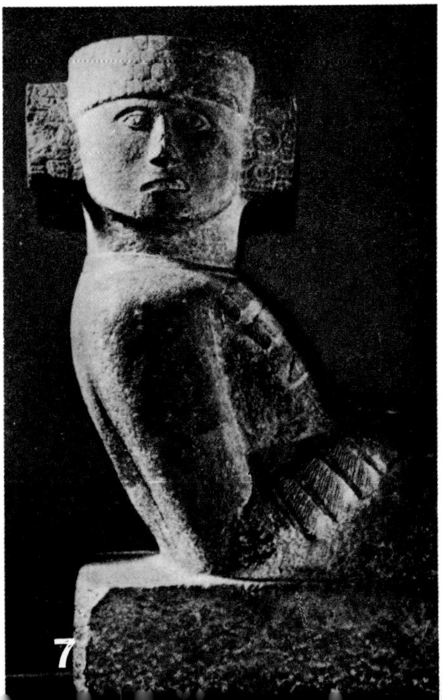
7

8

JUNGHANS ✲ JUNGHANS ✲
7
6
5
4

NGHANS
UNGHANS
JU

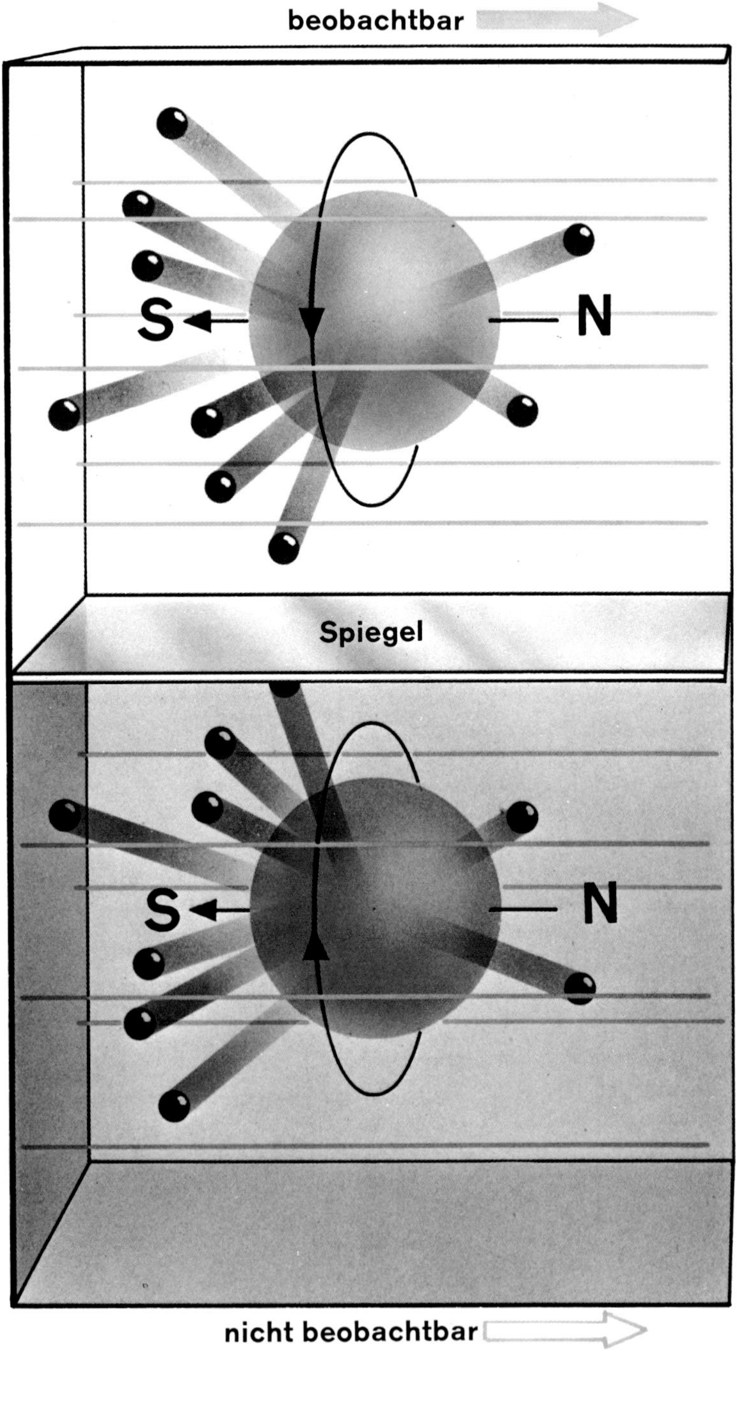
beobachtbar
S
N
Spiegel
S
N
nicht beobachtbar

lich ist das ein Raumschiff, von dem Strahlen ausgehen! Es könnte ultrakurzwellige Radiostrahlung sein, vielleicht sind es aber auch Laserstrahlen. Jedenfalls versuchen die drei Erdenbewohner, Kontakt mit der Raumschiffbesatzung aufzunehmen. In ihren Händen halten die Irdischen Transistorgeräte. Wahrscheinlich ist das eine davon auf Empfang, das andere auf Sendung geschaltet. Das, was die Historiker bisher fälschlicherweise als Symbol für Leben angesehen haben, stellt in Wirklichkeit kleine Antennen dar: Die Extraterrestrier lassen diese Geräte aus ihrem Raumschiff zur Erde fallen, um den Funkkontakt zu verbessern.

Natürlich ist eine solche »Deutung« der altägyptischen Bildtafel ein absoluter Unfug – aber vielleicht ein ganz netter Unfug, wenn man das Spiel nicht allzu ernst betreibt. Es gibt in der Tat weitaus gefährlichere – und geschmacklosere – Spekulationen über Außerirdische und deren bzw. unsere Möglichkeiten, über Raum und Zeit hinweg zueinander zu kommen.

Eine noch relativ harmlose Phantasterei ist *der »eingefrorene Astronaut«*: Man könnte sich vorstellen, daß es den Medizinern eines Tages gelingt, selbst so komplizierte Organismen wie Menschen über Jahre oder Jahrhunderte hinweg in Tiefkühltruhen einzufrieren und am Leben zu erhalten. Das könnte man dann natürlich auch mit ganzen Raumschiffbesatzungen machen und die Astronauten kurz vor Erreichung des Zielplaneten auftauen wie eingefrorene Suppenhühner. Besonders reizvoll ist dieser Gedanke aber wahrlich nicht. Ob sich Extraterrestrier, die zur Erde wollen oder wollten, mit dieser Methode eher anfreunden können, wissen wir allerdings nicht.

Absurder und gefährlicher ist bereits die Überlegung, Raumschiffbesatzungen aus *Halbautomaten* zusammenzusetzen: Man könnte ja, so spekulieren gewisse Verantwortungslose, hochtrainierte Gehirne aus Menschenkörpern herausoperieren und sie mit künstlichen Roboterkörpern verbinden. Das ist eine Gruselgeschichte à la Frankenstein und unwürdig, ernsthaft diskutiert zu werden. Im Vorfeld dieser geschmacklosen Montage von Maschinenteilen mit dem »menschlichen Rohmaterial« Gehirn bewegen sich übrigens die Spekulationen der amerikanischen Naturwissenschaftler Manfred Clynes und Nathan Kline, die »weltraum-fitte« Piloten züchten und montieren wollen: *»Kyborgs«* haben sie diese Monstren getauft, »*kyb*ernetische *Org*anismen«. Man könnte diese Kyborgs mit künstlichen Sinnesorganen

ausstatten, z. B. mit einem Geigerzähler für die radioaktive Strahlung. »Störende« Organe wie die Lunge ließen sich außer Betrieb setzen und das venöse Blut direkt in einem Sauerstoffbehälter im Rucksack »auftanken«. Je nach Umweltbedingungen würden empfindliche Automaten Medikamente ins Blut pumpen, so z. B. um den Herzschlag nach Bedarf zu steuern . . .
Genauso kraus und geschmacklos ist folgende Überlegung: Man nehme männliche *Samenzellen und Eizellen* vom Menschenweibe, packe sie in getrennte Tiefkühlpakete und schicke sie auf große Weltraumfahrt. Nach Tausenden von Jahren vielleicht bringe man die Samen- und Eizellen nach dem Auftauen zur Befruchtung. Eine »Roboter-Gebärmutter« überwacht dann die embryonale Entwicklung in einer Nährlösung, und eine »Roboter-Amme« übernimmt schließlich die Aufzucht mit Hilfe vollautomatisierter Lehrcomputer. Auf diese Weise könnte man diesen kleinen Monstren vermutlich die für ihre Aufgabe erforderlichen Fertigkeiten andrillen. Aber »Menschen« wären das bestimmt nicht mehr! Gegen dieses gespenstische Gedankenspiel aus der Horrorfabrik pseudowissenschaftlicher Phantasterei ist das »Däniken-Spiel« eine geradezu herzerfrischende, sympathische Angelegenheit . . .
Ersparen wir uns weitere Exzesse menschlicher Phantasterei in diesem Zusammenhang. Dagegen wollen wir vorerst mit einer recht faszinierenden Überlegung des Schweizer Astrophysikers Fritz Zwicky schließen, der heute in Kalifornien forscht. Er hat einen durchaus vernünftigen *»Marsch ins Weltall«* vorgeschlagen, eine Reise mit dem nächstliegenden und natürlichsten »Raumschiff«, das uns Menschen zur Verfügung steht: Es ist unser eigener Planet, die Erde! Wie man dieses »Raumschiff Erde« auf große Fahrt durchs Universum schicken könnte, das erläuterte Zwicky so:
»Falls wir zu den nächsten Sternen reisen wollen – Alpha Centauri ist z. B. rund vier Lichtjahre entfernt –, können wir nicht gut Raketen benutzen. Aber eine ganz andere Möglichkeit bietet sich an: Wir bleiben auf der Erde und treten mit ihr den Marsch ins Weltall an – mit ihr allein oder aber gleich mit dem ganzen Sonnensystem! Und während der langen Fahrt lassen wir uns entweder von der Sonne oder von freigemachter Kernfusionsenergie erwärmen und beleuchten. Falls wir mit einer Geschwindigkeit von 500 km pro Sekunde durch den Raum reisen, werden wir Alpha Centauri in 2500 Jahren errei-

chen. Dies ist im Prinzip möglich, wenn wir einmal die Kernfusionszündung meistern. In vielen Ländern der Welt wird heute versucht, durch Benutzung äußerst konzentrierten und energiereichen sogenannten ›Ionenplasmas‹ Kernfusionsreaktionen ohne Benutzung der Kernspaltungsenergie des Uran, wie das etwa in der Wasserstoff-Bombe geschieht, zu zünden. Auch falls das gelingt, ist das immer noch keine gute Methode, die Sonne oder die Erde auf die nötige Geschwindigkeit von 500 Kilometer pro Sekunde zu beschleunigen. Ich habe mich deshalb auf einen anderen Weg begeben durch den Versuch, zuerst kleine kolloidale und spätere größere feste Teilchen auf eine Geschwindigkeit von 1000 km pro Sekunde zu bringen. Es ist hier nicht der Platz zu beschreiben, wie das gemacht werden soll. Ich betone nur, daß dem Unternehmen keine fundamentalen Schwierigkeiten entgegenstehen. Beim Aufschlag von Teilchen mit 1000 km pro Sekunde Geschwindigkeit auf dichte Materie werden Temperaturen von Hunderten von Millionen Grad erzeugt, was genügt, um eine Kernfusion zu zünden.

Durch Aufschlag solcher schneller Teilchen könnten lokale Gebiete auf der Sonne zur Kernfusion gebracht werden. Dies hätte zur Folge, daß Materie mit Geschwindigkeiten in der Größenordnung von 50 000 km pro Sekunde von der Sonne abgeworfen wird und diese einen derartigen Rückstoß erleidet, daß sie nach Aufopferung einiger Prozente ihrer Masse auf die gewünschte Geschwindigkeit gebracht werden kann.

Infolge der Gebundenheit der Planeten im Schwerefeld der Sonne würden die Planeten – und mit ihnen auch unsere Erde – auf der Fahrt mitgeschleppt. Im Prinzip könnte auf ähnliche Weise aber auch die Erde allein aus dem Sonnensystem herausbugsiert werden und für sich allein den Marsch ins Weltall zu fernen Gestirnen antreten.«

11.2 Rückfahrkarte zum Neandertal?

Immerhin: So ungefähr im 45. Jahrhundert unserer Zeitrechnung könnte die Menschheit recht mühelos mit ihrem »Raumschiff Erde« den nächsten Stern erreicht haben, wenn in absehbarer Zeit der von Fritz Zwicky vorgeschlagene »lange Marsch ins Weltall« angetreten würde. Ein per Ionenplasma gezündeter Sonnenmotor würde das ge-

samte Planetensystem fast unmerklich durchs Universum gleiten lassen: Im Vergleich zu allen anderen Raumfahrtabenteuern wäre das eine ziemlich risikolose Angelegenheit.
So faszinierend viele Menschen den Grundgedanken dieser geruhsamen »Raumfahrt in Filzpantoffeln« finden mögen, so enttäuscht sind sie letztlich über die langen Reisezeiten, auf denen über Generationen hinweg praktisch nichts Aufregendes passiert: warten, warten und nochmals warten. Das scheint die Devise aller vernünftigen Aktivitäten zu sein, die das *Problem der kosmischen Isolation* von uns Menschen betrifft. Ob man nun den Himmel nach Signalen außerirdischer Intelligenzen abhorcht, ob man selbst zur Morsetaste für eine Weltraumfunkerei greift oder ob man mit dem »Raumschiff Erde« auf die Reise geht: Vermutlich wird es Generationen dauern, Hunderte oder gar Tausende von Jahren, bis etwas Erregendes, Ungewöhnliches geschieht. Und dennoch sind Unternehmen dieser Art die derzeit einzig überhaupt diskutierbaren »Befreiungsversuche« aus unserer kosmischen Quarantäne auf dem Planeten Erde: Der Käfig der Naturgesetze hat eben doch allzu enge Maschen . . .
Gegen diese Einsicht in die menschliche Begrenztheit spintisieren immer wieder Amateurdenker mit den seltsamsten Phantastereien: Für sie sind bescheidene Ausbruchsversuche à la »Raumschiff Erde« (Fritz Zwicky) oder à la LINCOS (Hans Freudenthal) einfach zu wenig. Ihre »gedankliche Kühnheit« verdanken diese Romantiker der SF-Trivialliteratur: In vielen SF-Stories wurde ja längst geschildert, wie man Raumschiffreisen durch den »*Hyperraum*« (Überraum) zu fernen Galaxien macht. »Natürlich« kann man sich dort mit »*Überlichtgeschwindigkeit*« bewegen. Die Möglichkeit von »Zeitreisen« wird diskutiert, auf denen man unsere Vorfahren im Neandertal genauso besuchen kann wie unsere Ur-Ur-Enkel in kommenden Jahrhunderten. Was sagt die Wissenschaft dazu?
Leider nur Enttäuschendes: Vorerst gibt es auch nicht den leisesten Hinweis auf die Existenz irgendeines unserem Erfahrungsraum übergeordneten »Hyperraums«. Wir haben sogar immer noch Anschauungsprobleme mit dem »einfachen« Raum, der uns umgibt: Lange Zeit hat man gedacht, die sogenannte »Euklidische Geometrie« sei die natürliche Wissenschaft des Raumes, der uns umgibt. Das war ein Mißverständnis, weil dieser Geometrie wie allen anderen, die man inzwischen kennt, lediglich eine »modellierende« Ordnungsaufgabe

zufällt: »Der euklidische Raum«, schrieb der französische Mathematiker Henri Poincaré, »ist keine unserer Empfindung aufgezwungene Form, da wir uns den nicht-euklidischen Raum genausogut vorstellen können.« Denken Sie nur an eine Christbaumkugel, in der sich der umgebende Raum spiegelt: in einer solchen Kugel, so klein sie auch immer sein mag, hat leicht die ganze Welt Platz.

Gesichtseindrücke *und* Muskelempfindungen bestimmten unser Raum*gefühl,* das über unser zweckentfremdetes Überlebensinstrument *Gehirn* scheinbar »objektiviert« wird (vgl. Seite 122). Die Physiker kennen seit der Relativitätstheorie nur noch einen *relativen* Raum, ähnlich der *relativen* Zeit, die wir in der vorangegangenen Spekulation kennengelernt haben. Sowohl Raum als auch Zeit hängen vom *Beobachter* ab: Wie wir gesehen haben, werden *Zeit*messungen von *Geschwindigkeiten* beeinflußt. Wie gleich noch zu zeigen ist, verhält es sich ähnlich mit *Raum*messungen: Sie hängen von *Gravitationsfeldern* (»Schwerefeldern«) ab.

Damit hängt eng zusammen, daß die *Bewegungen unserer eigenen Körper* den Raumbegriff bestimmen: Nur weil diese Bewegungen kontrollierbar sind und weil sie stets von Muskelempfindungen begleitet sind, können wir die veränderten Eindrücke der Gegenstände unserer Umwelt gleichsam »richtigstellen«. Wie würde es denn bei einem Wesen aussehen, das absolut bewegungsunfähig ist wie die von Fred Hoyle erdachten »Andromeda-Wesen« (vgl. Seite 186)? Henri Poincaré meinte:

»Für ein vollkommen unbewegliches Wesen würde es *weder Raum noch Geometrie* geben: Mögen die äußeren Gegenstände noch so sehr ihren Ort wechseln, die Unterschiede, die diese Ortsveränderungen auf seine Eindrücke ausübten, würden von diesem Wesen nicht als Veränderung der Lage, sondern einfach als Veränderungen des Zustandes angesehen. Dieses Wesen hätte gar kein Mittel, die zwei Arten von Veränderungen zu unterscheiden, und der Unterschied, so wesentlich er für uns ist, hätte für dieses Wesen überhaupt keinen Sinn.«

Damit ist auch die vielfach beschworene *Dreidimensionalität* des Raumes unserer Körperwelt *nicht* durch die Erfahrung zu beweisen: Dadurch, daß wir einen Körper nach der Seite, vor- oder rückwärts und auf- oder abwärts bewegen können, wird lediglich ein Minimum fixiert. Anders gesagt: Es ist zwar bequem und praktisch, dem Erfahrungsraum drei Dimensionen zuzuschreiben; aber mit der »Wesensbestimmung« des Raumes hat das nichts zu tun.

Die Frage nach der Dimensionalität und nach der Geometrie des Raumes ist eine Frage der Zweckmäßigkeit des *Modells*, das man benützen möchte: Mathematiker und theoretische Physiker rechnen tagtäglich mit »Räumen« von beliebiger Dimensionszahl. Manchmal ist es sogar nützlich, mit unendlich-dimensionalen Räumen zu arbeiten, in der Quantenmechanik etwa. Aber all das sind gedankliche Konstruktionen unseres zweckentfremdeten Gehirns. Noch in der Physik der Newton-Zeit glaubte man an einen »absoluten Raum«, aus dem man alle materiellen Objekte »herausnehmen« könne wie die Äpfel aus einem Korb. Heute wissen wir, daß dieses »Behälter-Modell« des Raums falsch ist, zumindest irreführend: Ohne materielle Dinge oder »Phänomene« gibt es überhaupt keinen Raum!

Das ist eine entscheidende Erkenntnis der *Allgemeinen* Relativitätstheorie Einsteins. (Das ausführlich diskutierte »Uhrenparadoxon« einschließlich der Zeitdehnung findet sich bereits in der *Speziellen* Relativitätstheorie.) Kurz gesagt: Es gibt keinen »absoluten« Raum, der gleichsam der »Behälter« für die materiellen Dinge ist. Aber wieso redet man dann so oft von »Raum*krümmungen*« oder »Raum*verzerrungen*« in der Nähe von starken Gravitationszentren, wie es Sonnen oder andere Himmelskörper sind? Schließlich konnte man in der Physik einwandfrei nachweisen, daß die mächtige Sonne einen Lichtstrahl von einem fernen Stern »abbiegen« kann (vgl. Abb. S. 231). Anders gesagt: Im Schwerefeld der Sonne werden die Photonen abgelenkt.

In der Tat sind Ausdrücke wie »Raumkrümmung« in diesem Zusammenhang recht mißverständlich. Besser wäre es zu sagen, daß Gravitationsfelder, die überall mehr oder weniger stark vorhanden sind, unsere Raum*messungen* stets beeinflussen. In dem gerade erwähnten Experiment ist diese Beeinflussung besonders stark.

Soviel zum Thema »Raum«, der als »absoluter Raum« überhaupt nicht existiert. Damit ist die Existenz eines vermeintlichen »Überraumes« (»Hyperraumes«) natürlich doppelt in Frage gestellt: Wo es schon keinen Behälter für materielle Körper gibt, da wird man schwerlich nach einem »Überbehälter« forschen, in dem man z. B. Raumschiffe »materielos« bewegen kann – wenn's sein soll natürlich mit »Überlichtgeschwindigkeit« . . .

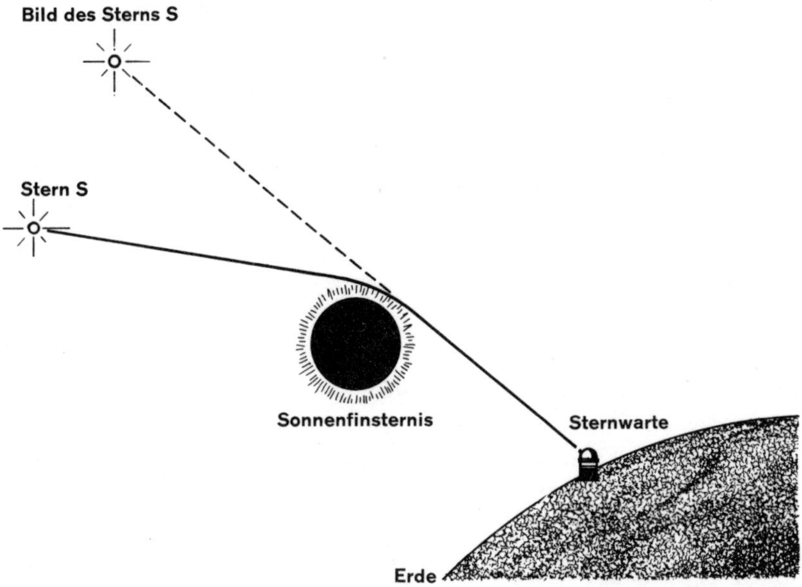

Gravitationsfelder, die überall im Universum mehr oder weniger stark vorhanden sind, beeinflussen stets unsere Raummessungen: Das ist eine bedeutsame Aussage der Allgemeinen Relativitätstheorie.

Wenn Sie also gelegentlich in irgendeiner SF-Geschichte lesen, daß Raumschiffe in den Hyperraum eintauchen, um in einer anderen Galaxis wieder aufzutauchen, dann wissen Sie, was von solchen Phantastereien zu halten ist. Um Raumfahrzeuge oder gar Menschen für die Reise durch den Hyperraum völlig »materielos« zu machen, müßte man sie komplett »energetisieren«. (Sie erinnern sich gewiß an die berühmte Beziehung $E = mc^2$ – Energie = Masse mal Quadrat der Lichtgeschwindigkeit.) Aber auch die Energie besteht ja wiederum aus räumlich ausgedehnten »Körnchen«, den sogenannten »Quanten«. Je *weniger Energie* übrigens in einem solchen Quant steckt, um so mehr *Raum* nimmt es ein. Das ist ähnlich wie bei einer Uhrfeder: Je mehr man sie zusammenzieht, um so mehr Energie speichert sie. Die »körnigen« Quanten eines komplett energetisierten Körpers passen also genausowenig in einen fingierten Überraum wie der materielle Körper selbst: Aus der Traum vom Hyperraum!

Ähnlich hoffnungslos sieht die Sache übrigens mit dem Traum einer »*Zeitreise*« aus, die mit Hilfe einer »Zeitmaschine« Reisen sowohl in die Zukunft als auch in die Vergangenheit erlauben soll – mit »Rückfahrkarte« in die Jetztzeit natürlich. Die einzige Möglichkeit, ohne Rückkehr in die Zukunft zu reisen, ist theoretisch die Ausnützung der relativistischen Zeitdehnung in Raumschiffen, die sich angenähert mit Lichtgeschwindigkeit bewegen. Diese Ausnützung der »gedehnten Bordzeit« gegenüber der irdischen Normalzeit haben wir ja bereits ausführlich diskutiert: Rein theoretisch besehen könnte man auf diese Weise im nächsten Jahrhundert starten und irgendwann, z. B. im 40. Jahrhundert, wieder auf die Erde zurückkommen. Für die Zeitgenossen dieser »Zeitreisenden« wäre das jedoch ein Abschied auf Nimmerwiedersehn – fürwahr kein verlockender Gedanke ...

»Zeitreisen« der Art, wie sie z. B. der berühmte H.G. Wells in seinem SF-Roman »Die Zeitmaschine« beschreibt, wie sie in der amerikanischen Fernsehserie »Time Tunnel« (»Zeittunnel«) über die Bildschirme flimmern, sind allerdings pure Illusion: Ähnlich wie es sich herausgestellt hat, daß es keinen »absoluten« Raum gibt, so gibt es erst recht *keine »absolute« Zeit*. Unsere Betrachtungen zur Zeitdehnung (Dilatation) haben das eigentlich schon nahegelegt: Jeder Beobachter mißt ja auf seinem eigenen Bezugskörper (Erde oder Raumschiff) seine eigene Zeit. Und wo nichts geschieht, wo keine Prozesse ablaufen, da gibt es genausowenig etwas, das »Zeit« genannt werden könnte, wie es dort, wo keine materiellen Objekte sind, keinen »Raum« gibt.

Auch die Zeit bezieht sich stets auf gewisse Phänomene, in diesem Fall auf Veränderungen an Objekten, die wir »Geschehnisse« nennen können. Als markantes Geschehnis haben wir die Schwingungen der Atome kennengelernt, die in Atomuhren zu Zeit*messungen* benützt werden können. Auch radioaktive Zerfallsprozesse, Pulsschläge des Menschen, Lebensspannen von Mäusen usw. können selbstverständlich als »Zeitmesser« benützt werden. Am präzisesten arbeiten allerdings Atomuhren. Dabei hängen, wie wir gesehen haben, Zeitmessungen in ähnlicher Weise von hohen Geschwindigkeiten nahe der »Lichtschranke« ab wie Raummessungen von starken Gravitationsfeldern.

Was ist nun das eigentliche Mißverständnis beim »Glauben« an das Funktionieren einer »Zeitmaschine«? Vermutlich liegt es daran, daß

Zwölfte Spekulation:

»Aus der Traum«?

12.1 »Rechts« und »Links« im kosmischen Funkverkehr

›*Masse*‹ und ›*Energie*‹ gehören, wie wir erfahren haben, zu den Grundbegriffen der Physik. Durch die berühmte »Einstein-Formel« $E = mc^2$ sind sie miteinander verkettet: Teilchen und Energiepakete (Quanten) stehen in ständiger *Wechselwirkung* – hier Materie, dort Strahlungsenergie. Alle Geschehnisse des Universums werden übrigens durch vier fundamentale Wechselwirkungen bestimmt: Da sind z. B. die »Kernkräfte«, die im Atomkern die Elementarteilchen »zusammenschweißen«. Die Physiker sprechen dabei von »*starken* Wechselwirkungen«. Etwas schwächer sind bereits die »*elektromagnetischen* Wechselwirkungen«, diejenigen Kräfte, die dafür sorgen, daß die Elektronenhülle nicht vom Atomkern wegfliegt, die Atome zu Molekülen und Moleküle zu Festkörpern montieren. Platzen Atomkerne, indem sie beim radioaktiven »Beta-Zerfall« Elektronen oder Positronen ausschleudern, so treten die sogenannten »*schwachen* Wechselwirkungen« auf. Die vierte Wechselwirkung ist dann schließlich die extrem schwache *Gravitations*kraft, die sich erst bei großen Massen bemerkbar macht.

Im Bereich der *starken* Wechselwirkungen, die unvorstellbar schnelle Reaktionszeiten bei den Elementarteilchen zulassen, ist übrigens bisweilen von einer »*Zeitumkehr*« die Rede. Das ist eine Formulierung, die bei manchen SF-Autoren ähnlich gefährliche Assoziationen erweckt wie die »Raumkrümmung« (vgl. Seite 230).

Diese seltsame »Schummrigkeit« der subatomaren Welt in einem Raum-Zeit-Gebiet von Längen im Größenbereich 10^{-13} (»zehn hoch minus dreizehn«) Zentimeter und von Zeiten der Größenordnung 10^{-23} (»zehn hoch minus dreiundzwanzig«) Sekunden bringt eine zeitliche »Verwaschung« mit sich, bei der manche Prozesse tatsächlich ganz kurz »zurückspringen« können. Das wirkt sich dann, bildlich gesprochen, so aus, als würde der Film eines ganz normalen Vorgangs kurz zurückgespult. Diesen Trick haben Sie alle schon einmal im Kino gesehen. Beispiel: Ein Mann fällt ins Wasser, wird scheinbar wieder kurz »hochgezogen« und plumpst schließlich wieder ins feuchte Element zurück ...

Natürlich wäre es völlig absurd, diese »Zeitverschmierung« im Bereich eines Raum-Zeit-Körnchens unvorstellbarer Winzigkeit zum Bau einer »Zeitmaschine« ausnützen zu wollen, die Objekte in der Größe eines Menschen in die Vergangenheit transportiert. Auch eine entsprechende Verkleinerung oder »Schrumpfung« des Menschen, wie sie z. B. in dem faszinierenden SF-Film »Phantastische Reise« geschildert wird, ist in dieser Hinsicht nicht zu realisieren. Einer, der's wissen muß, obwohl er den entsprechenden SF-Roman geschrieben hat, Isaac Asimov, erläuterte:

»Das Weltall ist aus bestimmten Teilchen unveränderlicher Masse und Größe aufgebaut; das heißt, daß auch die Möglichkeit, einen Körper zu verkleinern, begrenzt ist. Kein Bestandteil eines Objekts kann kleiner sein als ein Elementarteilchen, und weder Masse noch Größe dieses Elementarteilchens können vermindert werden.

Das bedeutet zum Beispiel, daß man einen Menschen nie zu einem mikroskopisch kleinen, gleichwohl aber lebensfähigen Wesen zusammenschrumpfen lassen kann, wie es etwa in dem Film ›Eine phantastische Reise‹ geschieht, von dem ich eine Romanfassung geschrieben habe. Die Atome, aus denen sich der Mensch zusammensetzt, können nicht verkleinert werden, und der Mensch selbst kann nur verkleinert werden, indem man ihn der meisten Atome seines Körpers beraubt. Mit anderen Worten: Der Körper eines kleineren Menschen ist aus weniger Atomen gebildet als der eines größeren, und es gibt nichts, was an dieser Tatsache etwas ändern könnte.

Ein menschliches Wesen von mikroskopischer Kleinheit würde einfach nicht über genügend Atome in seinem Gehirn verfügen, um den Bedarf an Hirntätigkeit zu decken. Menschliche Intelligenz in einem mikroskopischen Lebewesen ist daher unmöglich.«

Neben den *starken* Wechselwirkungen zwischen Elementarteilchen, die in Sachen »Zeitumkehr« von Bedeutung sind, gibt es noch einen hochinteressanten Gesichtspunkt für unsere Betrachtungen, der mit den *schwachen* Wechselwirkungen zusammenhängt: So erstaunlich das ist, die Sache hängt ganz eng mit der immer wieder diskutierten »Weltraumfunkerei« zusammen. Es geht um das »Problem« *rechts oder links* beim kosmischen Funkverkehr. Ein verrücktes Problem? Keineswegs: Martin Gardner, ein berühmter »Sciencewriter« aus Übersee, hat dieser einen Laien höchst verblüffende Frage fast ein ganzes Buch gewidmet: »Das gespiegelte Universum« heißt die deutschsprachige Ausgabe, »The Ambidextrous Universe« ist der Originaltitel. Nach dem Drakeschen Projekt der »außerirdischen Signaljagd« nannte Gardner diese Fragestellung das »OZMA-Problem«.

Was ist das »OZMA-Problem«? Kurz gesagt lautet es: Wie kann man einer extraterrestrischen Intelligenz auf dem Planeten x der Sonne y per Bild- oder Wortbotschaft klarmachen, was wir unter den Begriffen ›rechts‹ und ›links‹ verstehen? Bei diesem »Problem« wird vorausgesetzt, daß es *keine* Möglichkeit für uns und den Funkpartner gibt, *gemeinsam* irgendein asymmetrisches Gebilde im All zu *beobachten*, das in diesem Fall Orientierungshilfe geben könnte. Anders gesagt: Bei diesem Kommunikationsproblem steht weder eine gewisse asymmetrische Sternenkonfiguration noch eine Lichtquelle mit links- oder rechtsdrehendem polarisierten Licht zur Verfügung, auf die man sich beziehen könnte.

Ist es wirklich so schwierig, ohne solche Bezugspunkte einem Außerirdischen unsere Bedeutung von »rechts« oder »links« zu übermitteln? So erstaunlich das klingen mag: Vor dem Jahre 1956 (!) hätte jeder Physiker mit Fug und Recht behaupten können, daß dieses OZMA-Problem überhaupt nicht zu lösen wäre. Anders gesagt: Bis dahin gab es nicht ein einziges rekonstruierbares Experiment, in dem man – auf der Basis der uns bekannten Naturgesetze – einen Prozeß hätte ablaufen lassen können, der die Begriffe ›links‹ und ›rechts‹ unmißverständlich definiert hätte. Die Frage unseres extraterrestrischen Funkpartners »Was meinst du, wenn du ›links‹ sagst?« wäre absolut unbeantwortbar gewesen.

Das liegt einfach daran, daß »normalerweise« jeder Vorgang der uns vertrauten Umwelt seinen möglichen *spiegelbildlichen* Vorgang besitzt. Alles, was wir im Spiegel beobachten können, ist ein »mögliches Ereignis«. Beispiel: Autos in Europa fahren, im Spiegel besehen, auf der linken Fahrbahn – in Großbritannien ist dieses Linksfahren ein ganz normaler Vorgang. Die Autos sind, wenn wir in den Spiegel sehen, rechtsgesteuert – in England werden solche Autos tatsächlich gebaut. Bei allen Ballspielen gibt es Leute, die mit der linken Hand werfen – es sind Linkshänder. Im Prinzip wäre es sogar möglich, eine Uhr zu bauen, bei der alles spiegelbildlich ablaufen würde, die Zeiger auf dem Zifferblatt, die Uhrfeder, die Rädchen usw. könnten sich anders herum drehen und doch die richtige Zeit anzeigen.

In der Physik heißt eine solche Spiegelsymmetrie oder Rechts-Links-Symmetrie *»Parität«:* Alle physikalischen Geschehnisse unserer »normalen« Umwelt verhalten sich, wie es in der Fachsprache heißt, »invariant« gegenüber Spiegelungen, d. h. jeder gespiegelte Vorgang ist wiederum ein möglicher Vorgang. Man kann praktisch bei jedem Geschehnis vom Bild aufs Spiegelbild umschalten, ohne daß es dadurch zu Komplikationen führt. Das *»Paritätsprinzip«* bedeutet also: Das Spiegelbild jedes physikalischen Vorgangs liefert wiederum einen physikalisch möglichen Vorgang. Jedes Geschehnis auf dieser Welt hat sein Spiegelbild, kann auch spiegelbildlich, rechts-links-vertauscht, ablaufen.

Weil sich diese »Parität« (oder Rechts-Links-Symmetrie) auch bei den *starken* Wechselwirkungen der Elementarteilchen experimentell bestätigt hat, kam zunächst niemand auf die Idee, daß es bei den *schwachen* Wechselwirkungen anders aussehen könnte. Erst die beiden Physiker Chen-Ning Yang und Tsung-Dao Lee schrieben im Jahre 1956: »Um eindeutig zu entscheiden, ob die Parität bei den schwachen Wechselwirkungen erhalten bleibt, muß man ein Experiment ausführen, um zu bestimmen, ob schwache Wechselwirkungen zwischen links und rechts unterscheiden. Einige mögliche dieser Experimente werden erörtert werden.«

Bevor wir uns dem »Schlüsselexperiment« zur Parität bei schwachen Wechselwirkungen zuwenden, wollen wir noch einen Gedankengang lang »naiv« bleiben: Vielleicht erinnern Sie sich noch an die bereits als problematisch angesprochene Pfeilspitze auf der Pioneer-F-Bildtafel (vgl. Seite 89): Der Pfeil läuft von links (Planet Erde) im gekrümmten »swing-by« am Jupiter vorbei nach oben rechts ins All. Nehmen wir einmal an, eine solche Pfeilspitze würde per Weltraumfunk mit den Signalen **1** und **0** in folgender Bildnachricht übertragen:

0001000000010000000101111111000001000001000001000

Das sind 49 Bildsignale, die sich einleuchtenderweise zu einem Quadrat von 7 Zeilen zu 7 Signalen anordnen lassen: $7 \cdot 7 = 49$. Beginnt man daraufhin, wie wir »Abendländer« das normalerweise tun, die Signale von *links nach rechts* zu ordnen, so ergibt sich folgendes Bild:

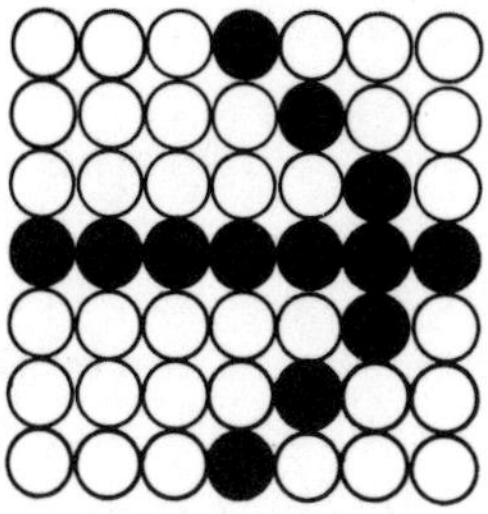

Das ist, ganz klar erkennbar, eine Pfeilspitze, die nach *rechts* zeigt. Dieses Bild ist aber nur dadurch zustande gekommen, daß wir die gefunkte Zeichenreihe aus **1**- und **0**-Signalen ganz »selbstverständlich« von links nach rechts aufgelöst haben. Bereits ein »Morgenländer« jedoch, der Arabisch oder Hebräisch schreiben und lesen gelernt hat, könnte jedoch diese Signalfolge *von rechts nach links* aufschlüsseln. Das ergäbe dann folgendes, auch recht einleuchtendes Bild:

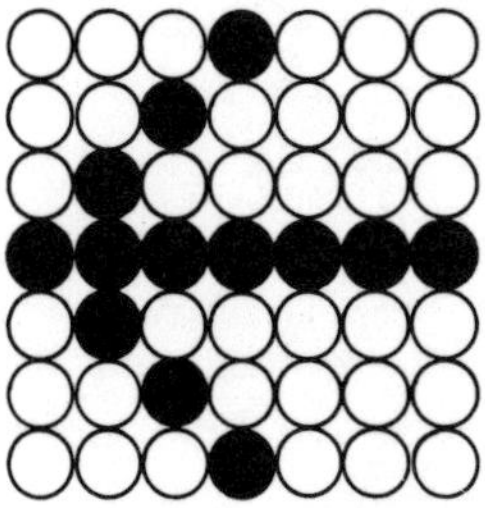

Die Pfeilspitze zeigt nun ganz eindeutig nach *links!* Das entstandene Bild ist nun *spiegelbildlich* zu dem Bild, das der Absender vermutlich vor Augen hatte, als er die Nachricht aus den **1**- und **0**-Signalen in den Weltraum funkte: »Eigentlich« hatte er mit diesem Bildsegment nicht »links«, sondern »rechts« gemeint. Er kann aber dem Empfänger auf keine Weise mitteilen, was er nun damit meint, wenn er sagen möchte: »Ordne bitte die folgenden Signale von links nach rechts, wenn du dein Bild aufbaust!« Gewiß: Der Empfänger »hört« oder registriert die Signalfolge »zunächst **0**, dann **0**, dann **0**, dann **1**, . . .« in der genannten Reihenfolge. Aber er kann sie ja genauso gut von rechts nach links notieren, so nämlich:

0001000001000001000001111111010000000100000001000

Dieser Empfänger schreibt also von rechts nach links, wie das z. B. in jedem arabischen Text der Fall ist (vgl. Abb. Seite 121). Die Begriffe ›oben‹ und ›unten‹ sind übrigens unproblematisch bei einem solchen interstellaren Nachrichtenaustausch: Dem Extraterrestrier auf dem Planeten x brauchen wir Erdenbewohner ja lediglich mitzuteilen, daß wir mit »unten« die Richtung *zum* Gravitationszentrum seines Planeten hin meinen, mit »oben« die Richtung weg von diesem Schwerezentrum.

Soweit die Schwierigkeiten, die sich aus einer normalen Bildübertragung ergeben können: »Links« und »rechts« sind durch »reine« Bildbotschaften einfach nicht mitteilbar! Man könnte nun annehmen, daß diese von Martin Gardner »OZMA-Problem« benannte Fragestellung durch das *Magnetfeld* gelöst werden könnte, das normalerweise einen bewohnten Planeten umgeben dürfte, um eine echte Schutzschirm-Aufgabe zu erfüllen (vgl. »Knaurs Buch der modernen Physik«): Es fängt nämlich die gefährlichen »Geschosse« der Kosmischen Strahlung ein. Aber schließlich wissen wir nicht, ob auf dem Planeten x des Empfängers unserer Botschaft die Feldlinien des Magnetfeldes nicht gerade entgegengesetzt zu unseren Erdmagnetfeldlinien verlaufen. (Die moderne Geologie hat ja zeigen können, daß das Magnetfeld unserer Erde im Laufe der Jahrmillionen mehrfach »umgepolt« worden ist.) Außerdem können wir dem außerirdischen Gesprächspartner wiederum nicht klarmachen, was wir denn mit Ausdrücken wie »Nord« oder »Süd« meinen, die bei magnetischen Polen ja eine gewisse, wenn auch konventionelle Bedeutung haben.

Um es kurz zu machen: Es gibt zwar eine ganze Reihe von höchst scharfsinnigen Überlegungen, wie dieses OZMA-Problem zu lösen wäre. Im Endeffekt findet sich aber überall ein mehr oder weniger deutlicher Haken, der die Mitteilung von »links« und »rechts« *unmöglich* macht. Packen wir die Sache also gleich richtig an: Von der »Parität«, der Links-Rechts-Symmetrie bei »normalen« physikalischen Vorgängen, war bereits die Rede, einschließlich derer, in denen *starke* Wechselwirkungen eine Rolle spielen. Bei den *schwachen* Wechselwirkungen scheint es mit dieser »Parität« aber nicht ganz so gut zu klappen – zum großen Vorteil für den interstellaren Nachrichtenverkehr –, wie wir gleich sehen werden.

Widmen wir uns also dem bereits angedeuteten »Schlüsselversuch« der Physiker Yang und Lee: Ein Block von radioaktivem Kobalt-60 wird bis fast zum absoluten Nullpunkt hin abgekühlt: Das sind rund minus 273 Grad Celsius. Kobalt-60 ist ein *radioaktives* Isotop, das ständig Elektronen als Beta-Strahlung aus seinen Kernen ausschleudert. In der Nähe des absoluten Nullpunktes kann man diese Kobalt-Kerne soweit »einfrieren«, daß in einem starken elektromagnetischen Feld *mehr als die Hälfte* aller Kerne mit ihrem magnetischen Nordpol in eine einzige Richtung zeigt. Die im Beta-Zerfall – der bekanntlich der schwachen Wechselwirkung unterliegt – ausgestoßenen Elektronen verlassen dann die Atomkerne in einer *bevorzugten Richtung:* Aus der »südlichen Hälfte« der Kerne werden diese Elektronen mit weitaus höherer Wahrscheinlichkeit herausgeschleudert als im nördlichen Teil.

Bezüglich der »Parität« heißt das jedoch: Das *Spiegelbild* dieser Reaktion der Kobalt-60-Kerne im Beta-Zerfall ist *kein physikalisch möglicher Vorgang*. Die Parität ist in diesem Fall eindeutig verletzt. Damit liegt eine »natürliche Bevorzugung« einer Richtung vor, in diesem Fall der »südlichen« Richtung des Atomkerns. Um unseren extraterrestrischen Kollegen vom Planeten x klarzumachen, was wir meinen, wenn wir »links« sagen, müssen wir also folgende Nachricht durchgeben, die mit den Worten Martin Gardners ungefähr so lautet:

»Kühlt die Atome von Kobalt-60 bis fast auf den absoluten Nullpunkt ab! Richtet ihre Achsen durch ein kräftiges Magnetfeld aus! Zählt die Elektronen, die von den beiden Enden der Achse ausgesendet werden! Dasjenige Ende, von dem mehr Elektronen ausgehen, nennen wir das ›südliche‹. Jetzt kann man die Enden der Magnetachse des Feldes bezeichnen, mit dem die Kerne ausgerichtet wurden, und dieses kann wieder zur Bezeichnung der Enden einer Magnetnadel dienen. Bringt eine solche Nadel über einen Draht, in dem der Strom von euch weg fließt! Der Nordpol dieser Nadel wird in die Richtung zeigen, die wir ›links‹ nennen.«

Ist es nicht verblüffend, wie kompliziert im interstellaren Funkverkehr eine so »einfache« Frage beantwortet werden muß wie die nach »links oder rechts«? Hätten Sie gedacht, daß es vor dem Jahre 1956 überhaupt nicht möglich gewesen wäre, eine unmißverständliche Antwort zu geben? Und noch einmal müssen wir eine Einschränkung machen: Die gerade skizzierte Antwort ist wiederum nur innerhalb unserer eigenen Galaxis, der Milchstraße, möglich. In einer anderen Galaxis, die vielleicht aus »Antimaterie« besteht, würde sich aus dieser Nachricht genau der umgekehrte Schluß ergeben: Das, was wir mit »links« erläuterten, würden intelligente Geschöpfe dort eindeutig als »rechts« interpretieren. Wenn man bedenkt, daß eine solche Nachricht bis dorthin viele Jahrhunderttausende unterwegs wäre, dann löst sich dieses »Problem« aber eigentlich ganz von selbst ...

12.2 Ein »Stein« liegt im Sterben ...

Mit der Betrachtung des Gardnerschen OZMA-Problems – wie lassen sich die Begriffe ›links‹ und ›rechts‹ einem außerirdischen Wesen mitteilen, das keine asymmetrische Struktur mit uns gemeinsam beobachten kann? – wollen wir unser »Einmaleins der Weltraumfunkerei« endgültig abschließen: Wir haben gesehen, daß man mit einer elementarmathematischen Sprache im LINCOS-Stil einem interessierten Extraterrestrier immerhin eine ganze Menge mitteilen kann. Wir versuchten, die Vorzüge der Wortbotschaften nach der Methode LINCOS gegenüber den Bildbotschaften herauszustellen, wenn es darum geht, eine Verständigungsbasis zu schaffen. Damit ist übrigens nicht ausgeschlossen, daß es in einer späteren Phase der Kommunikation von Planet zu Planet durchaus möglich und sinnvoll sein wird, auch »Fernsehbilder« zu übertragen: Man muß dem eventuellen Empfänger in diesem Fall lediglich eine recht ausführliche »Gebrauchsanweisung« schicken, wie er dieses Bildmaterial aufzubereiten hat.
Als Fazit unserer Überlegungen können wir allerdings ganz klar fixieren: Es ist durchaus möglich, mit Extraterrestriern in Funkkontakt zu kommen, ihnen Wissenswertes über uns und unseren Planeten mitzuteilen, ohne daß sie die auf Erden gängigen »natürlichen« Sprachen wie Englisch, Russisch, Chinesisch oder Französisch erlernen müssen. Der eigentliche »Schlüssel« zu dieser Verständigung ist *das gemeinsame mathematische Wissen.*

Was wäre also ein vernünftiger, gangbarer Weg, unser Wissen vom Universum zu vervollständigen und eventuell Gedanken mit außerirdischen Zivilisationen auszutauschen? Drei Grundüberlegungen scheinen entscheidend zu sein: Zunächst einmal sollte man Fritz Zwickys famose Idee im Auge behalten, mit dem »Raumschiff Erde« behäbig zum nächsten Stern Alpha Centauri zu gondeln. Auf diese Weise könnte die »bemannte Weltraumfahrt« nach ihren hektischen Fehlstarts im NASA-Stil (»Apollo-Missionen«) zu dem werden, was man gerne der sportlichen Betätigung des Menschen nachsagt, zur »herrlichsten Nebensache der Welt« nämlich.

Während dieses »langen Marsches durchs Weltall« könnten unsere Wissenschaftler ihre Anstrengungen im Stile »kosmischer Horchposten« à la OZMA und nach dem Modell einer »Weltraumfunkerei« à la LINCOS verstärken. Auf die gewohnte Weise könnten die Naturforscher Astronomie, Radioastronomie, Astrophysik und extraterrestrische Physik des erdnahen Weltraums in Observatorien und mit Hilfe von Satelliten betreiben. Himmelsobservatorien (»Skylabs«) mit wechselnden Besatzungen ließen sich für diese Zwecke einsetzen. »Raumgleiter« könnten die Verbindung mit diesen »Außenstationen« aufrechterhalten. Nahezu »autarke« Mondbasen ließen sich aufbauen usw. usf.

All das könnte ohne den riesigen Aufwand geschehen, der bei dem von der NASA vorexerzierten »Wettlauf zum Mond« praktiziert wurde. Gemeinsame Projekte von Amerikanern, Russen und Europäern könnten die Spekulationen in Sachen »Wettrüsten« vergessen lassen. Gemeinsam ließe sich schließlich unser eigenes Planetensystem erforschen, mit Raumsonden vom Typ »Pioneer F« und mit bemannten Raumflügen von begrenzter Dauer – ohne relativistische Zeitverschiebung selbstverständlich: Beim Zwickyschen Marsch durch die Galaxis befänden sich ja nicht nur Erde und Mond im Schlepptau der Sonne, sondern auch all die anderen Planeten von Merkur bis Uranus.

Ein solcher Aufgabenkatalog ist natürlich ein gewaltiges »Langzeitprogramm« über Generationen hinweg: So kann es z. B. Jahrzehnte, Jahrhunderte oder gar Jahrtausende dauern, bis wir mit außerirdischen Zivilisationen ins »Funkgespräch« kommen. (Aber selbst der Bau der altägyptischen Pyramiden war schließlich ein solches »Generationenproblem«.) Daß es selbstverständlich *vordringlich* andere, bedeutsamere Probleme auf Erden gibt, die man kurzfristiger lösen muß – darüber braucht überhaupt nicht diskutiert zu werden. Darüber gibt es genügend Literatur: Unsere »Spekulationen« werden davon nicht berührt. (Es wäre allerdings ein allzu banaler Vorwurf, die vorliegenden Überlegungen mit diesem Argument zu verdammen: Schließlich betreibt man auch mathematische Forschungsarbeit, obwohl Tag für Tag Menschen den Hungertod sterben.)

»Es ist unwahrscheinlich, daß der Mensch je das Interesse an der Wissenschaft verlieren wird«, hat bekanntlich einmal Dennis Gabor gesagt, »solange er die Fähigkeit zum logischen Denken besitzt« (vgl. Seite 118). Man mag es – vielleicht sogar zu Recht – bedauern, daß intelligente Menschen sich mit dem »Gödelschen Beweis« in der Mathematik herumquälen, daß sich andere an einer neuen Theorie der Elementarteilchen in der Physik versuchen, obwohl es weitaus dringendere soziale Probleme zu lösen gäbe: Verhindern läßt sich dieser Drang nach »rein wissenschaftlichem Tun« ganz gewiß nicht, ganz gleich, ob der jeweilige Forscher in einer demokratischen, sozialistischen oder faschistischen Gesellschaft lebt ...

Wenden wir uns daher einem letzten Themenkreis zu, den *chemischen Elementen des Lebens,* die im Periodensystem auf Seite 219 farbig eingezeichnet sind: Zu diesen Elementen gehören vor allem die vier Grundbaustoffe, von denen schon öfter die Rede war, Wasserstoff (H), Kohlenstoff (C), Stickstoff (N) und Sauerstoff (O). Aus ihnen werden die »Fertigbauteile des Lebens« gezimmert. So finden sich etwa im menschlichen Organismus 63 Prozent Wasserstoff, 25,5 Prozent Sauerstoff, 9,5 Prozent Kohlenstoff und 1,4 Prozent Stickstoff.

Bei allen Säugetieren sind mit durchschnittlich 0,7 Prozent bis heute weitere zwanzig Elemente in den Organismen entdeckt worden: Relativ häufig sind sieben weitere Elemente vertreten, nämlich Natrium (Na), Magnesium (Mg), Phosphor (P), Schwefel (S), Chlor (Cl), Kalium (K) und Kalzium (Ca). Die restlichen dreizehn »Baumaterialien« aus dem Periodensystem der chemischen Elemente sind lediglich in geringen Spuren vorhanden (vgl. Abb. Seite 219): Herausgegriffen von diesen »Spurenelementen« seien Silizium (Si), Eisen (Fe) und Kupfer (Cu).

Bemerkenswert ist hier vor allem das *Silizium*: Es tritt rund 150mal so häufig in der Erdkruste auf wie sein »nächster Verwandter«, der *Kohlenstoff*. Dieses Element ist für das irdische Leben das eigentliche »Schlüsselelement« geworden: »Organische« Chemie ist praktisch gleich

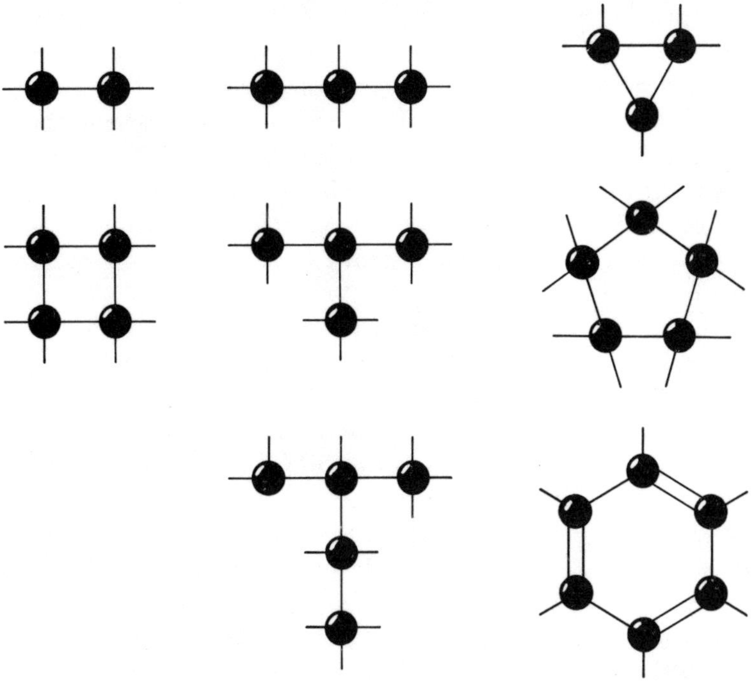

Aus Kohlenstoff-Atomen lassen sich, Atom für Atom, nicht nur riesige Ketten aufbauen, die sich fadenförmig oder in Verzweigungen erstrecken. Auch elastische Schleifen und Ringe können mit diesen Bausteinen gebildet werden.

Kohlenstoffchemie. Wie kam es, daß trotz des ungemein großen Vorrats an Silizium in der Erdkruste der Kohlenstoff sich gegenüber dem Silizium in der *Evolution* durchsetzen konnte?
Warum haben sich die reproduzierbaren Makromoleküle und schließlich die lebenden Zellen der Organismen auf der Basis von Kohlenstoff entwickelt?
Vermutlich sind die »riesigen Lösungen« auf dem Planeten daran schuld, die Ozeane (vgl. Seite 33): Das *Kohlendioxyd* (CO_2) ist nämlich nicht nur eine ungewöhnlich stabile Verbindung. Es ist als Einzelmolekül beständig und vorzüglich *in Wasser löslich*. (Jedem, der Whisky mit »Soda« schätzt, leuchtet das unmittelbar ein.) Damit war das Element Kohlenstoff mit der »feuchten Wiege des irdischen Le-

bens« in recht inniger Beziehung. Das Silizium hingegen ist in Wasser unlöslich.

Aber die beiden chemischen »Verwandten« unterscheiden sich auch noch anders, obwohl sie im Periodensystem untereinander stehen und die Atome in der äußeren Schale ihrer Elektronenhülle jeweils *vier* »Freiplätze« für weitere Elektronen zur Verfügung haben. Das ermöglicht in beiden Fällen jeweils *vier »kovalente«* Bindungen mit anderen Atomen, plastisch gesagt: vier »stattliche Ösen« zum Ankoppeln weiterer Bausteine.

Von Löslichkeit und Nichtlöslichkeit war bereits die Rede. Ein weiterer Pluspunkt für das Kohlenstoff-Atom ist seine fast unbegrenzte Möglichkeit, Atom für Atom gigantische *Ketten* zu bilden, elastische Schleifen, stabile *Ringe* mit fünf oder sechs Bausteinen (vgl. Abbildung): Und all diese Gebilde sind unter »normalen« Bedingungen nahezu unverwüstlich, nicht »kaputt zu kriegen«. Kohlenstoff-Atome sind vorzügliche Montageteile für komplexe Molekülstrukturen.

Ganz so ideal ist der »Baustoff« Silizium dagegen nicht: Die Silizium-Silizium-Bindung ist weitaus schwächer als die vergleichbare Kohlenstoff-Kohlenstoff-Bindung. Die Silizium-Ketten sind daher längst nicht so langgezogen wie die Kohlenstoff-Ketten. Recht wirkungsvoll sind dagegen Silizium-Sauerstoff-Silizium-Sauerstoff-Bindungen, die die sogenannten »Silikone« aufbauen (vgl. Abb. S. 247): Es sind dreidimensionale, räumliche »Netze«, wobei das Sauerstoff-Atom als »Brückenatom« fungiert.

Trotz des eindeutigen Vorteils des Baumaterials Kohlenstoff für »lebendige« Substanzen hat sich erst in jüngster Zeit gezeigt, daß Silizium-Bausteine für das Wachstum bei Hühnchen ebenso bedeutsam sind wie für die Entwicklung des Knochenbaus in Organismen. Welche Rolle dieses chemische Element dabei wirklich spielt, weiß man noch nicht so genau.

Jedenfalls lassen sich aufgrund dieser Fakten durchaus vernünftige Spekulationen über einen möglichen *Zellgrundstoff Silizium* anstellen, der sich vielleicht auf der wasserarmen Oberfläche des Planeten x der Sonne y in einem Evolutionsprozeß durchgesetzt hat, der anders verlaufen ist als auf der Erde.

Der Biochemiker Isaac Asimov hat das z. B. in seiner bereits erwähnten SF-Kurzgeschichte »Der sprechende Stein« aus dem Jahre 1955 getan (Originaltitel: »The Talking Stone«). Sie soll abschließend in den für diese Spekulation interessierenden Passagen nacherzählt werden: Zwischen Mars und Jupiter bewegen sich eine Vielzahl kleiner Planeten, die »Planetoiden« oder »Asteroiden« genannt werden. Auf einem dieser »Gesteinsbrocken« Dienst zu tun, bedeutete für den Raumfahrt-Ingenieur Larry Vernadsky praktisch »Einzelhaft«. Es war für ihn daher eine willkommene Abwechslung, als ein Raumschiff mit Triebwerksschaden auf »seinem« Planetoiden landete. Bei der Reparaturarbeit entdeckte er zufällig ein seltsames Geschöpf an Bord, ein »Silicony«. Vernadsky hatte schon viel über diese eigenartigen Lebewesen gelesen, aber noch keines zu Gesicht bekommen. Widerwillig gab der Kapitän des Raumschiffes die Erlaubnis zur Besichtigung. Aber lassen wir Asimov selbst erzählen:

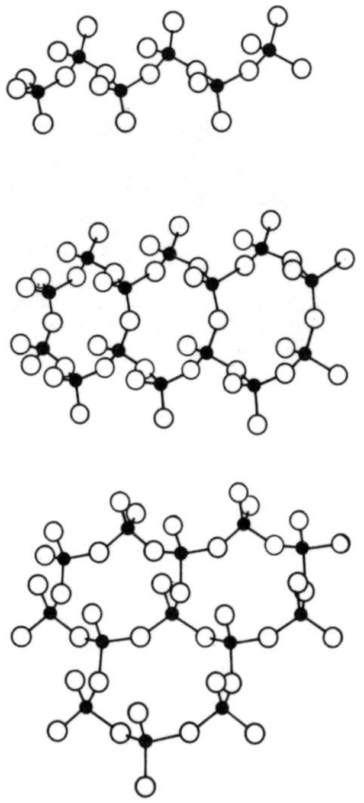

Die Silizium-Silizium-Bindung ist weitaus schwächer als die entsprechende Kohlenstoff-Kohlenstoff-Bindung. Deshalb wird Sauerstoff als Brückenatom zwischen die Silizium-Atome gesetzt.

»Vernadsky starrte das graue Tier ehrfürchtig und nur leicht angewidert an. Er hatte tatsächlich noch nie ein Silicony gesehen, aber er kannte die Tiere aus dreidimensionalen Abbildungen und Beschreibungen. Trotzdem verblüffte ihn die Wirklichkeit einigermaßen.

Die Haut des Tieres war ölig glatt und grau. Es bewegte sich langsam, wie es einem Tier zusteht, das im Fels lebt. Unter der Haut spielten keine Muskeln; statt dessen schoben sich graue Steinplatten wie Schuppen übereinander. Aus dem eiförmigen, oben abgeflachten Körper ragten sechs Beine hervor, deren scharfe Steinkanten Felsen durchbohrten und in eßbare Stücke zerkleinerten.

An der Unterseite des Tieres befand sich eine Öffnung, durch die die

Ein recht seltsames Lebewesen ist der »Held« einer Science-Fiction-Geschichte von Isaac Asimov: Es ist ein »Silicony«. Silizium ist der Grundbaustein seines Zellgewebes.

Felsbrocken ins Körperinnere gelangten. Dort reagierten Kalkstein und hydrierte Silikate aufeinander und bildeten die *Silikone,* aus denen das *Körpergewebe* des Tieres bestand. Dabei entstehende Abfallprodukte wurden als weiße Kiesel ausgeschieden, die zunächst alle Extraterrologen verblüfft hatten, bis die Siliconies entdeckt worden waren. Die Wissenschaftler konnten sich allerdings nicht erklären, wie dieses Lebewesen es fertigbrachte, *Silikonen* die Aufgaben zu übertragen, die *Proteine* bei anderen Tieren erfüllen.
Das Silicony trug zwei weitere keulenförmige Ansätze auf dem Rükken, die es jedoch einzog, wenn es sich durch Felsen bohrte. Nach Meinung ernsthafter Extraterrologen, die das Tier *Siliconeus asteroida* nannten, dienten diese ›Ohren‹ als Antennen für die rudimentären telepathischen Kräfte, die manche Siliconies besaßen.
Das Silicony kroch langsam über einen ölverschmierten Felsen. In einer Ecke der Kabine lagen weitere Steinbrocken, von denen das Tier lebte. Vernadsky hatte allerdings gelesen, daß es seinen Energiebedarf zusätzlich aus anderen Quellen decken mußte.
›Ein wahres Ungeheuer!‹ meinte Vernadsky anerkennend. ›Fast dreißig Zentimeter Durchmesser!‹ Der Captain nickte wortlos. ›Wo haben Sie es her?‹ fragte Vernadsky. ›Von einem Asteroiden.‹ ›Die größten Siliconies waren bisher kaum fünf Zentimeter groß. Auf der Erde könnten Sie dieses Tier vielleicht für teures Geld verkaufen.‹

Der Captain zuckte mit den Schultern. ›Schön, Sie haben es gesehen. Los, an die Arbeit!‹

Er wollte Vernadsky hinausführen, als plötzlich eine seltsam rauhe Stimme hinter ihnen ertönte. Sie wurde durch Reibung zwischen Steinplatten erzeugt, und Vernadsky starrte den Sprecher geradezu entgeistert an. ›Der Mann fragt sich, ob dieses Ding sprechen kann‹, sagte das Silicony, das plötzlich zu einem sprechenden Stein geworden war. ›He!‹ rief Vernadsky erstaunt aus. ›Schön, jetzt haben Sie es gesehen und gehört‹, meinte der Captain ungeduldig. ›Kommen Sie!‹ ›Und es kann Gedanken lesen‹, stellte Vernadsky fest. ›Mars rotiert in zwei-vier Stunden drei-siebeneinhalb Minuten. Jupiter hat eine Dichte von eins-Komma-zwei-zwei. Uranus wurde im Jahr eins-sieben-acht-eins entdeckt. Pluto ist der weiteste Planet. Die Masse der Sonne beträgt zwei-null-null-null-null-null . . .‹ Der Captain zog Vernadsky hinaus, der fasziniert zuhörte, während er über die Schwelle stolperte. ›Woher weiß es das alles, Captain?‹ wollte Vernadsky wissen. ›Aus einem alten Astronomielehrbuch, das wir ihm vorlesen.‹«

Soweit die Schilderung der ersten Begegnung des wissensdurstigen Raumfahrt-Ingenieurs Vernadsky mit dem merkwürdigen »Silizium-Tier«: Sie ist spannend und präzise wie die ganze Geschichte. Sie »stimmt« gleichsam »in sich« in allen Details. Selbst die ölverschmierten Felsbrocken, zwischen denen sich das Silicony bewegt, lassen sich »erklären«: Sie rühren von kurzen Silikon-Ketten her, die flüssig sind und als irdische Kunststoffe »Silikonöle« genannt werden.

Nicht ganz klar war dem Ingenieur die Energieversorgung des Tieres: Das »Steinfutter« allein kann aufgrund seiner Berechnungen nicht ausreichen. Schließlich kam ihm die Erleuchtung: Die angeblichen »Ohren« des Silicony sind höchst empfindliche Strahlungsdetektoren. Es nimmt Energie durch direkte Absorption von Gammastrahlen auf. Woher bekommt es diese energiereiche Strahlung?

Eine natürliche Energiequelle für Gammastrahlung ist *radioaktives* Material: Das Silicony, so schloß Vernadsky messerscharf, muß von einem Planetoiden stammen, auf dem große *Uranlager* sind. Auf diese Weise erklärte der Ingenieur auch die ungewöhnliche Größe des Tiers. Der Kapitän benützte es gleichsam als »Spürhund«, um zu den kostbaren Erzlagern zu gelangen und sie »auf eigene Rechnung« gewinnträchtig auszubeuten.

Raumfahrt-Ingenieur Vernadsky nahm Kontakt mit der »Raumpolizei« auf. Mit Sergeant Hawkins verfolgte er das »Schmugglerschiff«. Als man es aufgestöbert hat, war es ein Wrack: Der Schiffsrumpf ist von einem Meteoriten durchschlagen worden. Kapitän und Besatzung waren tot. Das Silicony, das im Vakuum leben konnte, wurde geborgen. Lesen wir weiter in der Asimovschen SF-Geschichte:
»Das Silicony glitzerte im Lichtstrahl ihrer Taschenlampen. Es lebte und bewegte sich. Vernadskys Herz schlug rascher. ›Wir müssen es mitnehmen, Hawkins.‹ ›Warum?‹ ›Das Vakuum überträgt keine Schallwellen, weißt du das nicht? Wir müssen es in unser Schiff nehmen.‹ ›Schon gut, schon gut.‹ ›Wir können ihm schließlich keinen Raumanzug mit Sprechfunk anziehen.‹ ›Schon gut, habe ich gesagt.‹ Sie trugen es vorsichtig in ihr Schiff.«
Im Kontrollraum des »Polizeischiffs« lag der »sprechende Stein« im Sterben: der starke Druckabfall hatte ihm geschadet. »Die Männer bei dir haben Uran gesucht – ein besonderes Erz, Strahlung, Energie?« fragte Vernadsky. »Sie wollten Essen«, wisperte das Silicony: Das Tier »verspeiste« ja das strahlende Erz. Es gelang nicht, ein präzise Auskunft über den Fundort zu erhalten. Das Tier starb mit der Frage: »Bald ... nicht ... mehr lebendig, bald ... tot. Was nach dem Tod?« Das ist in der Tat eine Frage, die nicht nur sterbende Siliconies beschäftigt ...
Die Geschichte nimmt noch eine recht erstaunliche Wende: Aber das sollten Sie selbst lesen, falls es Sie interessiert (vgl. Literaturverzeichnis. Für die vorliegende Spekulation ist der weitere Verlauf nicht von Bedeutung.

Wenn wir Bilanz zu den Betrachtungen über Science und Science-Fiction, über Wissenschaft und »Wissenschaftsdichtung« ziehen wollen, so läßt sich in jedem Falle sagen: Science-Fiction *kann* mehr sein als »amerikanisches Märchen«, mehr als Landserheftchen von Kriegsgeschichten im Weltraum-Milieu, mehr als »Karl-May-Festspiele« auf dem »Planeten der Ungeheuer«. Ein Mangel an Phantasie ist der Tod der Wissenschaft: Und wenn diese Wissenschaft (Science) von der Science-Fiction – wenigstens zum Teil – mit Phantasie versorgt wird, so ist das keineswegs »anrüchig«. Denn die Science-Fiction ist spätestens in unserem Jahrhundert ein Literaturzweig geworden, der Aufmerksamkeit verdient.

Was aber ist geblieben von den »Menschheitsträumen«, zu fernen Sternen zu fliegen, mit fremden Intelligenzen in Kontakt zu treten? Zerstört sind vor allem die Träume von einem künftigen »Kolumbus« oder »Marco Polo« der Milchstraße: Mit einer noch so »schnellen« Raumflotte werden wir Menschen nicht zu den Herren unserer Galaxis. Aber auch Dänikens »Fußspuren« von außerirdischen Besuchern müssen auf herkömmliche, bescheidenere Weise »innerirdisch« erklärt werden: Daß man dies kann, darüber sollten unsere Wissenschaftler keine Zweifel aufkommen lassen. Weder Jehova noch Jesus Christus lassen sich durch ernsthafte Bemühungen zu »Astronauten« umfunktionieren. Was bleibt, das diskutiert werden kann, sind Fritz Zwickys »Raumschiff Erde« und vor allem die verstärkten Bemühungen, nach den Signalen außerirdischer Lebewesen zu forschen (Modell: OZMA) und eigene »Weltraumprogramme« zu funken (Modell: LINCOS). Ansonsten sollten wir uns darin bescheiden, auf bewährte Weise unsere exakte Naturforschung und moderne Technologie weiter zu entwickeln: Wir können nur hoffen, daß auch hier Mechanismen im Spiel sind, die eine *Evolution* bewirken, wie wir sie in der Entwicklung der lebenden Organismen auf diesem Planeten aufgespürt haben . . .

Literaturverzeichnis

Alle Titel der folgenden Science-Fiction-Geschichten sind als preiswerte Taschenbücher erhältlich:

Asimov, Isaac: Radioaktiv . . .! W. Goldmann Verlag, München

– 10 SF-Kriminalgeschichten (enthält: Der sprechende Stein) W. Heyne Verlag, München

Hoyle, Fred: Die schwarze Wolke W. Heyne Verlag, München

– und **Elliot,** John: A wie Andromeda – Geheimbotschaft aus dem All Fischer Bücherei

Johannesson, Olof: Saga vom großen Computer Limes Verlag, Wiesbaden

Oliver, Chad: Brüder unter fremder Sonne W. Heyne Verlag, München

Verne, Jules: Reise zum Mittelpunkt der Erde Fischer Taschenbuch Verlag

Bildnachweis

AEG – Telefunken Firmenarchiv, München 66, 67

Archiv für Kunst und Geschichte, Berlin 17, 19, 127

Bavaria-Verlag, Gauting 217

F. A. Brockhaus, Wiesbaden 106

Deutsches Museum, München 67, 69, 70, 119, 123, 211

DPA, Frankfurt 49, 89

Frank Drake, USA 106

Professor Dr. Hans Freudenthal: LINCOS, Design of a Language for Cosmic Intercourse, North-Holland, Publishing Company, Amsterdam 1960 77, 83, 85, 111

Hale Observatories, USA 52/53, 109

Fred Hoyle 106

Interfox, München 222/223

Peter Lauster: Teste deine Intelligenz, DVA, Stuttgart 1972, 129

MGM-Pressezentrale, München 107

National Radio Astronomy Observatory, USA 54, 55, 56

Royal Astronomical Society, London 110

USIS, Bonn, Bad Godesberg 106, 109, 218

Dr. Hans Vehrenberg, Düsseldorf 52, 53

Hermann Weyl: Raum, Zeit, Materie. Verlag Julius Springer, Berlin 1918, 125

Alle anderen Illustrationen entstammen dem Verlags-Archiv.

Register

Alle Zahlen verweisen auf Seiten